피부과학

DERMATOLOGY

저자 이지안 • 이화정 • 김현주 • 최윤정

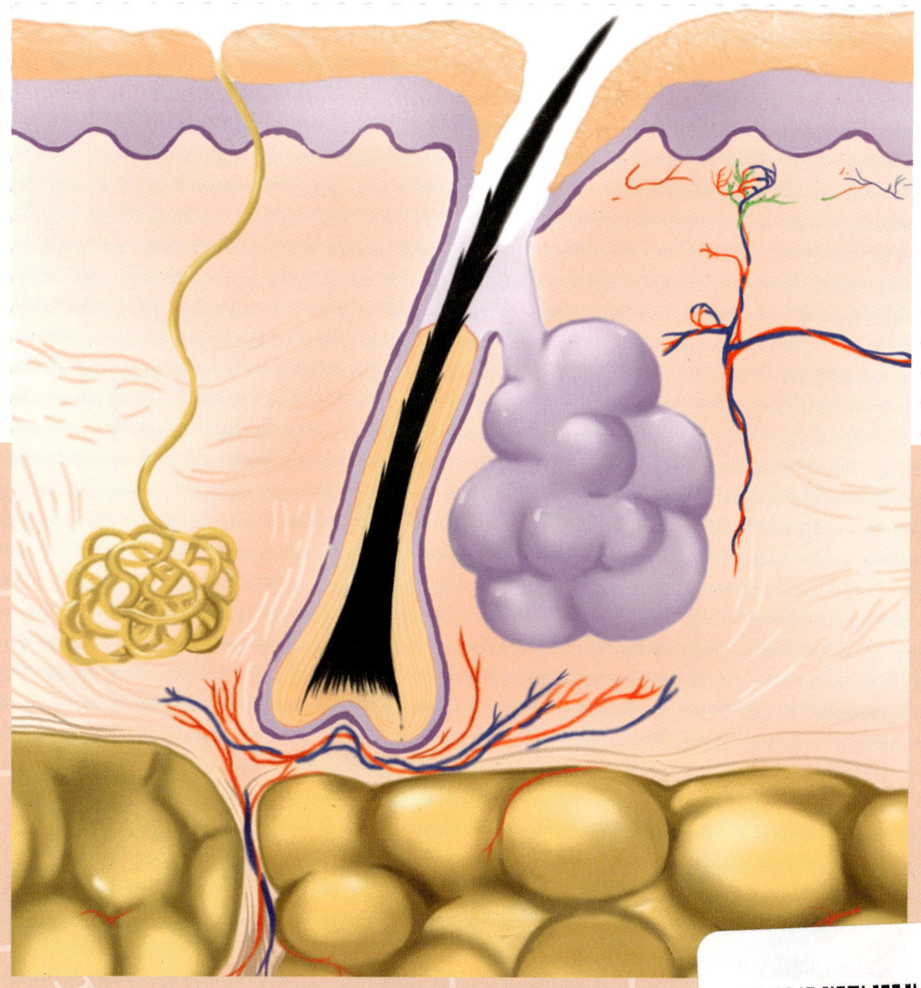

도서출판 예림
www.yelimbook.com

Profile

저자 약력

이지안
원광대학교 대학원 뷰티디자인학과 미용학박사 졸업
서경대학교 일반대학원 미용예술학석사 졸업
서경대학교 일본어학과 졸업
일본 YAMANO미용예술대학 미용보건학과 졸업(미용보건 전문학사)
호주 Australasian College of Natural Therapies 졸업
현) 서경대학교 뷰티테라피 & 메이크업학과 교수
현) 서경대학교 미용예술대학 CIDESCO프로그램 총괄 책임교수

이화정
성신여자대학교 미용건강학 박사 졸업
성신여자대학교 피부비만학 석사 졸업
안산1대학 뷰티아트과 겸임교수
오트스킨케어 원장
한국미용건강학회 부회장
현) 성신여자대학교 평생교육원 미용학전공 주임교수

김현주
동양대학교 경영대학원 경영학 박사 졸업
전) 삼육보건대학교 피부건강 관리학과 겸임교수
전) 용인대학교 뷰티헬스과 초빙교수
현) 숭실사이버대학교 뷰티미용학과 겸임교수
현) 서경대학교 뷰티테라피 & 메이크업학과 겸임교수

최윤정
동양대학교 경영대학원 경영학 박사 졸업
현) 한국뷰티경영학회 이사
전) 양일훈에스테틱아카데미 분원장 역임
전) 용인대학교 초빙교수 역임
전) 서경대학교, 한서대학교, 삼육보건대학교 외래교수역임
현) 한국화장품전문가 협회 사무총장
현) 경민대학교 뷰티케어과 교수

Forward

머리말

DERMATOLOGY FOR BEAUTICIAN

인간수명 백세를 논하는 생명과학의 발달과 생활수준의 향상으로 인해 건강한 삶을 영위하려는 현대인들의 노력은 삶의 질 측면에서 건강과 아름다움을 같은 차원의 개념으로 인식하기에 이르렀다. 특히 외모로 표현되는 아름답고 건강한 피부에 대한 관심이 증대 되면서 보다 전문화된 피부관리를 필요로 하게 되었고, 이러한 사회문화적 배경에 부응하여 국내 많은 대학에서 미용관련 학과가 개설되어 학문적 체계를 갖추며 빠르게 성장하고 있다. 그 주요과목으로서 피부관리학과 함께 가장 중요한 기초 필수과목의 하나인 "피부과학"은 산업화된 현대생활의 각종 스트레스로 인한 병변이나 화장품, 마사지등의 자극으로 인해 산업현장에서 일어날 수 있는 피부 트러블에 대한 다양한 현상들을 보다 과학적인 의학 지식을 토대로 기초 이론 및 임상에 대한 기본 개념을 파악하고 응용하는데 도움이 되고자 이 책을 집필하게 되었다.

본서는 피부의 기초지식인 생리구조와 기능에 관한 부분 외에도 심층적 이해로서 피지막의 역할, 각질층의 역할, 피부의 노화 메커니즘과 생활전반에서 올 수 있는 피부문제의 원인으로서 영양, 흡연, 음주, 수면, 스트레스, 장기 건강도 다루고 있으며, 피부 관리학적 측면에서 피부의 세정, 입욕법, 계절별 피부관리와 다양하게 활용되는 메디컬 스킨케어 부분들로 구성되어 있다.

건강하고 아름다운 피부를 가꾸기 위한 현장 실무에 관련하여 기초적이면서도 전문적인 지식으로서 기본이론의 배경위에 현장에서의 임상과 경험을 토대로 실용성 있는 피부과학의 지침서를 제작하려 나름대로 많은 노력을 하였다. 피부미용을 전공하는 학생은 물론이고 뷰티산업 각 분야에서 활동하는 모든 분들에게도 지침서로서 활용되길 바란다.

돌아보면 미흡하고 아쉬운 점도 있지만 미진한 부분들은 계속 보완 수정해 나갈 것을 약속드리며 여러분의 조언을 부탁드린다. 끝으로 이 책이 나오기까지 물심양면으로 지원을 아끼지 않으신 예림 출판사 석종환사장님과 편집부 직원 여러분의 수고에 깊은 감사를 드린다.

2020년 3월

저자일동

DERMATOLOGY

Chapter 1. 인체의 구성과 세포

Chapter 2. 피부의 이해와 구조

Chapter 3. 피부의 부속기관

Contents

Chapter 7. 피부와 광선

Chapter 8. 피부면역

Chapter 9. 피부의 노화

CHAPTER 1

인체의 구성과 세 포

1. 인체의 구성

2. 세 포

3. 조 직

4. 림프계

DERMATOLOGY

CHAPTER 1 인체의 구성과 세포

1. 인체의 구성

인체는 복잡한 구조로 각 구성요소의 상호연관성을 가지고 결합된 유기체(organization)이다. 물질을 구성하는 가장 작은 단위는 원자(atoms)이다. 이러한 원자들이 화학결합에 의하여 분자(molecule)를 구성하고, 분자들은 다시 고분자(macromolecule)를 형성한다. 고분자는 살아있는 것들의 기본 단위인 모든 세포(cells)에서 발견된다.

세포(cells)들은 **조직**(tissue)→**기관**(organ)→**계통**(system)→**개체**(organism)라는 일련의 구조적 체계를 형성하고 있다.

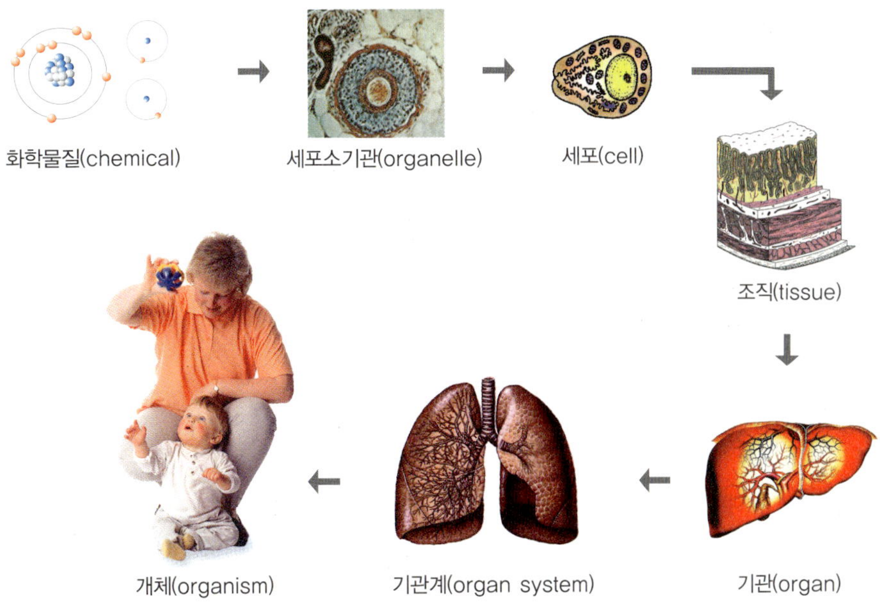

[그림1-1] 인체구성의 7단계

(1) 골격계(Skeletal system)

뼈, 연골, 관절로 구성되는 신체의 운동기관으로, 자세를 지탱하며 내장의 모든 기관을 보호하는 역할을 한다. 사람의 골격구조는 두개골과 척추가 중심을 이루며, 거기에 사지골(四肢骨)이 이어진다.

(2) 근육계(Muscular system)

횡문근, 골격근, 심장근 등으로 구성되어 근섬유 또는 근세포(筋細胞)라 하는 가느다란 세포가 다수 모여 있다. 현미경으로 보면 근육에 따라 근섬유에 가는 가로줄무늬가 있는 가로무늬근(横紋筋)과, 무늬가 없는 민무늬근(平滑筋)으로 나누어진다. 골격근은 움직일 수 있는 수의근(隨意筋)과 움직일 수 없는 내장근, 심근 등의 불수의근으로 나누어진다.

(3) 순환기계(Circulatory system)

체내에서 혈액이나 림프액을 만들고 이를 순환시켜 산소와 영양분, 호르몬을 운반하고 이산화탄소와 신진대사 노폐물을 몸 밖으로 운반해 제거하는 기능을 한다. 심장 · 혈관 · 혈액으로 구성된 혈액순환계, 림프 · 림프관 · 림프절로 구성된 림프순환계로 나뉜다. 혈액의 백혈구, 림프액의 항원 · 항체 반응을 통해 신체를 방어하고 면역 작용을 하며 체내의 수분, 체온, 삼투압을 조절, 체액의 pH를 유지하여 산성과 염기성의 평형을 유지한다.

(4) 소화기계(Digestive system)

구강, 인두, 식도, 위, 소장, 대장 등의 소화기관과 간, 담낭, 췌장 등의 부속기관으로 구성되어 신체가 음식물을 흡수하는 기관이다. 또한 섭취한 음식물을 작은 영양소로 분해하며, 소화되고 남은 노폐물을 배설시킨다.

(5) 호흡기계(Respiratory system)

호흡을 관장하는 기관의 계통으로 입, 코, 목, 기도, 폐로 구성된 호흡기계를 통해 공기가 몸속으로 들어왔다가 다시 나간다. 심장과 혈관으로 구성된 호흡기계는 산소를 세포로 운반하고 이산화탄소를 몸 밖으로 내보낸다.

(6) 비뇨기계(Urinary system)

신체에 영양분을 공급하고 노폐물은 체외로 배출하는 역할을 하는 기관이다.
신장(kidney), 요관(ureter), 방광(urinary bladder), 요도(urethra)로 구성되어 있다. 오줌생산 및 배설을 하며, 산 · 염기 평형조절, 신체의 항상성을 유지 시켜준다.

(7) 신경계(Nervous system)

중추신경계인 뇌와 척수, 말초신경계인 체성신경계와 자율신경계로 이루어져 있다. 자율신경계는 교감신경, 부교감신경으로 세분화된다. 또한 체내 및 체외에서의 여러가지 자극(stimulus)을 감수하며 이것을 중추에 보내고, 이에 반응하여 중추에서 그 자극에 대한 알맞은 반응을 일으킨다. 생리기능을 조절, 감각과 운동, 내 · 외 환경 등을 조절하는데 관여한다.

- 뉴런세포는 정보를 전달하고 정보를 전달받는다.
- 뉴런세포는 신경조직의 최소 단위로 수상돌기와 시냅스, 축삭돌기로 구성되어 있다.

(8) 내분비계(Endocrine system)

뇌하수체(hypophysis), 갑상선(thyroid gland), 부갑상선(parathyroid gland), 부신(adrenal gland), 췌장(pancreas), 난소(ovary), 고환(testis) 등이 속해 있으며, 호르몬을 분비한다.

호르몬은 신체의 성장, 분화, 대사에 관여하며 신경계통과 함께 신체의 활동을 조절해 준다.

- 췌장에서 분해되는 글루카곤과 인슐린은 혈중 혈당량을 조절한다.
- 난소에서는 에스트로겐과 프로테스테론을 분비하여 월경과 임신을 책임진다.
- 남성 호르몬인 테스토스테론은 남성의 2차 성장에 영향을 준다.

(9) 감각기계(Sensory system)

감각기는 외부로부터의 물리화학적 자극을 뇌에 전달하게 하는 기관으로 눈, 코, 입, 귀, 피부로 이루어진다. 감각기 중에서 외부의 자극을 뇌로 전달하는 과정인 수용기에는 간단한 구조의 일반 감각기관과 비교적 복잡한 신경경로를 가진 특수 감각기관이 있다.

(10) 생식기계(Reproductive system)

생식기계는 난자와 정자를 생산하고, 남성호르몬과 여성호르몬을 생산하여 2차 성징을 발현시키는 기관이다. 남성생식기는 음낭, 음경, 고환, 부고환, 정낭, 정관, 전립선, 구요도선 등으로 이루어져 있으며, 여성생식기는 자궁, 난소, 난관, 질, 외음부와 부속기관인 유방으로 이루어져 있다.

2. 세포 The Cell

세포(細胞)는 모든 생명체의 기본 구조 및 기능적 기본단위이다. 박테리아(bacteria) 등의 생물은 단지 세포 하나로 이루어진 단세포 생물(單細胞生物)이고 반면 인간을 포함한 다른 유기체는 다세포 생물이다. 우리 몸을 구성하는 세포는 약 70조~100조개 이상으로 인체의 어느 기관을 구성하느냐에 따라 크기나 모양, 기능이 모두 다르고 다양하다. 세포의 cell(셀)은 작은 방을 의미하는 라틴어의 "켈라(cella)"에서 유래하였다. 각 세포는 적어도 그 자체로 완전하고 스스로 활동 가능하다. 즉 영양소를 받아들여서 에너지로 전환하고 고유한 기능을 수행하며 필요에 의해 번식할 수도 있는 것이다.

세포(cell)는 일반적으로 **핵**(nuclear), **세포질**(cytoplasm), **세포막**(cell membrane)의 3가지로 나눌 수 있다.

핵	핵막, 핵산, 핵소체, 핵질, 염색질
세포질	미토콘드리아, 소포체, 골지체, 리소좀, 리보솜, 중심소체, 과산화소체
세포막	지질, 단백질, 탄수화물

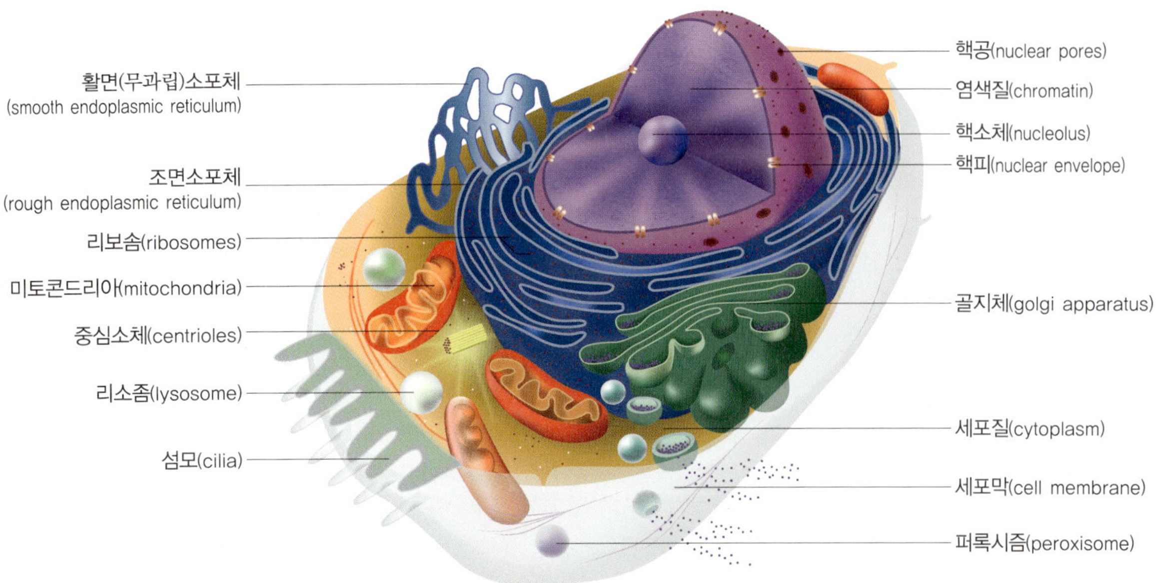

[그림1-2] 세포의 구조

1) 세포막(Cell membrane)

세포막은 세포 전체를 둘러싸고 있는 얇은 막으로 세포 내부와 외부환경의 경계를 이룬다. 세포막의 성분은 단백질과 인지질이며 당지질, 콜레스테롤 등도 포함한다. 일반적으로 지질, 단백질 및 탄수화물(carbohydrate) 등으로 구성되어 있으며, 선택적인 투과성을 지닌다. 세포막은 세포를 출입하는 물질의 확산 작용을 통해 통과시키는 기능을 수행하며 조직을 이식할 때 자기 조직인지를 구분할 수 있는 특징을 가지고 있다.

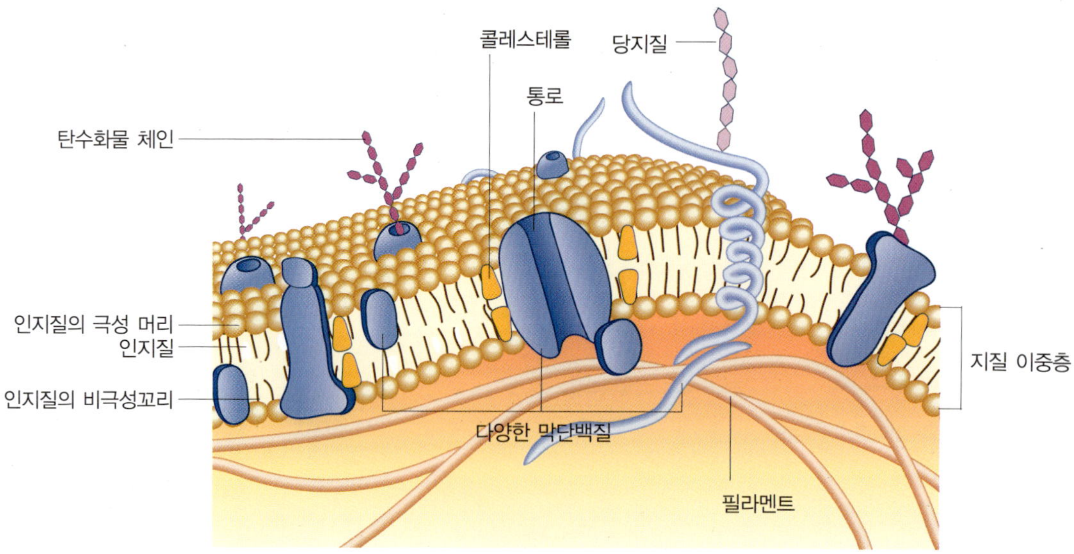

[그림1-3] 세포막의 구조

(1) 지질(Lipid)

세포막에 함유되어 있는 지질은 약 20~40%를 차지하며, 주성분은 인지질, 당지질, 콜레스테롤이다. 인지질은 안쪽의 소수성(hydrophobic) 부분이 막의 내측에 2중층으로 구성되어 있다. 전체 지질량의 약 70%를 차지하며 생리적 온도에서는 반액체 상태로 존재한다. 당지질은 적혈구 응집반응을 일으키는 주된 물질로 일반적으로 항원 역할을 하여 면역 반응을 보인다. 콜레스테롤은 수용성 물질이 세포막을 지날 때의 속도를 결정하는 유동성을 조절하여 세포막 통과를 제한한다.

(2) 단백질(Protein)

단백질은 인체를 구성하는 주요 구성성분으로 세포막에 약 60~70%의 당단백질(glycoprotein)로 구성되어 있고, 내재성 단백질은 인지질의 2중층으로 되어 있다. 그 외에 운반체, 수용체, 세포막에 관여하는 효소로서 촉매작용을 한다.

(3) 탄수화물(Carbohydrate)

세포막의 약 1~5%를 차지하며 단백질 또는 지질과 결합하여 당단백질과 당지질 형태로 세포막의 외층에 있다.

2) 세포질(Cytoplasm)

세포질은 세포막과 핵 사이의 세포를 이루고 있는 물질이다.

구성 성분은 물(water) 75~85%, 전해질(electrolyte) 1.5%, 단백질(protein) 10~20%, 지질(lipid) 2~3%, 탄수화물(carbohydrate) 1% 등으로 구성된 반유동성인 무형성분과 소기관 및 포함물로 이루어진 유형 성분이다. 세포질에 포함되는 세포소기관으로는 미토콘드리아, 엽록체, 액포, 소포체, 리보솜, 골지체, 리소좀, 중심체 등 세포대사에 필수적인 기관이 있다.

이 외에 세포의 종류에 따라 편모나 섬모를 가지고 있는 경우도 있으며 미세섬유(microfilament), 미세소관(microtubule) 등 세포골격도 포함된다.

(1) 미토콘드리아(Mitochondria)

미토콘드리아는 세포 호흡과 에너지 생산의 주된 세포 소기관 중의 하나이다. 크기는 0.1~0.5㎚로 둥근 막대모양의 2중막(외막과 내막)으로 싸여있다.

내막은 심한 굴곡의 주름 또는 관 모양의 크리스타(cristae) 구조를 형성하고 있으며, 세포활동에 필요한 에너지인 ATP(adenosine triphosphate, 아데노신 삼인산)

를 생산한다. 외막은 주름이 없는 막상구조이다. 미토콘드리아는 음식물로 섭취한 영양물질을 산화하고 세포 내의 호흡 생리를 담당한다. 또한 이화작용과 동화작용을 통해 에너지원이 되는 아데노신 삼인산을 생산 · 공급하는 등 에너지 대사에 관여한다.

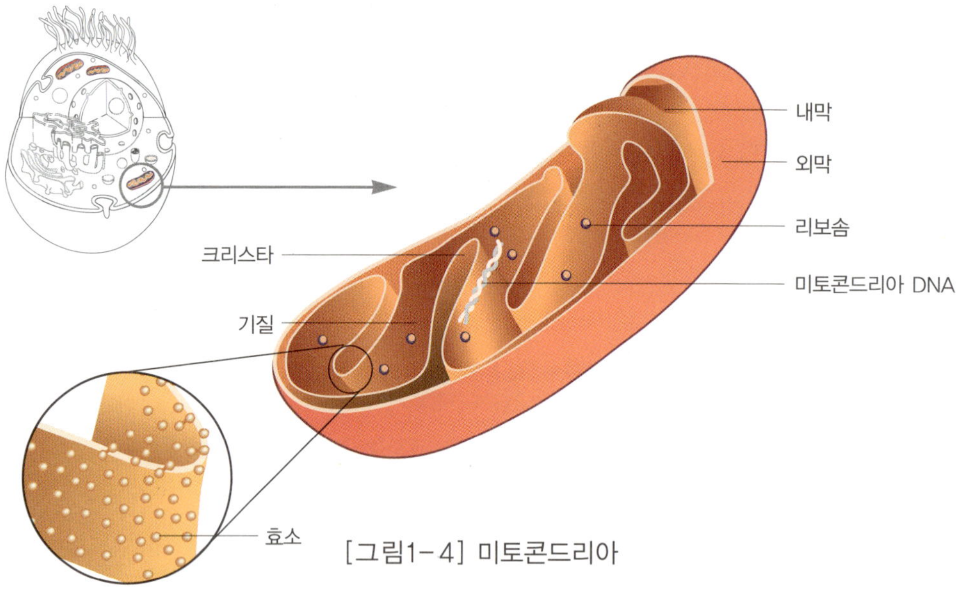

[그림1-4] 미토콘드리아

(2) 소포체(Endoplasmic reticulum, ER _ 내형질세망)

세포질 전체에 걸쳐 그물 모양으로 분포되어 있으며 내형질세망이라고도 한다. 여러 형태의 소포(vesicle)들이 서로 연결된 불규칙한 망상구조이며, 핵막과 미토콘드리아 등을 연결하는 세포질 내의 교통로이다. 소포체는 리보솜이 붙어 있는 조면소포체(rough endoplasmic reticulum, RER)와 리보솜이 붙어 있지 않은 활면소포체(smooth endoplasmic reticulum, SER)가 있다.

조면소포체는 세포 내 단백질 합성을 담당하며 활면소포체는 콜레스테롤의 대사 및 해독 작용, 스테로이드호르몬(steroid hormone) 합성, 위벽에서 염산(hydrochloric acid, HCL)을 분비하는 등의 작용을 한다.

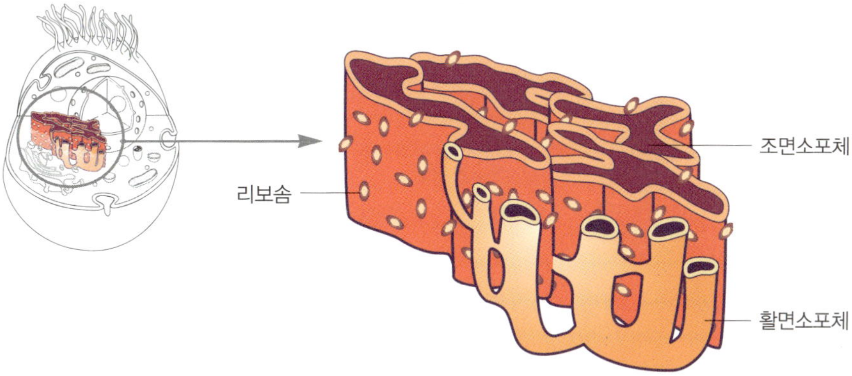

[그림1-5] 소포체

(3) 골지체(Golgi apparatus)

골지체는 핵 주위에 위치하며 납작한 수조(cisterna)가 평행으로 중층된 층판 구조이다. 골지체는 내형질세망에서 생산하여 운반되어 온 물질을 받아들이는 볼록한 쪽의 형성면과 물질을 농축하여 배출하는 오목한 쪽의 성숙면으로 구분할 수 있다. 골지체는 물질의 저장, 합성, 운반 역할을 하는데, 주로 소포체에서 합성된 분비 단백질이 운반되어 오면 단백질을 농축하여 세포 밖으로 분비한다. 이 과정에서 지을 흡수하기도 한다.

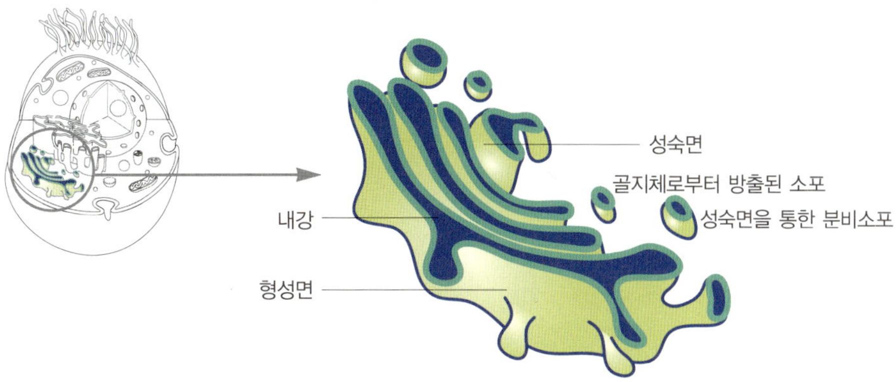

[그림1-6] 골지체

(4) 리보솜(Ribosome)

리보솜은 DNA 유전정보에 따른 단백질 합성 작용을 하며 RNA를 많이 지니고 있다. 대부분의 리보솜은 형질내세망에 붙어 있거나 기질 내에 떠다니는 형태로 존재한다. 리보솜은 세포질 내 유리되어 있는 유리리보솜(free ribosome)과 소포체에 부착되어 있는 부착리보솜(attached ribosome)으로 구분된다.
유리리보솜은 세포 내에서 성장, 분열 등의 필요한 단백질을 합성하고 부착리보솜은 분비용 단백질을 합성한다.

(5) 리소좀(Lysosome)

구형의 작은 세포기관이자 골지체에서 만들어지는 단일막의 구형 구조물로 거의 모든 동물세포에 존재하며 백혈구에 많이 들어있다. 홑겹의 막으로 둘러싸여 있어 내부 구조를 오랫동안 유지하지 못하며 세포가 기능을 다하여 불필요하게 되면 리소좀의 막이 터져서 세포를 분해, 다른 세포로 대체할 수 있게 만드는 역할을 한다. 여러 가수분해 효소를 가지고 있어서 단백질, 다당류 등을 아미노산, 단당류로 분해하여 세포대사를 촉진한다. 또한 세포 내의 노폐물과 침입해 들어온 이물질, 노후한 세포를 분해하여 처리하는 세포 내 소화기관이다.

(6) 과산화소체(Peroxisome)

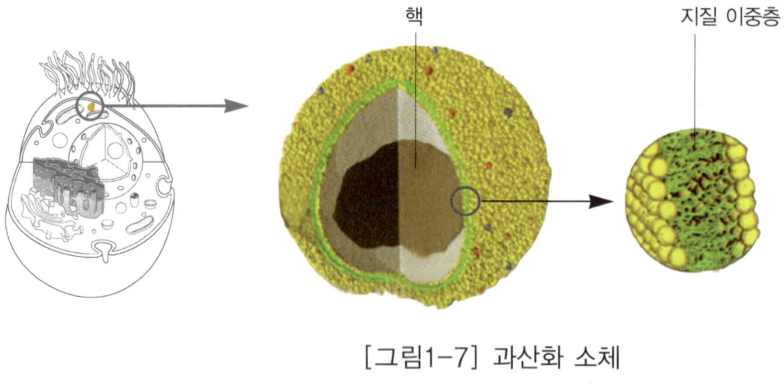

[그림1-7] 과산화 소체

과산화소체는 직경이 0.5nm인 구형의 막성기관으로 간장이나 신장을 구성하는 세포에 존재한다. 과산화수소(H_2O_2)의 발생을 촉진시키는 과산화효소(peroxidase)를 함유하고 있다.

(7) 세포골격(Cytoskeleton)

세포기관 외에 세포질이 보유하고 있는 정교한 망 형태의 섬유들을 일컫는다. 세포골격은 세 가지 종류의 필라멘트 구조로된 미세섬유(microfilament), 미세소관(microtubule), 중간섬유(intermediate filaments)로 구성 성분은 주로 단백질이다. 유동적인 구조로 세포 형태를 유지하며 소포체의 이동 등 세포 내 수송과 세포 분열에 중요한 역할을 한다.

① 미세섬유(Microfilaments)

세포질 내에 있는 매우 가는 섬유로 장상피 세포의 장원섬유(tonofibril), 근육세포

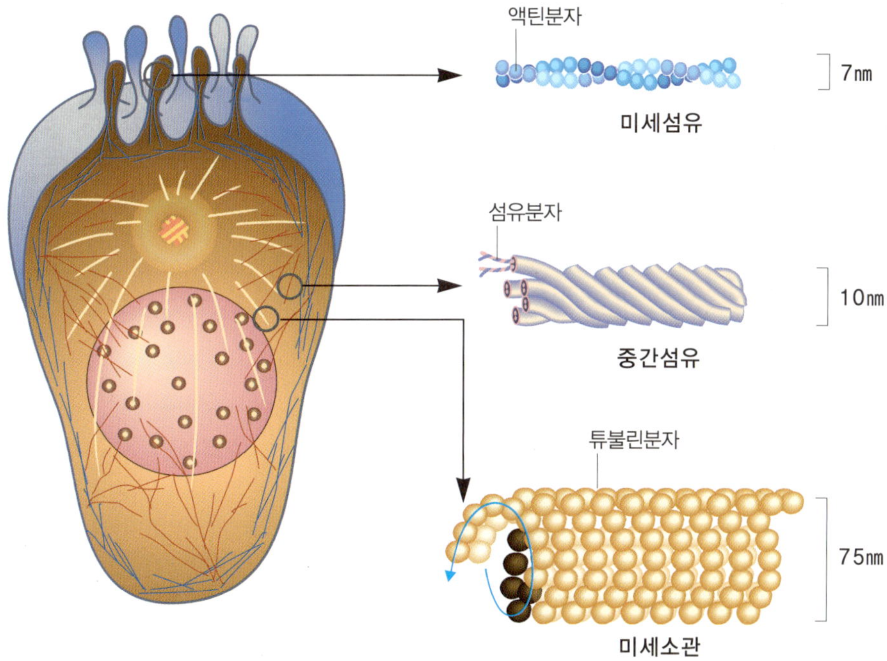

[그림1-8] 세포골격

의 근원섬유(myofibril), 신경세포의 신경원섬유(neurofibril) 등은 이들 미세섬유들이 적절하게 배열된 구조이다. 장원섬유는 세포의 점성과 탄성에, 그 외 섬유들은 세포의 수축 및 운동에 기여하며 세포의 구조를 유지한다.

② 미세소관(Microtubules)

원섬유(protofilament)가 조합된 직경 약 25nm의 긴 막대 모양의 작은 관으로 되어 있어 세포골격(cytoskeleton)및 세포 내 물질의 이동 등에 필요한 기관이다.

③ 중간섬유(Intermediate filaments)

세포 내에서 지지구조로 작용하며 세포의 수축 부분을 고정 부위에 고착시킨다.

(8) 편모(Flagella), 섬모(Cilia)

편모와 섬모를 구성하는 관들은 물질을 이동시키고 액체 물질을 이동시키거나 액체배지(liquid medium)를 통해 세포의 움직임을 가능하게 한다. 이 구조가 길고 수가 적으면 편모, 짧고 수가 많으며 원형질의 막으로 싸여 있는 것은 섬모라 한다.

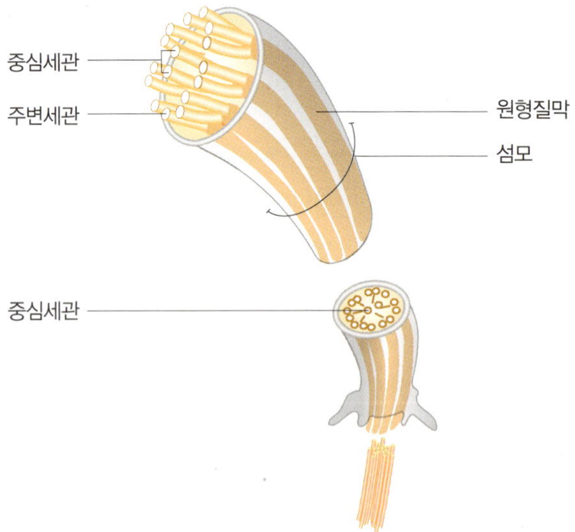

[그림1-9] 섬모

3) 핵(Nucleus)

핵은 세포 내에 보통 1개 있으며, 핵막에 둘러싸여 세포질과 구분되어 있다. 핵은 세포의 생명 활동을 조절하는 중심으로 유전자(DNA)를 간직하고 있어 세포의 생활 유지, 증식, 유전 등에 매우 중요한 역할을 한다. 또한 세포의 대사, 단백질의 합성, 성장 및 분열을 조절하는 정보센터라고 할 수 있다.

핵막(nuclear membrane), 핵소체(nucleolus), 염색질(chromatin), 핵형질(nucleoplasm)로 구성되어 있다.

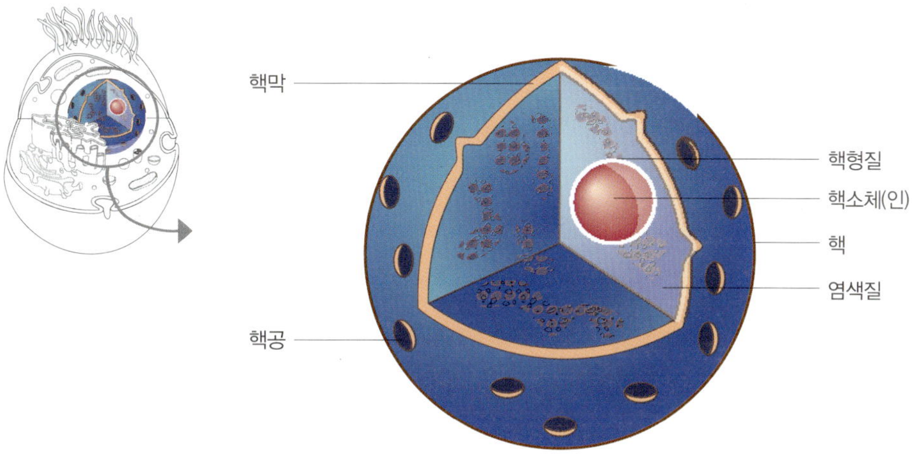

[그림1-10] 핵의 구조

(1) 핵막(Nuclear membrane)

핵막은 안팎의 두 단위막으로 구성되어 있다. 여러 곳에 직경이 50~70nm의 핵공(nuclear pore)이 있으며 핵과 세포질 사이의 물질교환 통로가 된다.

(2) 핵소체(Nucleolus)

핵소체는 인이라고도 하며 구형 혹은 난원형이다. 또한 RNA와 단백질로 구성되어 있으며 각종 RNA를 합성하는 곳이다. 핵소체는 세포분열 중에 흩어졌다가 분열이 끝나면 염색체의 한쪽에 다시 형성되는데, 이곳을 핵소체 부위(nucleolus region)라고 한다.

(3) 염색질(Chromatin)

염색질은 DNA와 염기성 단백질인 히스톤(histone)으로 구성되어 있다. 염색질(chromatin)은 실 모양의 구조물로 핵액 속에 들어 있으며, 세포가 분열할 때는 이것이 꼬이고 응축해서 염색체가 된다. 분열이 끝나면 다시 염색질로 환원된다.

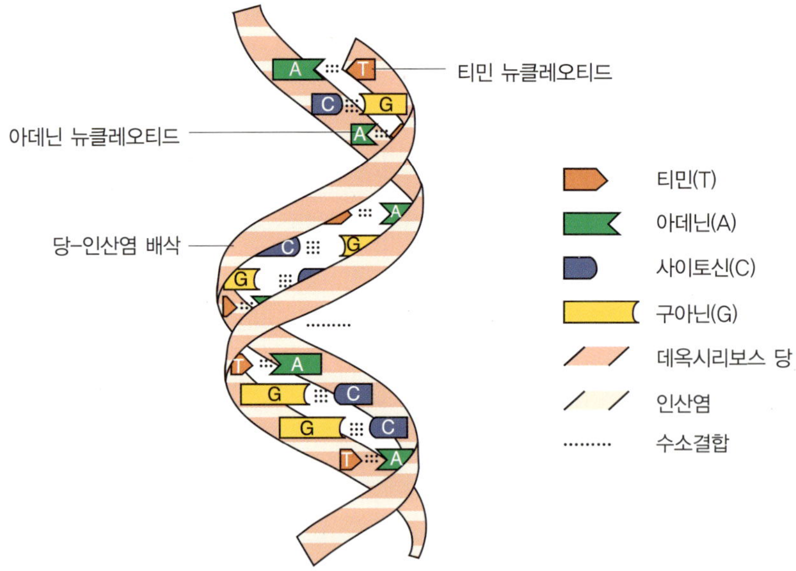

[그림1-11] DNA 구조

(4) 핵형질(Nucleoplasm)

핵형질은 핵질(karyoplasm)이라고도 불리며 리보솜과 핵산 그리고 그 외의 핵 구성 물질을 합성하는 데에 필요한 분자들과 맑은 반액체성 물질로 이루어진 혼합물이다.

4) 세포주기(Cell cycle)

모든 세포는 각자의 일정한 주기를 가지고 있어 수명이 다양하다. 일반적으로 세포주기는 **간기**(interphase)와 **분열기**(mitotic phase)로 구분한다.

- **간기**(interphase)는 DNA 복제나 단백질 합성 등 세포분열을 위한 준비 단계
- **분열기**(M phase)는 핵과 세포질 등이 둘로 갈라지는 단계이다.

간기는 다시 DNA 합성 전기(pre-DNA synthetic phase, G1 phase)
DNA 합성기(DNA synthetic phase, S-phase)
DNA 합성후기(post-DNA synthetic phase, G2 phase)로 구분한다.

G1기	세포분열이 끝난 후 부터 DNA 복제가 이루어 지기 까지의 시기이며 대사활동이 활발하여 세포의 성장에 필요한 단백질이 합성되는 시기이다.
S 기	DNA 복제가 일어나는 시기이며 DNA가 복제되어 그 양이 2배 이상 증가한다.
G2기	DNA 복제가 끝난 후 부터 분열기에 들어가기 전 까지의 시기이다. 세포가 완전히 성숙하여 다시 새로운 분열에 들어갈 준비를 하는 시기이다. 방추사를 구성하는 미세소관의 성분과 같이 세포분열에 필요한 단백질이 합성된다.

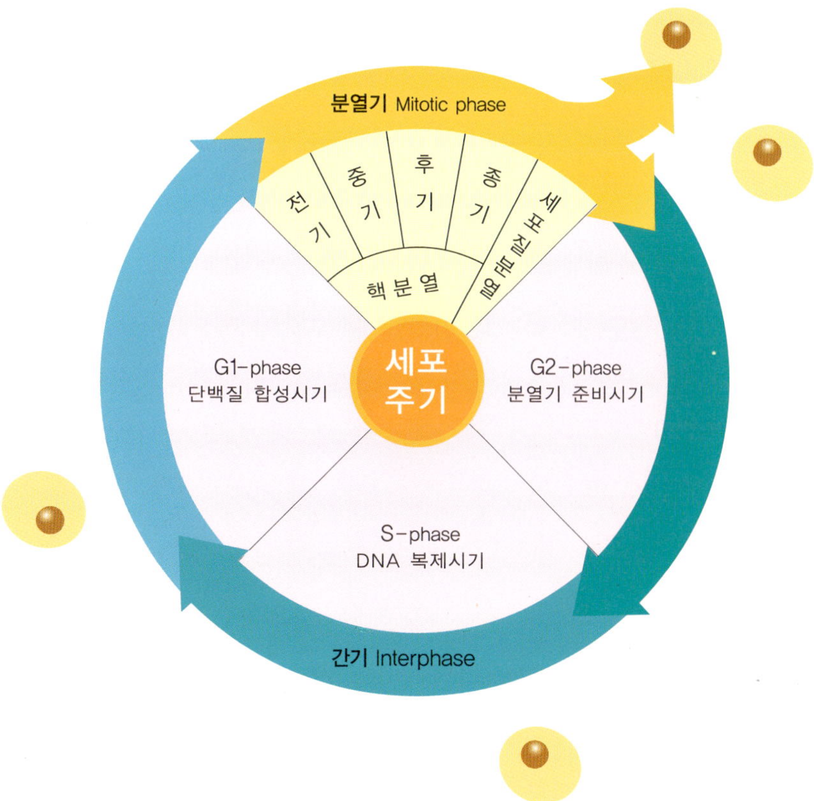

[그림1-12] 세포주기

5) 세포분열(Cell division)

세포분열은 사람이 살아가는 동안 계속되며, 우리 몸은 끊임없이 세포를 대체하고 있다. 세포분열은 세포의 종류나 시기에 따라 다르며 핵 분열시 핵 안에 염색체가 나타나 이루어지는 유사분열(mitosis, 체세포분열)과 염색체나 핵 구조의 큰 변화 없이 곧바로 핵분열이 일어나는 무사분열(amitosis)이 있다.

(1) 유사분열(Mitosis)

유사분열은 신체 대부분의 세포가 분열하는 방식으로, 모세포(부모 셀)는 두 개의 딸 셀로 나뉜다. 세포의 분열과정에서 실 같은 섬유성 구조물이 나타남으로 유사분열이라 하며 간접분열이라고도 한다.

① 전기(Prophase)

핵 내의 염색질이 모여 염색체가 형성되는 과정이다. 중심체에 있는 2개의 중심소체가 각각 1개씩 양극으로 이동하고 이 중심립에서 방추사(spindle fiber)가 형성된다. 방추사는 양극에서 뻗어 나온 미세관들의 집합으로 염색체 이동을 주관한다. 또한 핵막과 인이 소실되기 시작한다.

② 중기(Metaphase)

염색체가 적도면에 여러 가지 모양으로 배열되는 시기인데, 이렇게 염색체가 모인 적도면을 적도판(equatorial plate)이라 한다. 각 염색체의 중심절(centromere)에 방추사가 결합한다.

③ 후기(Anaphase)

각 염색체의 양염색분체가 동원체 부위부터 떨어져 딸염색체가 된다. 이들은 방추사에 끌려서 양극에 있는 중심소체를 향하여 이동한다.

④ 말기(Telophase)

염색체가 다시 염색질로 환원되고, 소실되었던 핵막과 핵소체가 나타나 딸핵(daughter nucleus)이 되며 방추사가 소실된다. 세포는 이분되어 모세포(mother cell)와 똑같은 모양과 기능을 가진 2개의 딸세포(daughter cell)가 형성된다.

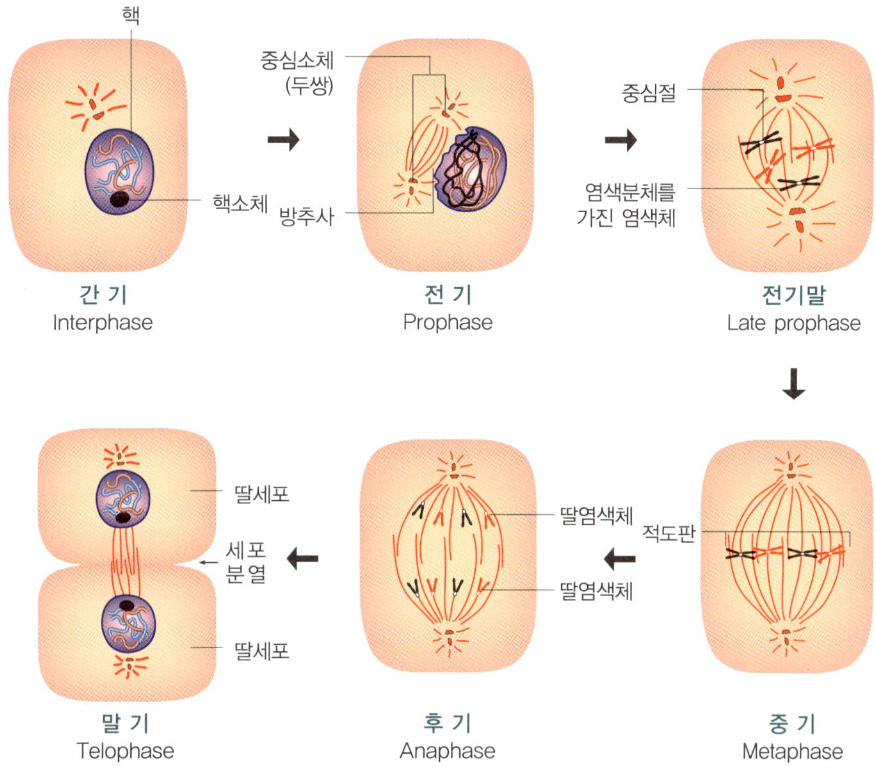

[그림1-13] 세포의 유사분열

> **Tip**
>
> **무사분열(Amitosis)**
>
> 염색체나 방추사가 형성되어 나타나지 않고, 핵이 그대로 둘로 나누어지는 단순한 세포의 핵분열이다. 아메바나 곰팡이 등의 하등 생물이나 병든 세포에서 볼 수 있으며 사람의 경우 변성중인 세포나 노화된 세포에서 볼 수 있다.

(3) 감수분열(Meiosis)

감수분열은 남성 정자와 여성 난소와 같은 생식세포(germ cell)에서만 볼 수 있는 특별한 분열 방식이다. 2회의 성숙분열(maturation division)이 진행되어 염색체 수가 배수(diploid: 2n)에서 단수(haploid: n)로 감소하는 2회의 분열이다. 감수분열은 새로운 세포들 각각이 고유한 유전 정보 세트를 가지고 있음을 의미한다.

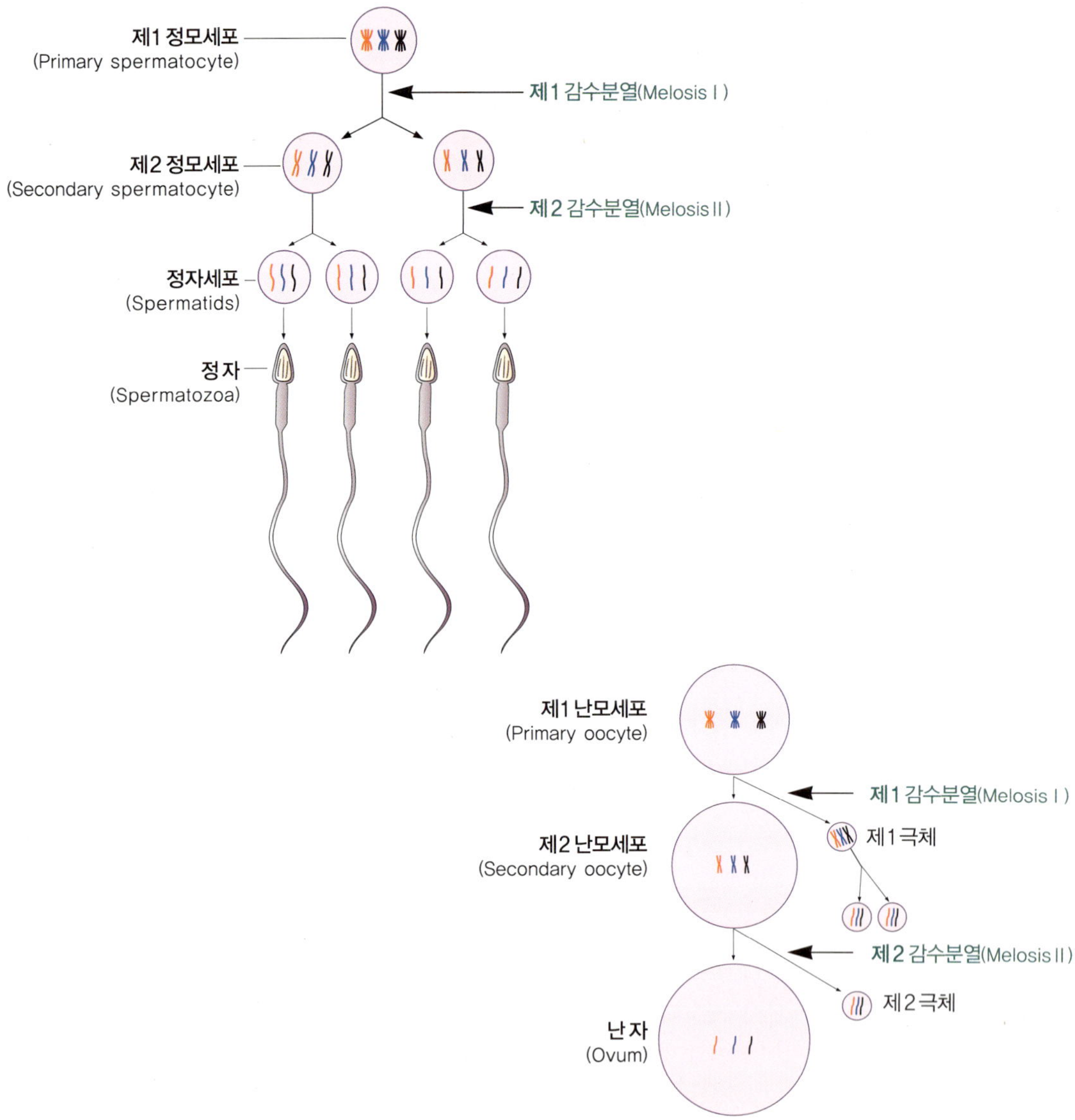

[그림1-14] 정자와 난자의 감수분열

3. 조직 Tissue

조직은 세포, 세포간질 및 체액으로 구성되어 있다. 인체의 조직은 구조와 기능이 유사한 세포들이 특수한 목적을 위하여 상호 연결된 세포들의 집단이다. 형태적, 기능적으로 모여 조직을 이루는데, 우리 몸을 조직학적으로 구분하면 상피조직(epithelial tissue), 결합조직(connective tissue), 근육조직(muscular tissue), 신경조직(nervous tissue)의 4종류로 구성할 수 있다. 각각의 조직이 독립된 것이 아니라 결합하여 인체를 구성한다.

1) 상피조직(Epithelial tissue)

상피조직은 인체 표면과 체강(흉강, 복강), 맥관의 내표면, 각 기관의 외표면 및 내강면을 모두 덮는 조직이다. 주로 상피세포로만 구성되어 세포수가 많고 세포간질이 적어 연약하기 때문에 아래에는 질긴 결합조직이 지지하고 있다. 보호, 방어, 분비, 흡수, 감각, 생식세포 생산 등의 기능을 한다.

(1) 단층편평상피(Simple squamous epithelium)

편평상피는 세포의 두께가 얇고 표면이 넓은 생선 비늘 같은 모양이다. 편평세포의 배열에 따라 단층편평상피와 중층편평상피로 구분된다. 편평세포들이 밀집되어 있는 한층의 상피 높이에 비해 너비가 매우 커 납작한 형으로 폐쇄강(흉막강, 심장막강, 복막강)내면, 심장, 혈관 및 림프관의 내면, 사구체주머니 외벽에서 볼 수 있다.

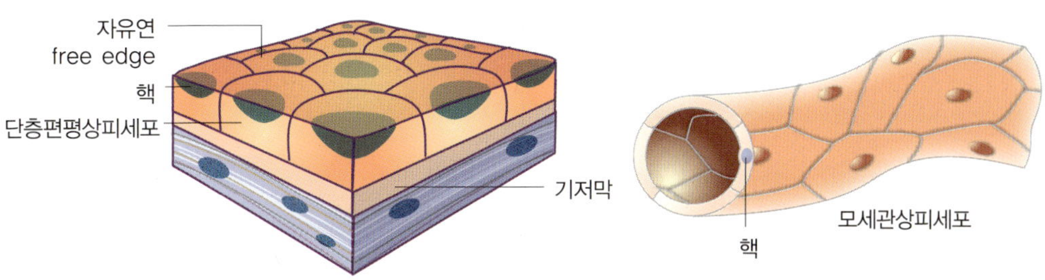

[그림1-15] 단층편평상피

(2) 단층입방상피(Simple cuboidal epithelium)

폭과 높이가 거의 같은 입방형, 단층 배열로 외분비샘의 도관, 갑상샘(갑상선) 소포, 난소표면, 집합세관 같은 관의 표면을 덮고 있다. 측면에는 육각형 혹은 공 모양의 핵이 세포중심부를 이룬다.

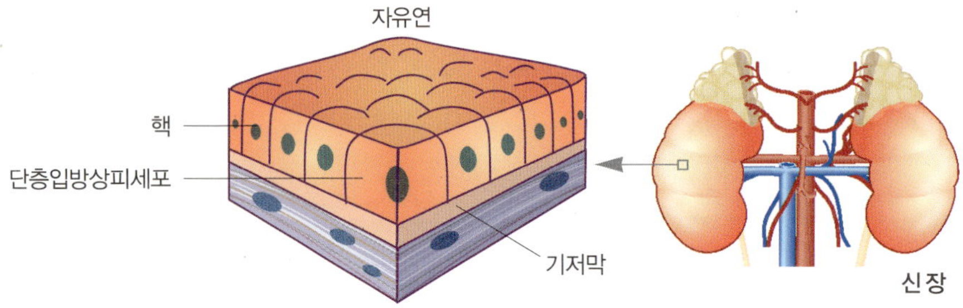

[그림1-16] 단층입방상피

(3) 단층원주상피(Simple columnar epithelium)

폭에 비해 높이가 월등히 높은 막대모양으로 단층으로 배열되어 있어, 위장관의 점막상피, 외분비샘의 도관에서 볼 수 있으며 소화액의 분비와 소화된 영양물질을 흡수하는 기능이 있다.

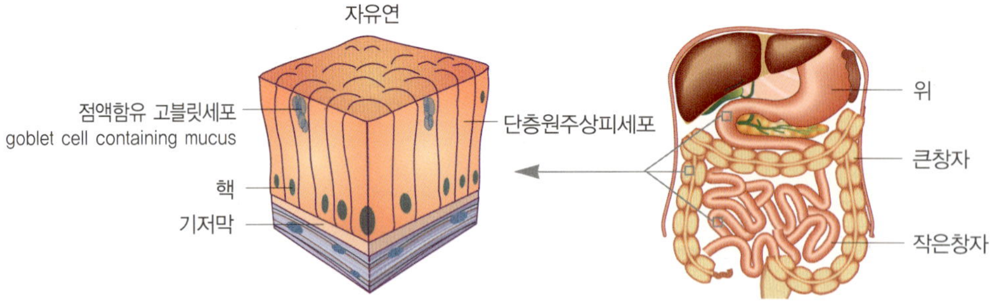

[그림1-17] 단층원주상피

(4) 중층편평상피(Stratified squamous epithelium)

여러 층의 상피로 구성되어 있고 표층세포만 편평상피이고 밑으로 갈수록 입방세포, 원주 세포로 형성되어 있다. 피부, 구강, 식도, 콧구멍, 성대, 각막, 외이도, 항문관 등에서 볼 수 있다.

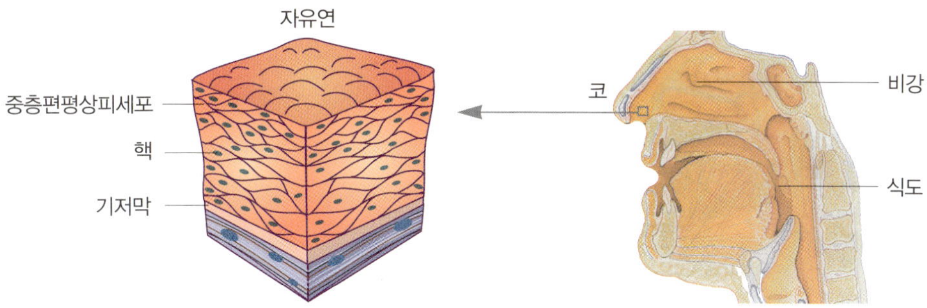

[그림1-18] 중층편평상피

(5) 이행상피(Transitional epithelium)

중층편평상피와 중층원주상피의 중간 이행형으로 이행상피는 상피세포가 중층으로 배열되어 있어 장기의 수축과 이완에 따라 세포 모양이 변형되기도 한다. 요관, 방광, 요도 등에서 볼 수 있다.

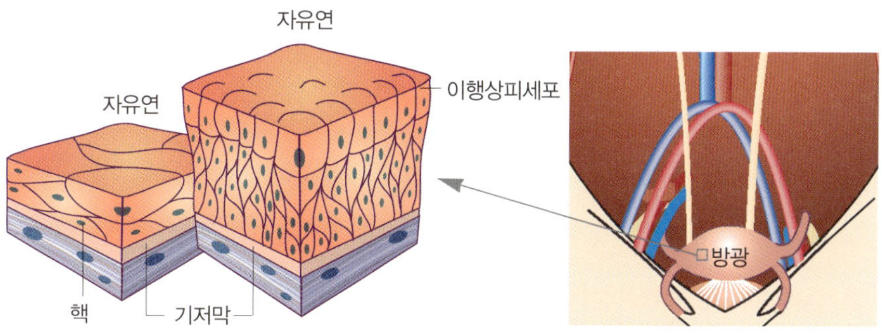

[그림1-19] 이행상피

(6) 선상피(Glandular epithelium)

피부의 표피나 점막의 상피조직이 결합조직내로 함몰되어 분비작용을 수행하는 것을 선(gland)이라 하며 선상피는 이 선들이 모인 곳을 말한다. 피부선에는 한선(sweat gland), 피지선(sebaceous gland), 유선(mammary gland)등이 있다.

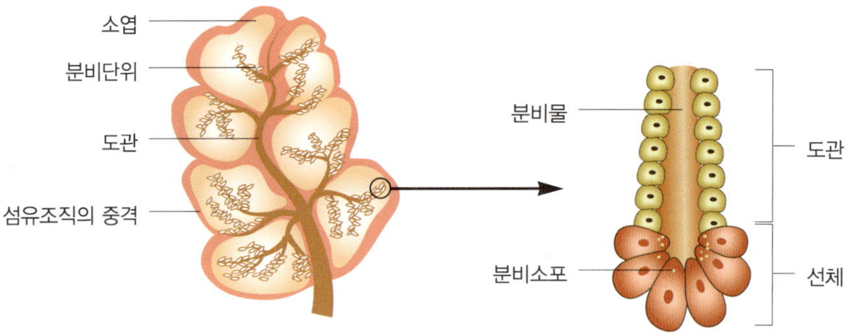

[그림1-20] 선상피

2) 결합조직(Connective tissue)

결합조직은 신체 중 가장 널리 분포되어 있고 가장 많은 양을 차지한다. 체내의 여러 조직과 기관 사이를 메우며 그들을 연결하고 몸을 지탱하며 혈액세포를 생산하고 지방을 저장하는 기능을 하며 뼈, 힘줄, 인대, 연골, 지방조직 등을 포함한다. 결합조직은 세포와 세포 밖의 단백질 섬유, 그리고 주로 탄수화물로 된 부정형 물질로 이루어진다. 결합 및 지지조직은 모두 중배엽(中胚葉)에서 발생하며 세포, 세포외 섬유, 기질로 구성되어 있다. 부정형 기질의 밀도는 구성성분과 기능에 따라 엷은 젤에서부터 단단한 구조까지 다양하다.

(1) 지방조직(Adipose tissue)

지방 세포의 다수 집합으로 이루어진 조직이며 영양의 저장, 조직 간극의 충전, 보온 등의 작용을 하고 사람의 아랫배, 엉덩이 부위에 많이 분포한다.

(2) 지지조직(Supporting tissue)

신체나 기관을 지지함과 동시에, 기관과 기관을 결합하고, 기관내에서는 여러 조직이나 세포의 사이를 결합하고 충전하는 조직이다. 결합조직, 연골, 뼈, 혈액과 림프의 4종으로 분류된다. 골(bone)은 골격계를 형성하여 몸의 지지와 기관을 보호하며 고도화로 분화되었다. 연골(cartilage)은 근 골격계 전체에 널리 퍼져 있는 밀집된 결체 조직으로 연골세포와 그것을 둘러싸는 다량의 기질로 된 뼈를 말한다.

(3) 액상조직(Fluid tissue)

혈액과 림프로 구성되며 적혈구, 백혈구, 혈소판과 림프구들이 세포성분으로 존재한다. 세포간질은 혈장과 림프장으로 구성된다.

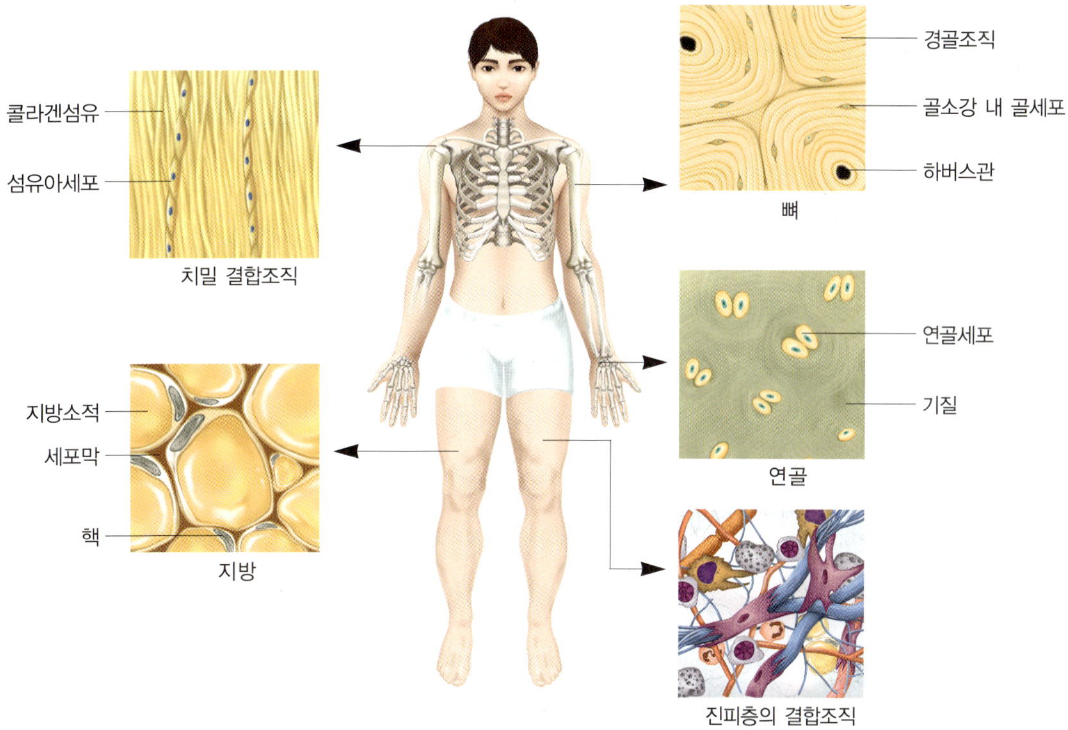

[그림1-21] 결합조직

3) 근조직(Muscular tissue)

근세포가 모여서 만든 조직으로, 근조직에 부착되어 있는 부분들을 움직이는 수축성 조직이다. 수축과 이완을 할 수 있는 특수세포들로 구성되어 있으며 힘줄에 의해서 골과 연결되고, 인대에 의해서 근조직이 상호 연결된다. 근조직은 구조와 기능에 따라 골격근, 평활근, 심근으로 나뉜다.

(1) 골격근(Skeletal muscle)

뼈에 붙어 있으며 가로무늬가 뚜렷한 횡문근이다. 뇌척수신경의 지배를 받는 수의근으로 신경 작용에 의해서 자극되며 수축한다. 근육, 전신의 관절 운동에 관여하고 자세를 유지하며 체열 생산 기능을 갖는다.

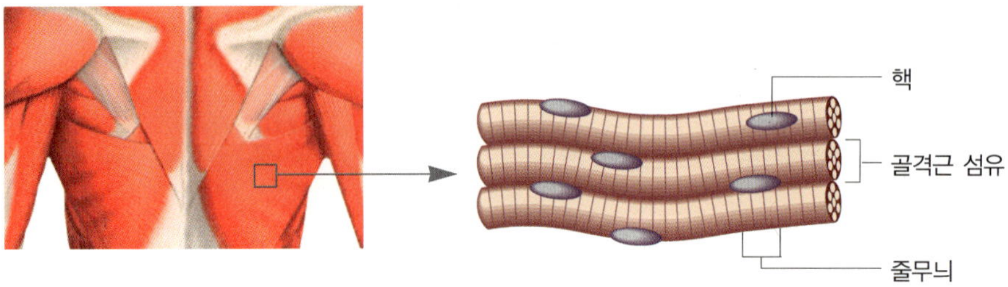

[그림1-22] 골격근 조직

(2) 평활근(Smooth muscle)

내장근이라고도 하며 가로무늬가 없는 민무늬근이다.
내장기관, 기도, 소화관, 혈관등 속이 빈 내부 기관의 벽을 형성한다. 자율신경이 분포하여 지배하는 불수의근이다.

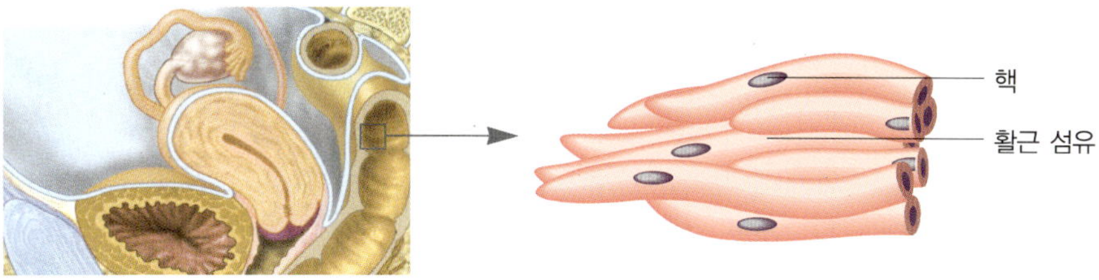

[그림1-23] 평활근 조직

(3) 심근(Cardiac muscle)

심장에만 있는 근으로 심장의 벽을 형성하며 그물망처럼 상호 연결되고 배열되어 있다. 밝고 어두운 줄이 교차하는 긴 실 모양을 하고 있으며 가로무늬가 있는 횡문근이다. 인체에서 가장 운동량이 많으며 자율신경의 지배를 받는 불수의근이다.

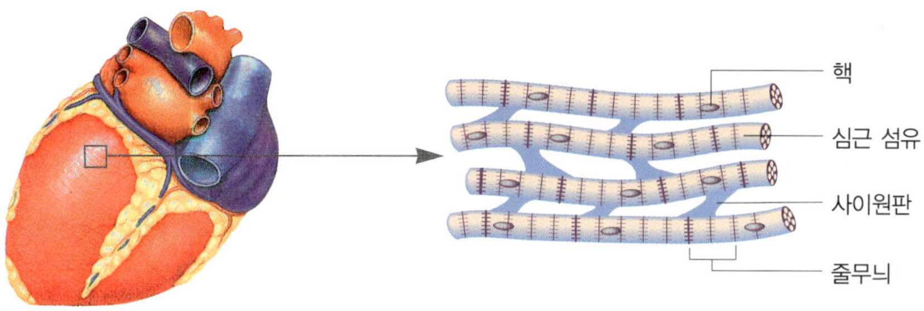

[그림1-24] 심근 조직

4) 신경조직(Nerve tissue)

신경계를 구성하는 주요 조직으로 많은 신경세포와 이것으로부터 나온 축색돌기(軸索突起) · 수상돌기(樹狀突起) 및 신경교(神經膠)세포로 이루어져, 자극에 감응하여 이를 다른 세포에 전달하는 작용을 한다.

말초신경의 긴 조직은 신경세포에서 나온 축색이 수만 개가 모인 것이다. 전기신호를 발생시키고 이 신호를 신체의 다른 부위로 전달하여 반응을 끌어낸다. 주된 반응으로는 다른 신경세포에 새로운 전기신호를 발생시키게 하거나, 분비세포에서 물질을 분비하게 하거나, 근육세포를 수축시키는 것 등이 있다.

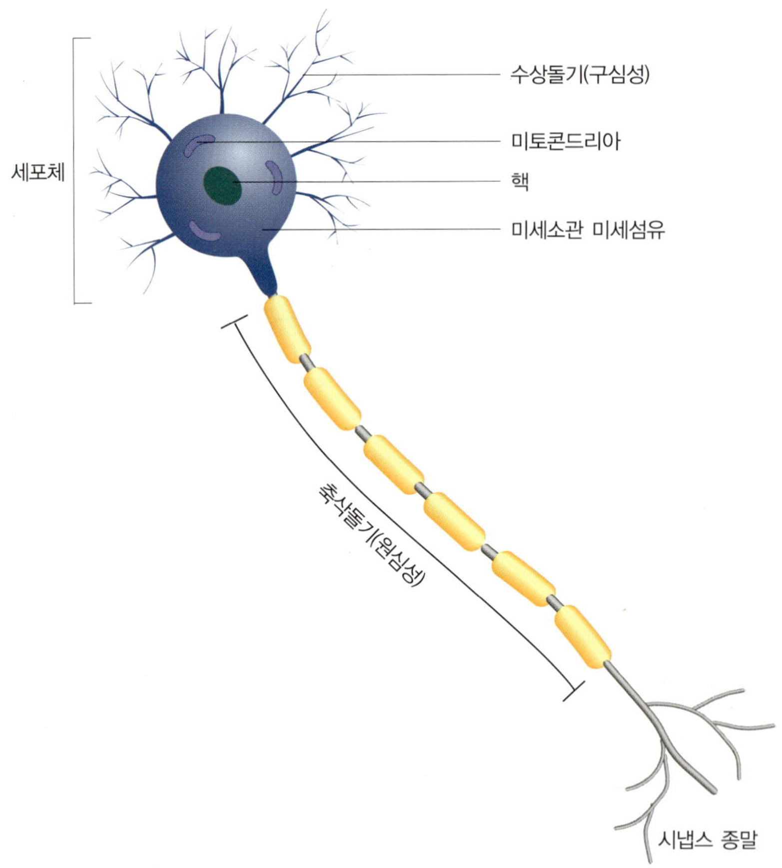

[그림1-25] 신경세포

4. 림프계 Lymph

림프계는 심장의 혈관계(cardiovascular system)와 더불어 체액의 흐름을 담당하고 있다. 모세혈관의 벽을 통하여 조직으로 나온 혈액 성분으로 형성된 림프액(lymph), 이를 운반하는 림프관(lymphatic vessel)과 림프관의 사이사이에 위치하여 이물질을 탐식하거나 제거하는 림프절(lymph node), 비장(spleen), 흉선(thymus), 편도(tonsil) 등의 림프기관(lymphatic organ)으로 구성된다.

림프액은 정맥이 아닌 다른 맥관을 통해 심장으로 돌아오게 하는 역할을 하고 있으며, 동맥에 해당되는 부분 없이 말단에서 심장으로 가는 일방적인 통로뿐이다. 림프계는 면역반응을 통해 신체를 방어하는 기능을 한다.

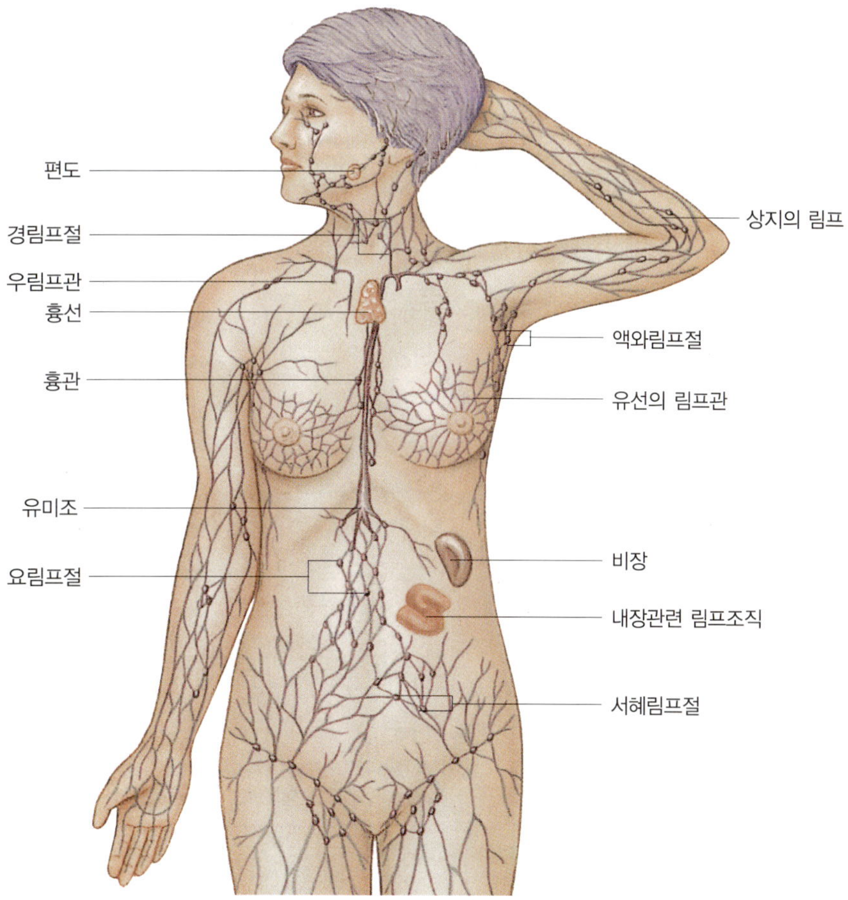

[그림1-26] 림프절의 분포

연 습 문 제

01. 인체구성 요소 중 기능적, 구조적 최소단위는?

① 조직 ② 기관 ③ 계통 ④ 세포

02. 세포에 대한 설명으로 틀린 것은?

① 생명체의 구조 및 기능적 기본 단위이다.
② 세포는 핵과 근원 섬유로 이루어져 있다.
③ 세포 내에는 핵이 핵막에 둘러 싸여 있다.
④ 기능이나 소속된 조직에 따라 원형, 아메바, 타원 등 다양한 모양을 하고 있다.

02. 세포는 세포질을 둘러싸고 있는 세포막과 세포의 중추기관인 핵, 세포소기관을 포함하고 있는 세포질로 구성 되어 있다.

03. 다음 중 세포막의 기능 설명이 틀린 것은?

① 세포의 경계를 형성한다.
② 물질은 확산에 의해 통과시킬 수 있다.
③ 단백질을 합성하는 장소이다.
④ 조직을 이식할 때 자기 조직이 아닌 것을 인식할 수 있다.

03. 세포막은 세포와 외부의 경계를 형성하는 막으로 세포의 형태를 유지하고 선택적 투과성 막이 있어 세포 안, 밖의 물질 출입을 조절하며, 확산작용 등을 통하여 물질 이동을 한다. 단백질 합성이 이루어지는 장소는 세포체 내의 리보솜이다.

04. 세포막을 통한 물질의 이동 방법이 아닌 것은?

① 여과 ② 확산
③ 삼투 ④ 수축

04. 세포막을 통한 물질의 이동 방법에는 능동이동과 확산, 삼투, 여과 등의 수동이동이 있다.

05. 물질 이동시 물질을 이루고 있는 입자들이 스스로 운동하여 농도가 높은 곳에서 낮은 곳으로 액체나 기체 속을 분자가 퍼져나가는 현상은?

① 능동수송 ② 확산
③ 삼투 ④ 여과

05. 가장 일반적인 이동 방법으로, 고농도에서 저농도로의 물질 분자의 이동이다.

06. 세포 내에서 호흡생리를 담당하고 이화작용과 동화작용에 의해 에너지를 생산하는 곳은?

① 리소좀 ② 염색체
③ 소포체 ④ 미토콘드리아

06. 미토콘드리아는 세포 내 호흡, 생리, ATP 생산을 담당한다.

07. 미토콘드리아는 세포 내 에너지 생산 및 공급, 호흡 생리를 담당한다.

07. 세포내 소기관 중에서 세포내의 호흡생리를 담당하고, 이화작용과 동화작용에 의해 에너지를 생산하는 기관은?

① 미토콘드리아 ② 리보솜
③ 리소좀 ④ 중심소체

08. 다음 내용에 해당하는 세포질 내부의 구조물은?

- 세포 내의 호흡생리에 관여
- 이중막으로 감싸인 계란형의 모양
- 아데노신 삼인산을 생산

① 형질내세망 ② 용해소체
③ 골지체 ④ 미토콘드리아

09. 콜레스테롤의 대사 및 해독작용과 스테로이드 호르몬의 합성과 관계있는 무과립 세포는?

① 조면형질내세망 ② 골면형질내세망
③ 용해소체 ④ 골지체

10. 원형질막을 통한 물질의 이동 과정에 관한 설명 중 틀린 것은?

① 확산은 물질 자체의 운동 에너지에 의해 저농도에서 고농도로 물질이 이동하는 것이다.
② 포도당은 보조 없이 원형질막을 통과할 수 없으며 단백질과 세포 안으로 들어가는 것을 촉진 확산한다.
③ 삼투 현상은 높은 물 농도에서 낮은 물 농도로 물 분자만이 선택적으로 투과하는 것을 말한다.
④ 여과는 높은 압력이 낮은 압력이 있는 곳으로 이동하는 압력 경사에 의해 이루어지는 것이다.

09. 골면형질내세망(활면 소포체)은 리보솜이 없으며 간에서 해독 작용을 하고 위벽에서 HCL을 분비한다.

10. 확산은 에너지의 공급 없이 일어나는 물리적인 이동인 수동이동의 하나이며 고농도에서 저농도로의 물질 분자 이동을 말한다.

정답

01. ④ 02. ② 03. ③ 04. ④ 05. ②
06. ④ 07. ① 08. ④ 09. ② 10. ①

CHAPTER 2

피부의 구조와 생리

1. 표 피
2. 진 피
3. 피하조직
4. 셀룰라이트
5. 피부의 혈액순환
6. 피부의 신경

CHAPTER 2 피부의 구조와 생리

피부(skin)

피부는 신체의 가장 바깥 쪽에 존재하며 우리 몸의 가장 큰 감각 기관이다. 성인의 평균 피부 표면적은 약 1.6m^2이고, 피부 무게는 전체 체중의 16%이다.
피부 두께는 개인차가 있으나 평균 1.5mm 정도이다. 가장 두꺼운 부위는 발바닥, 손바닥이며 약 6mm 정도이며 가장 얇은 부위는 눈꺼풀이나 외음부, 고막부위로 0.5mm 정도이다.

피부의 구분은 표면으로부터 **표피**(epidermis), **진피**(dermis), **피하지방층**(subcutaneous layer)의 3층으로 이루어져 있다. 그 외에 피부 부속기관으로 한선(땀샘), 피지선(기름샘), 모발(털), 손 · 발톱 등이 있다.

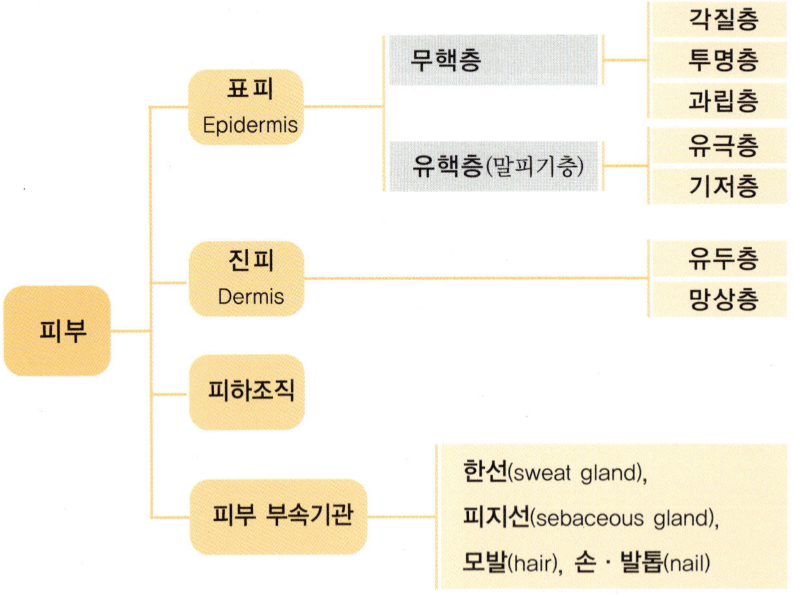

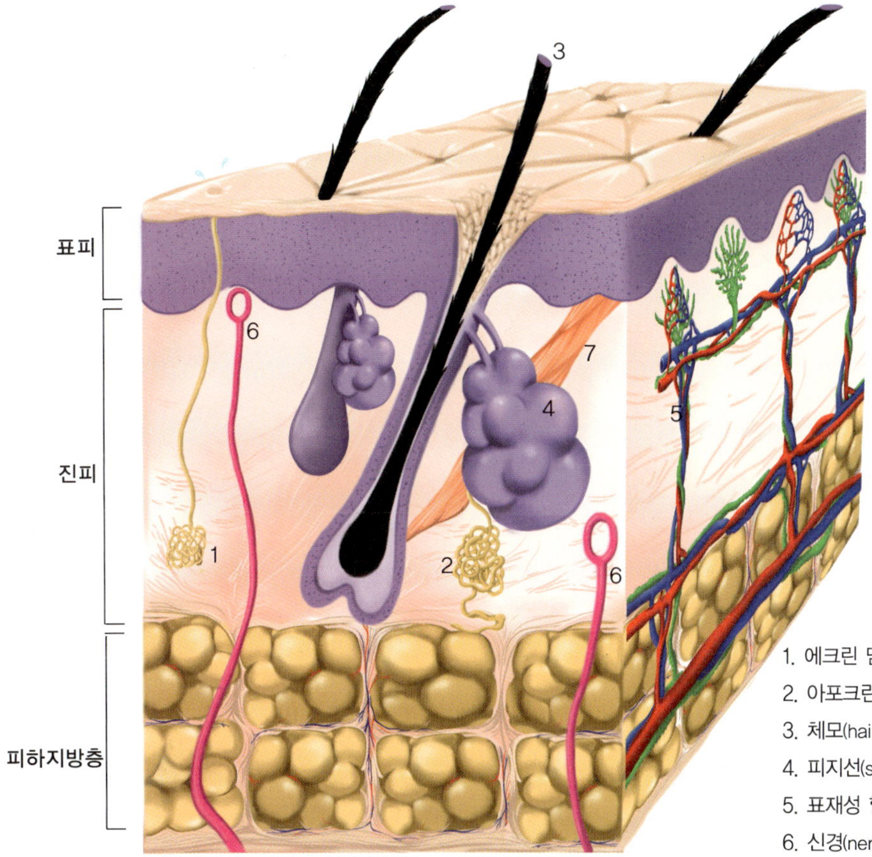

1. 에크린 땀샘(eccrine gland)
2. 아포크린 땀샘(apocrine gland)
3. 체모(hair)
4. 피지선(sebaceous gland)
5. 표재성 혈관총(superficial vessel plexus)
6. 신경(nerve)
7. 입모근/기모근(arrector pili muscle)

[그림2-1] 피부의 구조

〈표2-1〉 피부의 세부 사항

피부총 면적	성인 1.6～1.8m^2(가장 넓은 기관)
피부 두께	0.5mm～6mm(눈꺼풀～발바닥), 평균 1.5mm
피부 중량	전체 체중의 16% 정도, 뇌 무게의 2배
수분 량	인체 수분총량 중 1/5 보유(저장고 역할)
피부기능	보호, 분비 및 배설, 체온조절, 감각, 영양소 저장, 흡수작용 등

또한 피부는 여러 가지 기능을 담당하고 있다. 외부 환경과 내부 환경 사이의 기능적 조절자 역할을 하며 항상성을 유지하는데 기여한다. 피부의 특징적인 양상은 출생에서부터 노년에 이르기까지 계속 변한다. 즉 영아기에는 땀 분비와 기름샘은 거의 없고, 청년기에 이르면 땀의 분비와 털의 성장, 기름샘에서의 기름 분비가 많아진다. 재생력이 매우 좋아 표피에서 지속적인 세포분열이 일어나므로 완전한 회복이 가능다. 피부는 항상성(homeostasis) 유지에 필수적이며 보호기능 외에도 다양한 기능을 가지고 있다.

- 외부환경으로부터 몸을 보호하는 역할을 한다.
- 통각, 촉각, 압각, 및 온도 감각을 지각한다.
- 혈관 확장이나 수축을 통한 체온조절을 한다.
- 균형에 의한 항상성 환경을 제공한다.
- 비타민D 합성 작용을 한다.
- 면역적인 방어를 담당하고 있다.

발생 Embryology

피부의 모든 구성 성분은 외배엽(ectoderm) 혹은 중배엽(mesoderm)에서 유래한다. 표피, 모낭, 피지, 아포크린단위, 에크린단위의 상피구조는 외배엽에서 기원한다. 멜라닌세포, 신경 및 감각수용체(sensory receptor)는 신경외배엽(neuro ectoderm)에서 유래하며, 기타 구성성분 랑겔한스세포(langerhans cell), 대식세포(macrophage), 비만세포(mast cell), 섬유모세포(fibroblast), 혈관, 림프관, 근육 및 지방세포(fat cell)등은 중배엽에서 유래한다.

외배엽	표피, 부속기관, 중추신경계(뇌, 척수), 신경계 등
중배엽	진피 및 피부밑조직, 골격, 혈관, 생식소, 결합조직, 근육 등
내배엽	소화기관, 호흡기계, 배설계 등

■ 피부 표면의 형태학적 구조

피부 표면은 매끈해보여도 자세히 관찰하면 능선처럼 올라온 부분도 있고 고랑처럼 팬 곳도 있는데 개인에 따라 차이가 있다.

피부 표면이 올라온 곳을 피부소릉(hill)이라 하며, 피부 표면이 오목한 곳을 피부소구(furrow)라 한다. 모공은 피부소구와 피부소구가 교차하는 곳에 있고, 피부소능 중심에 한공이 있다.

소구와 소릉에 의해 형성된 그물 모양의 표면을 피부결(texture)이라한다.

특히 여성에게 있어서 피부는 큰 비중을 차지하는데, '피부결이 곱다, 피부결이 거칠다' 라고 하는 것은 소능과 소구의 차이에서 발생된다.

피부의 높낮이를 피부결(texture)이라 하며 높낮이의 차이가 클수록 거친 느낌을 주며, 차이가 적을수록 피부결이 곱게 느껴진다.

피부소릉(hill): 피부 표면의 높은 부분, 한공발달

피부소구(furrow): 피부 표면의 낮은 부분, 모피지공(모공)발달

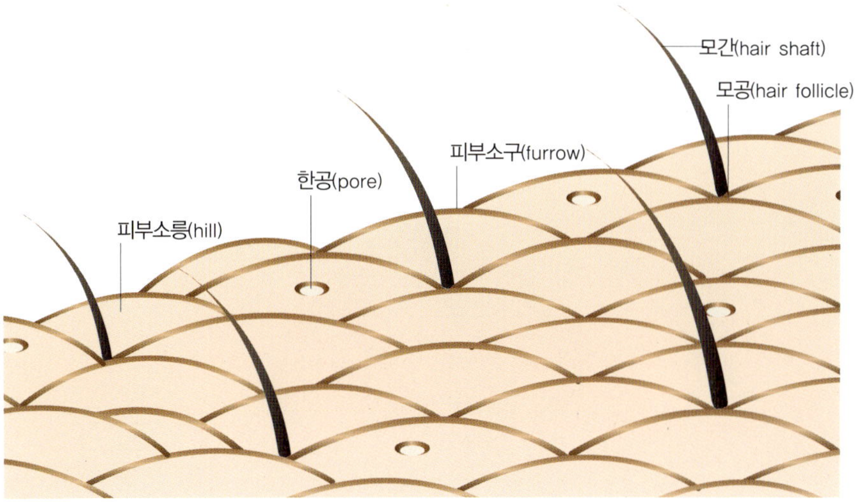

[그림2-2] 피부 표면의 형태

1. 표피 Epidermis

표피(epidermis)는 신체를 감싸고 있는 가장 바깥층으로서 외배엽에서 유래하며 발생 3주에 각질형성 세포의 특징을 지니게 된다.

중층편평상피(stratified squaamous epithelium)로 된 얇은 세포로 구성되어있다. 두께는 보통 0.05~0.15mm 정도이며 가장 얇은 눈꺼풀은 0.04mm이고 가장 두꺼운 손 · 발바닥은 1~1.5mm정도로서 신체부위와 각질층의 두께에 따라 달라진다. 표피 대부분의 세포는 각질형성 세포로 이루어져 있으며 진피로부터 영양분을 공급받는다. 표피의 바닥은 진피의 유두(젖꼭지)모양에 맞도록 굴곡이 되어있으며 밖으로 노출된 면은 비교적 평탄하고 신경과 혈관이 분포되어있지 않다.

〈표2-2〉 표피의 부위별 두께

평균 두께	0.06~0.1mm
최대 두께	손바닥이나 발바닥의 경우 가장 두껍고 1~1.5mm이다.
최소 두께	눈꺼풀이 가장 얇은 부위로 0.04mm이다.

발생 Embryology

배아 시기동안 표피는 외배엽에서부터 형성된다.

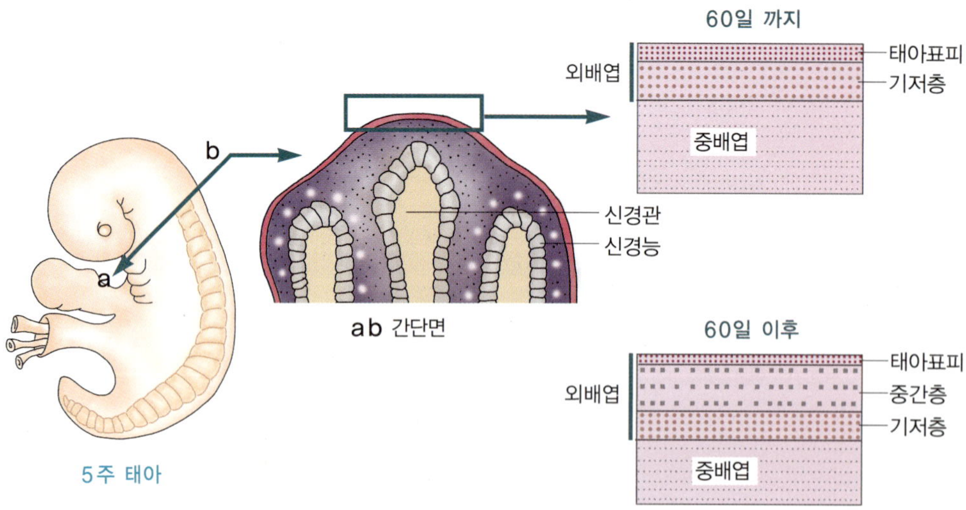

[그림2-3] 태아표피 조직의 발달

60일 이전

태아는 단순한 상피로 덮여있으며, 급격한 유사분열 활동을 하는 기저세포층과 바깥쪽 층, 즉 표피를 구성하는 좀더 성숙한 세포들의 층으로 구성된다.

60일 이후

표피는 각질화의 다양한 단계에 해당하는 여러 층들로 구성된 최종적인 형태로 발전한다.

신경의 돌기부에서 나온 멜라닌 세포들은 기저세포들 사이로 자리를 잡는다.

발생 11주 기저층과 태아 표피 사이에 3~5의 세포층이 형성된다.
발생 15주 2~3층의 중간층과 미성숙한 구조의 층판소체가 있다.
발생 16주 기저층 – 유극층 – 과립층 – 각질층 으로 4개층, 케라토히알린 과립

표피의 각질화는 발생 15주경 모낭을 중심으로 시작되어 발생 24주 모든 표피에서 나타난다.

출생시 신생아의 표피

정상적인 신생아의 경우 출생 시 이미 성숙된 피부장벽을 형성하여 정상적인 성인과 같은 정도의 낮은 경피수분손실을 보인다.

1) 표피의 구조(Structure of the epidermis)

표피는 가장 바깥층을 이루는 조직으로 중층편평상피로 구성되어있다. 표피는 모두 다섯 층으로 구성되어 있으며, 각화과정에 따라 **기저층**(basal layer)→**유극층**(spinous layer)→**과립층**(granular layer)→**투명층**(clear layer)→**각질층**(horny layer)으로 나뉜다.

표피의 구성세포는 세포 중 가장 많은 비중의 **각질형성세포**(keratinocyte), 색소를 형성하는 **멜라닌세포**(melanocyte), 촉각을 감지하는 **머켈세포**(merkel cell), 면역을 담당하는 **랑게르한스세포**(langerhans cell)등으로 이루어져있다.

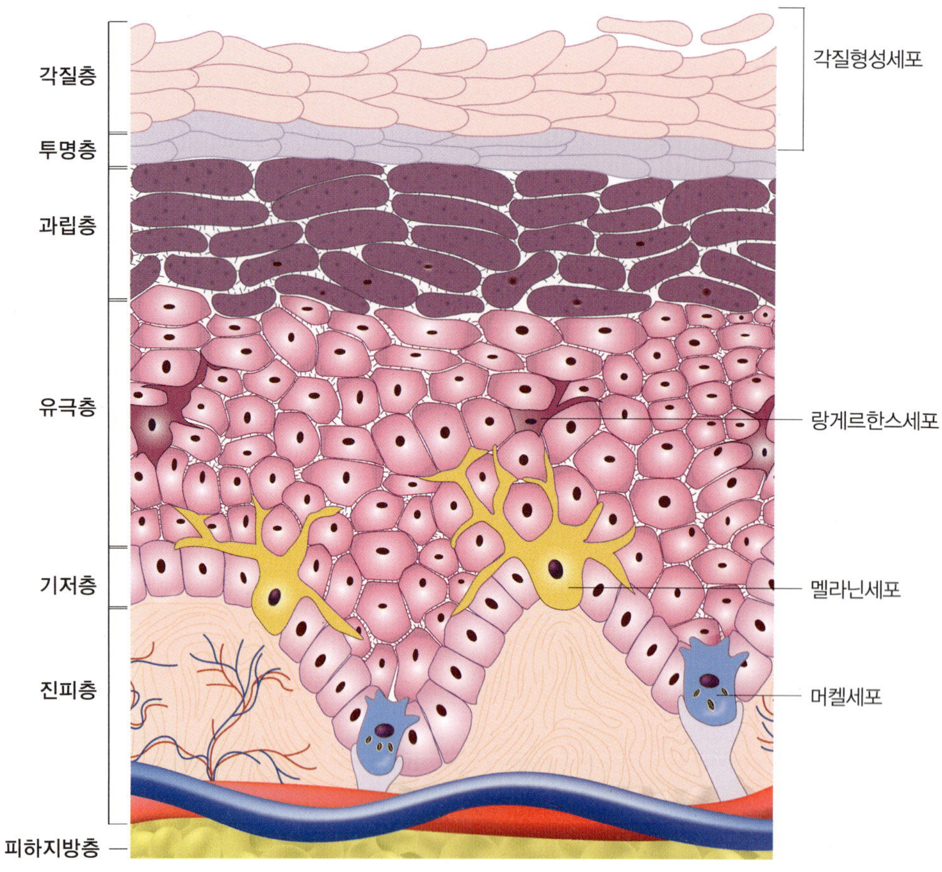

[그림2-4] 표피의 구조와 구성세포

〈표2-3〉 표피 구성세포의 종류와 기능

종류	세포량(%)	위치	기능
각질형성세포	80%이상	기저층에서 형성	세포분열
멜라닌세포	5~10%	기저층위치	색소생성
랑게르한스세포	15%	유극층 상부, 과립층	면역반응
머켈세포		기저층	촉각감지

(1) 각질형성세포(Keratinocyte)

각질형성세포(keratinocyte)는 외배엽에서 기원하며 표피의 주요 구성성분으로 표피세포의 80% 이상을 차지한다. 각질형성 세포는 단백질성분인 각질(keratin)로 구성되어 있으며 기저세포에서 만들어져 위로 올라가면서 점점 납작해져 보호막을 형성하게 된다. 각질형성세포는 무핵층과 유핵층으로 나누어지며 유핵층은 기저층과 유극층이고 무핵층은 과립층, 투명층, 각질층이다.

각질형성세포는 기저층에서 세포 분열 후 증식과정을 통해 상층부로 이동하여 유극층을 이루고 다시 상부로 이동하면서 과립층을 조성한 후 최상층인 각질층에 이르면 편평한 각질세포가 되어 떨어져 나간다. 이때 기저층에서 각질층에 이르기 까지 모양과 기능이 변하게 된다. 이들 세포들은 각질을 형성하는 과정에서 만들어진 세포라 하여 각질형성세포라고 부른다.

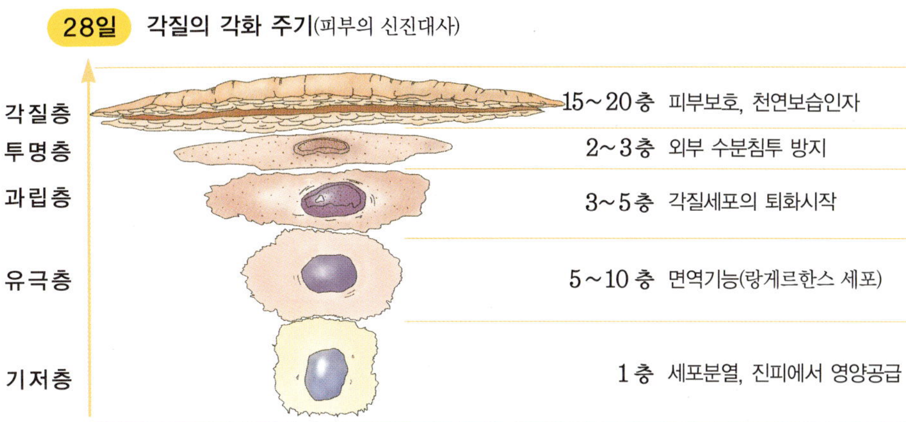

[그림2-5] 각질형성 세포의 모양 변화과정

① 기저층(Basal layer, Stratum basal)

'기저층 또는 배아층' 이라 하며 표피의 가장 아래층에 위치해 있다. 얇은 기저막 위에 위치하고 있으며, 횡단면에서 보면 구불구불한 모습(물결모양)을 띄고 있다. 원주형이나 장방형의 세포가 단층으로 이어져 있으며 각질 형성세포와 피부색상을 결정짓는 주요 요인이 되는 멜라닌 색소를 만들어 내는 피부 층이다.

기저층의 각질형성세포들은 바로 아래에 위치한 진피 상층부 모세혈관으로부터의 혈액을 통해 영양과 산소를 공급받아 세포분열하여 유극층, 과립층을 거쳐 최외각층인 각질층까지 수직상승하는 각질화과정(keratinization)을 통해 완전한 각질세포가 된다.

● 기저층의 각질형성세포 특징

- 원주형 모양의 유핵 세포로서 크기는 약 6㎛정도 이다.
- 각질 형성세포(keratinocyte), 멜라닌세포(melanocyte), 메켈세포(merkel cell)가 존재 한다.
- 각질형성 세포와 멜라닌세포의 비율은 1/4~1/10 비율로 존재한다.
- 기저세포들은 표피에서 유사분열로 세포분열을 할 수 있는 유일한 세포이다.
- 덩어리로 뭉쳐있는 장원섬유(tonofibril)와 가는 장원세섬유(tonofilament)가 세포질에 있다.
- 기저세포 주변에는 교소체(desmosome), 즉 세포간교(intercellular bridge) 라고 하는 톱니 모양의 짧은 구조물로 이어져 있으며, 이는 세포와 세포 사이의 결합을 유지시켜주는 중요한 다리역할을 한다. 장원세섬유들은 이 교소체에 붙어있다.
- 세포질 내에 멜라닌 알갱이들인 멜라노좀(melanosomes)이 있다.
- 멜라닌 세포의 긴 가지돌기를 통해 각질형성세포와 접촉하고 있다.

Tip

밤 10시에서 새벽 2시 사이에 세포분열이 가장 활발하므로 피부 건강을 위해서 밤 10시부터 숙면을 취하는 것이 좋다.

② 유극층(Spinous layer, Stratum spinosum)

유극층은 표피 중에서 가장 두꺼운 층으로 약 5~10개 층의 각질형성세포로 구성되어있다. 세포의 모양은 원추형 또는 방추형의 여러 가지 다각형을 이루고 있으며 상층부로 갈수록 더욱 편평해진다. 즉 위로 갈수록 세포의 높이가 낮아지고 옆이 넓어진다. 이 세포는 여러층으로 되어 있으며 세포와 세포 사이는 약간씩 떨어져 있다. 세포의 표면에 일정한 간격으로 존재하는 짧은 가시모양의 돌기가 나와 세포 사이에 다리, 즉 세포간교(intercellular bridge)를 형성한다. 또한, 이러한 모양 때문에 가시층이라고도 하며 유극층세포를 흔히 가시세포라고도 한다.

세포와 세포 사이에는 림프관이 순환하고 있어 지친 피부를 회복시켜 주고, 표피세포에 영양을 공급하는 역할을 함으로써 미용과 관계가 있다.

* 기저층과 유극층을 합하여 말피기층이라고도 하는데 이층은 각질화과정의 시작과 진행에 중요한 층이다.

● 유극층의 각질형성세포 특징

- 유극층의 각질형성세포 특징
- 다각형 모양의 유핵 세포로서 크기는 약 12㎛이다.
- 랑게르한스 세포(langerhans cell)가 있어 면역 기능을 담당한다.
- 가시모양의 돌기(세포간교)로 인해 세포사이의 강한 응집력을 갖는다.
- 분열할 수 없지만 세포재생이 가능하여 피부손상 시 복구가 가능하다.
- 세포질 내의 가느다란 장원세섬유들은 상층부로 갈수록 많아지고 조밀해진다.
- 세포질에는 멜라노좀(melanosomes)들이 들어 있다.
- 상층부 세포질에서 층판소체(lamella body)가 최초로 나타난다.

Tip

유극층 세포가 세포간교를 통해 서로 세포질이 연락을 하고 있다고 알려져 있으나, 이것은 세포와 세포를 강하게 응집시키는 세포 돌기간의 접합부에 불과하다는 것이 밝혀졌다.

③ 과립층(Granular layer, Stratum granulosum)

과립층은 짙은 띠 모양으로 나타나며, 편평한 각질형성 세포들이 3~5층 정도 싸여 있다. 과립층은 각질화 효소에 의해 각질화가 시작되는 층이며 점점 각질세포로 변한다. 또한 무핵 세포층으로 분류되지만 핵이 퇴화되는 단계의 유핵과 무핵세포가 공존하는 부분이다. 과립층 세포는 유극세포가 성장되어 위로 올라오면서 세포의 크기가 점점 커지며 케라틴 단백질이 뭉쳐진 케라토히알린(keratohyalin glanule)이라는 성분을 함유한 과립을 축척하게 된다.

케라토히알린은 독특한 형태로 히알린 이라는 초자실(일종의 단백질)을 만들고 표피에 지방세포를 생성하는 매우 중요한 역할을 담당하고 있다.

케라토히알린은 수분저지막(barrier membrane)이 있어 피부 외부수분 침투방지 및 내부수분 증발방지 역할과 외부 이물질 침투를 방어하는 기능을 한다.

골지체(golgi complex)에서 형성된 층판소체(lamella body, LB)는 이중막으로 둘러싸인 분비성 세포소기관으로 유극층 상부에서 처음으로 나타나지만 과립층에서 가장 많이 관찰된다.

케라토히알린과 과립 된 세포가 터져 각질세포로 변환되며 지속적으로 수분방어막 기능을 하게된다. 그 외에 케라토히알린은 빛을 굴절시키는 작용을 하므로 과립층이 두꺼운 피부는 색이 투명해 보인다.

● 과립층의 각질형성세포 특징

- 납작한 편평형 or 방추형의 무핵 세포로 크기는 약 25㎛이다.
- 세포질 소기관과 세포핵 염색질은 그 숫자가 줄고, 세포막은 두꺼워져 있다.
- 가는 장원세섬유(tonofilament)다발은 납작해지고 유착되어 덩어리져 있다.
- 세포질 내에 케라토히알린 과립과 층판소체 과립의 새로운 소기관들이 있다.

Tip

층판소체(Lamella body, LB)

층판소체는 1960년 오들란드(Odland)에 의해 처음 발견되었기 때문에 '오들란드소체(odland body, OB)', 각질소체(keratinosome)라고 한다.

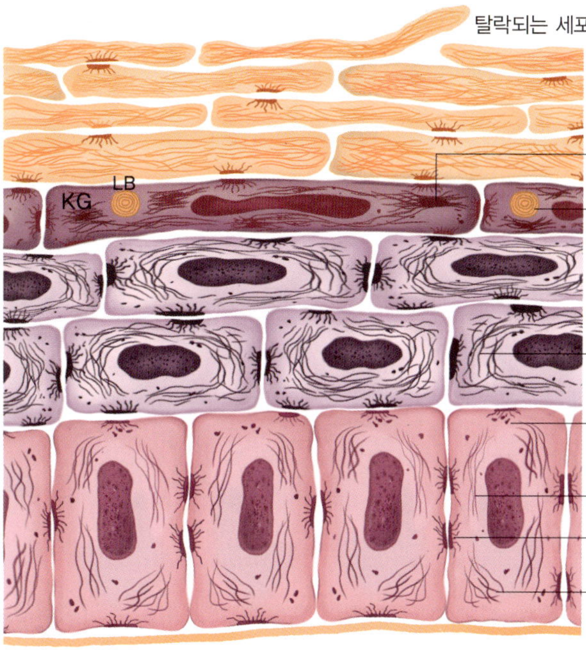

[그림2-6] 표피층에 존재하는 여러가지 각질형성세포

④ 투명층(Clear layer, Stratum lucidum)

투명층은 각질층 바로 밑에 위치하며 생명력이 없는 무핵세포로 밝고 투명한 층이다. 아주 납작한 세포로 이루어진 2~3층으로 구성되어 있으며, 손바닥과 발바닥에 주로 분포되어 있다. 투명층이 투명하게 보이는 것은 세포 내에 엘라이딘(elaidin)이라는 반유동성 단백질이 함유되어 있기 때문이며, 이는 수분침투를 막고 피부를 윤기 있게 해주는 기능을 한다.

● 투명층의 각질형성세포 특징

- 과립세포와 각질세포 사이의 과도기적 구조를 가진 이행(transition)세포이다.
- 세포질에는 케라토히알린에서 유래한 엘라이딘을 함유하고 있다.

Tip

오랜시간 물에 손을 담그면 손바닥이 쭈글쭈글해지는 이유는 각질층에는 수분이 스며드는데 비해 투명층에는 엘라이딘이 있어 수분이 흡수되지 않기 때문이다. 투명층은 세포 내에서 빛을 굴절 · 반사시켜 자외선의 80%를 흡수한다.

⑤ 각질층(Horny layer, Stratum corneum)

표피의 가장 바깥쪽 부분으로 무핵(핵이 없는) 세포로 이루어져 있으며, 각질형성 세포가 분열되어 만들어진 세포층이다.

각질세포는 여러 층으로 부위에 따라 다르며 평균 15~20층 정도이나, 발바닥의 경우 수백 층에 이르기도 한다. 그러므로 각질층의 두께는 부위에 따라 다르다.

각질층은 비늘과 같은 얇은 조각이 겹쳐진것 같은 형태로 되어 있으며 표면에 가까울수록 세포간에 간격이 생겨서 비늘모양의 얇은 조각으로 되어 떨어져 나가게 된다. 즉 죽은 피부세포가 엷은 비듬이나 때처럼 박리현상을 일으키는 피부 층이다.

각질층의 주성분은 **케라틴(keratin 58%), 지질(lipid 11%), 천연보습인자(NMF, Natural Moisturizing Factor 38%)로 구성**되어 있다.

천연보습인자는 피부의 각질층에 자연적으로 존재하는 보습 성분으로 아미노산(40%)이 가장 많으며, 젖산, 요소(암모니아) 등으로 구성되어 있다. 천연보습인자의 주성분인 아미노산은 물과 잘 결합하므로 피부수분보유량을 조절하여 각질층의 건조를 방지한다. 각질층의 적당한 수분함량은 10~20%이며 10%이하는 피부가 거칠어지고 건조해진다.

각질층은 라멜라(lamellar, 층상)구조를 이루고 있으며, 흔히 '벽돌과 시멘트(brick and mortar)' 모형으로 비유되는 케라틴(keratin)이라는 벽돌과 지질(lipid)이라는 시멘트가 단단한 하나의 장벽을 형성하고 있다. 특히 세포간 지질에는 세라마이드(ceramide) 성분이 50%이상을 차지하며, 구조 형성과 기능에 중요한 역할을 한다. 각질층은 피부의 최외각에서 수분증발을 억제하며, 외부 환경으로부터 인체 내부를 보호하고 이물질의 침투를 막는 역할을 한다.

Tip

*** 박리층 과 조밀층(disjunctium & compactum)**

각질층은 박리층과 조밀층으로 이루어 져있는데, 박리층은 우리가 일상생활을 하면서 조금씩 떨어져 나가는 각질층이며 조밀층은 그 밑에 촘촘하고 조밀하게 쌓여 피부 본연의 방패막 기능을 하는 층이다.

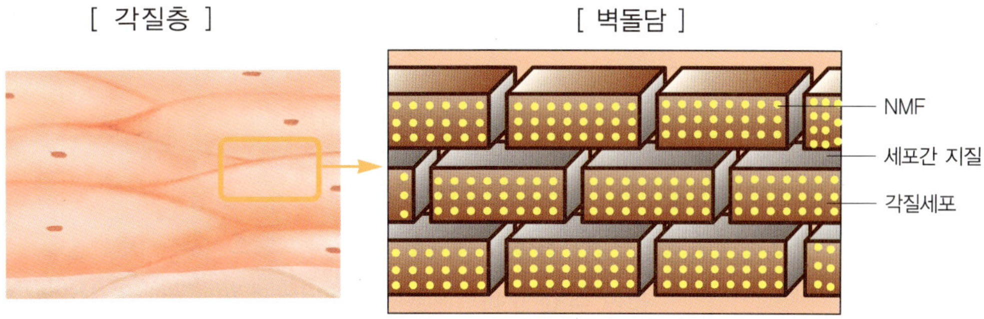

각질세포(친수성)	=	벽돌
세포간 층판지질(친지질성)	=	회반죽

[그림2-7] 각질층의 구조

각질층의 각질형성세포 특징

- 완전히 편평한 육각형의 길이가 약 30㎛이고 두께가 약 1/2㎛이다.
- 핵과 세포질의 소기관은 사라지고, 죽어있는 층, 각화가 완전히 된 세포층이다.
- 죽어있는 층으로 단백질 합성작용이 없다.
- 세포와 세포사이에는 아교역할을 하는 세포간 지질이 존재한다.

Tip

천연보습인자(NMF, Natural Moisturizing Factor)

아미노산(amino acid 40%), 무기염(18.5%), 피롤리돈 카르복시산(Pyrrolidone Carboxylic Acid, PCA 12%), 젖산염(12%), 요소(7%), 염소(6%), 나트륨(5%) 등으로 이루어져 있다. 천연보습인자의 주성분인 아미노산은 물과 잘 결합하므로 수분을 잘 머금을 수 있다. 아미노산들은 '필라그린'이라는 단백질이 분해되어 만들어진 것이다.

지질(lipid)

세포간 지질의 주성분은 세라마이드(ceramide 50% 이상), 콜레스테롤(cholesterol 25~30%), 자유지방산(free fatty acid 10~20%), 황산 콜레스테롤(cholesterol sulfate) 등이다.

(2) 멜라닌세포(Melanocyte)

발생 Embryology

멜라닌세포는 외배엽인 신경능선(neural crest)에서 유래한다. 정확한 형태를 갖추지 않은 멜라닌세포들이 표피로 이동하는 시기는 임신8~11주가 될 때이다.

멜라닌세포는 멜라닌(melanin) 색소를 생성하는 기능을 가진 세포로, 신경능선(neural crest)에서 유래하며, 형태상 다수의 가지모양돌기를 갖는 세포이다.
기저층의 각질형성세포들 사이에 위치하며 표피구성 세포의 약 13%를 차지한다.
멜라닌 세포와 기저세포는 표피의 기저층에서 1:10 정도의 비율로 존재하는데 유두나 생식기 주변처럼 색이 진한 곳은 1:4 정도의 비율로 존재한다.
멜라닌세포는 둥근 공모양의 형태로 여러개의 기다란 가지모양돌기(dendrite)가 붙어 있으며 이 가지모양돌기는 기저층에서 각질형성세포 사이를 지나 유극층까지 뻗어있다. 긴 가지모양돌기를 통해 멜라닌 세포 1개당 평균 36개의 각질형성세포와 접촉하고 있는 것을 관찰할 수 있는데, 이 연합을 표피멜라닌단위(epidermal melanin unit)라 한다.
멜라닌형성 세포의 세포질 내에는 핵(nucleus), 골지체(golgi apparatus), 리보솜(ribosom), 소포체(oplasmic reticulum)등의 세포 소기관이 존재하며, 중심의 핵은 둥근모양으로 핵인(nucleolus)과 염색질(chromatin)을 가지고 있다. 또한 멜라닌을 생성하는 멜라닌소체(melanosome)를 함유하고 있다. 멜라닌소체는 골지체 영역에서 형성되고 둥글고 막에 둘러싸여 가지모양돌기로 보내진다.

① 멜라닌색소(melanin pigment)의 표피로 이동

멜라닌소체(melanosome)가 성숙하면 유극층에 있는 가지모양돌기로 이동을 한다. 위로 이동을 하면서 양도 늘어나고 속도도 빨라져 점점 진해진다. 과립층에서 각질세포가 멜라닌소체에 의해서 물들며 각질세포와 멜라닌소체는 하나가 된다. 이때 과립층에서 각질세포가 멜라닌소체 색소를 얼마나 많이 품느냐에 따라 피부

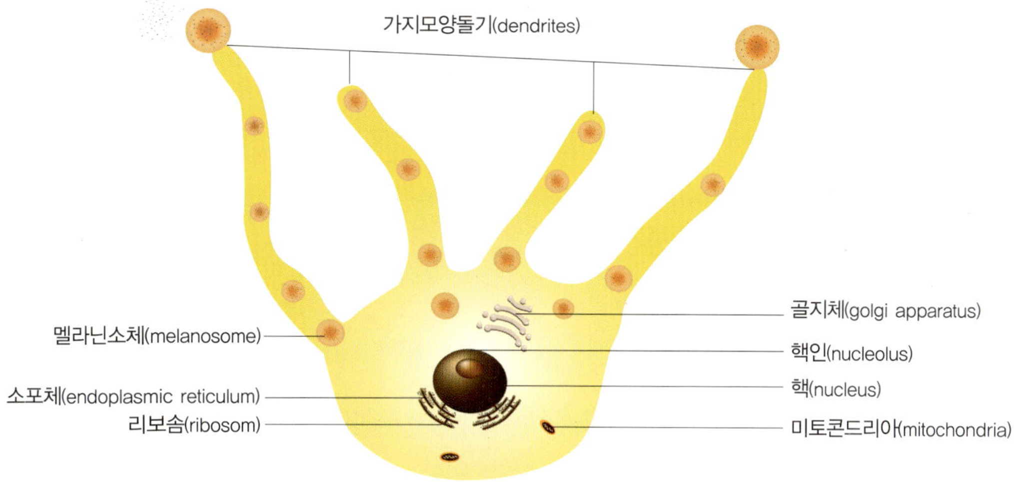

[그림2-8] 멜라닌의 구조

색이 결정된다. 각질형성세포 속에 존재하는 멜라닌소체는 멜라닌을 합성하는데 필요한 티로시나아제를 가지고 있다. 멜라닌은 각질층 까지 전달되어 최후에는 각화세포와 함께 이동하여 피부표면으로부터 탈락한다.

② 멜라닌의 역활

사람의 피부색은 태어나면서부터 자신만의 고유색을 가지며 이는 멜라닌의 양에 의해서 결정된다. 멜라닌의 양이 많을수록 검은 피부색을 띄며 멜라닌 양이 적을수록 하얀 피부색을 띈다. 인종마다 피부색이 다른 것은 멜라닌소체의 수와 크기, 분포, 멜라닌화의 정도 등의 요인이다. 멜라닌 세포의 수는 인종과 피부색에 관계 없이 일정하다. 사람의 피부에 멜라닌의 중요한 역활은 자외선을 차단하여 인체를 보호하는 역할을 한다. 태양에 장시간 노출시 피부보호를 위하여 멜라닌세포(melanocyte)에서 멜라닌을 생성하게 된다. 햇빛에 의해 피부가 갈색으로 변하는 것은 표피층에 존재하는 멜라닌세포가 자외선 자극을 받아 피부를 보호하기 위해 멜라닌을 만들고, 만든 멜라닌을 피부 위쪽으로 올려 보내기 때문이다.

멜라닌 세포의 수는 10년마다 약 8~10%씩 감소한다. 흑인은 멜라노좀이 크고 짙은 편이다. 백인은 멜라노좀이 작고 옅은 색상으로 멜라닌이 케라틴 세포의 분산과 분해가 흑인보다 잘 이루어진다.

(3) 랑게르한스세포(Langerhans cell)

발생 Embryology

랑게르한스세포는 중배엽에서 유래하며, 임신 6~7주경 표피에서 세포가 처음 발견된다. 임신 12주까지 버벡(birbeck)과립을 가지지 않으나, 출생 후에 발현된다. 이 세포들은 골수의 조혈줄기세포(hematopoietic stem cell)에서 끊임없이 재생되어 표피에 항상 존재한다.

1868년 독일의 폴 랑게르한스(Paul langerhans)에 의해 발견되었다. 각질층을 통과하는 항원의 침입을 인지하는 표피세포이다.

랑게르한스세포는 표피세포의 2~4%를 차지하고, 주로 유극층에 산재해 있다. 또한 흉선과 림프절에 있는 일부 점막들(구강, 허파, 방광, 직장, 질)의 상피에도 존재한다. 이 세포의 특징은 교소체가 없는 자유롭게 움직이는 수상돌기를 가지고 있는 수상돌기세포(dendritic cells) 이다.

랑게르한스세포는 피부의 면역 반응과 알레르기 반응에 관계하는데 외부로부터의 항원이 피부에 침투하면 즉시 반응하여 면역담당세포인 T-림프구에 전달해 주는 중요한 역할을 한다. 또한 특징적으로 버벡과립(birbeck granule)이라는 세포질 소기관을 가지고 있다.

랑게르한스세포는 노화 및 자외선 등에 의해 그 수가 감소된다.

Tip

버벡과립(Birbeck granule)

버벡과립은 테니스라켓 모양을 하고 있으며 그 작용기전은 아직 확실히 밝혀지지 않았다.

(4) 머켈세포(Merkel cell)

발생 Embryology

머켈세포는 손 · 발바닥 피부에서 임신 8~12주에 처음 관찰된다. 머켈세포의 유래는 확실하지 않지만 각질형성세포에서 유래한 것이라 보는 경향이 있다.

머켈세포는 표피의 기저층에 위치하여 촉각을 감지하는 역할을 한다. 신경말단이 붙어 있어 촉각을 감지하여 신경자극을 뇌에 전달하므로 '촉각세포'라 부르기도 한다.

촉각이 예민한 부위에 존재하는 촉각수용체로서 손바닥, 발바닥, 입술 등 모발이 없는 피부에서 주로 발견된다.

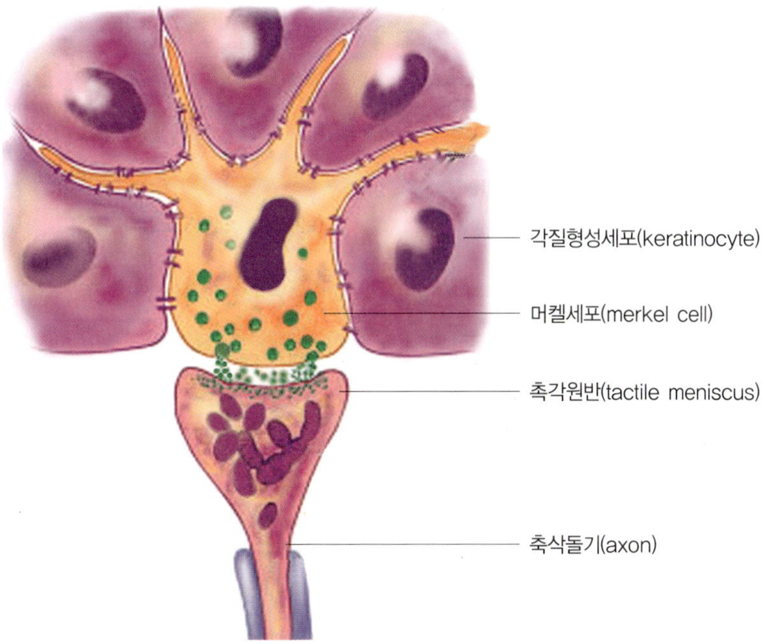

[그림2-9] 머켈세포의 구조

2) 표피생리

(1) 표피의 각질화(Keratinization) 과정

표피의 각질화는 각질형성세포의 분화과정이다. 각질형성세포(keratinocyte)가 기저층에서 끊임없이 세포분열을 하면서 각질층에 도달하여 각질세포(corneocyte)가 되어 피부 표면에서 탈락하는 현상을 '각질화과정(keratinization)'이라 한다.
각질화 과정은 '이동과 분화' 라는 두가지 현상이 동시에 일어난다.
기저층에서 세포분열을 통해 태어난 세포들이 수직으로 이동하며, 그 세포들이 상승하는 동안에 일어나는 것을 분화(differentiation)라 한다. 매일 10% 정도의 각질세포가 떨어져 나갈 때마다 기저세포는 분열하여 새로운 세포를 만든다. 새로 분열된 세포는 수직이동을 하면서 분화되어지고 결과적으로 모든 세포가 떨어져나가는 각질세포를 채워준다.

① 이동(Migration)

기저층에서 세포분열을 통해 하나는 그 자리에 남아 있고 다른 하나는 수직상승하여 위쪽에 유극층으로 이동한다. 유극층에서 세포분열은 일어나지 않지만, 과립층을 거쳐 각질층까지 계속적으로 수직상승한다.
이 기간은 **평균 28일**로 기저층에서 생성된 각질세포가 14일에 걸쳐 각질층에 도달해 14일 동안 각질층에 머물다 피부에서 자연적으로 탈락하는 기간이다.

② 분화(Differentiation)

기저층에서 세포분열하여 만들어진 새로운 세포들이 원래의 모세포와 다른 형태적, 구조적, 기능적 변화가 일어나게 되는데 이를 분화(differentiation)라 한다.
분화는 分化 '나누어진다' 라는 뜻이다. 여기서 나누어진다는 것은 세포들이 분열 후 서로 다른 기능을 갖는 세포로 나눠진다는 것을 의미한다. 생명체가 분화 없이 단순히 세포분열만 계속한다면 시간이 지나면서 그 생명체는 세포 수만 많아질 것이다. 마찬가지로 기저층에서 생성된 각질형성세포도 분화 과정을 거치면서 피부의 기능을 갖게 된다. 이동하는 동안 각각의 기능을 수행하기 알맞게 형태가 변하

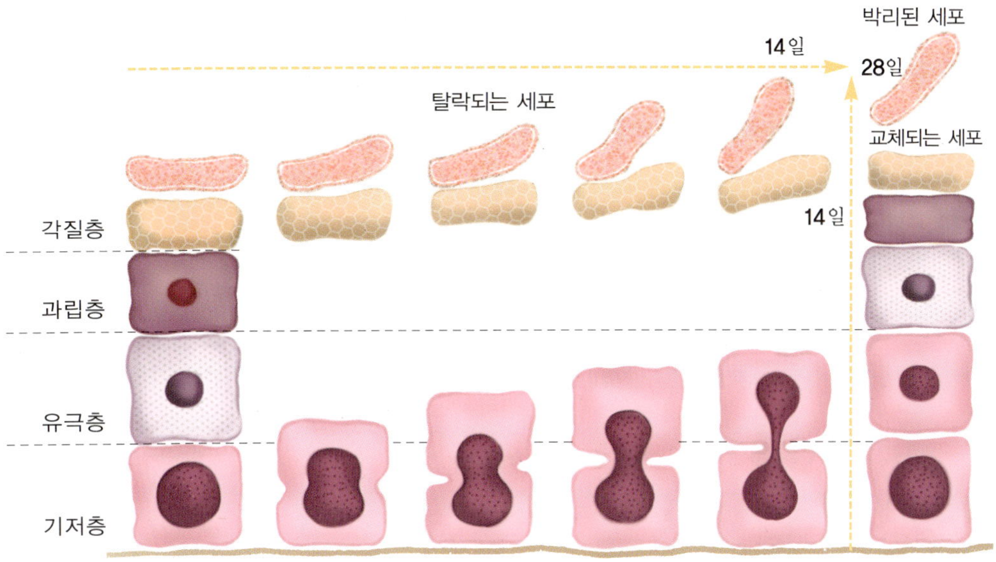

[그림2-10] 피부의 각화과정

고, 세포 소기관의 생성 및 소실 등의 분화과정을 거친 후 탈락된다.

기저층에서 원주형이었던 세포가 표피 위쪽으로 올라가면서 세포가 더욱 분화되어 점점 편평해지고 과립층에서 케라토히알린 과립이 발달하게 된다. 더 위쪽으로 이동하면 세포핵이 없어지면서 두껍고 단단한 각화세포로 각질층이 된다.

각질층은 표피의 가장 바깥층으로 각질세포와 지질, 천연보습인자등으로 구성되어 있으며 피부의 기계적 보호 및 외부환경으로부터 수용성 물질의 흡수 및 수분손실을 막는 우리 몸의 피부장벽기능을 수행한다.

피부에서 각질이 떨어지고 새로 형성된 각질층이 올라오게 되는데 이렇게 반복되는 과정을 **턴 오버**(turn over)라 한다.

● 각질(keratin, 케라틴)

표피에서 각질은 피부 표면과 평행하게 배열된 섬유다발의 형태로 나타난다. 이것을 우리는 이른바 연성각질(soft keratin)이라고 한다. 이 각질은 비늘처럼 쉽게 박리되며 수화(水化)되기 때문이다. 각질(keratin)은 황을 다량 함유한 아미노산이 많이 모여 형성되는데 이는 기다란 나선의 꼬인 사슬 모형을 이룬다. 여러 개의 폴리펩티드 사슬들이 밧줄처럼 땋아지면서 펼쳐지는데 이것이 각질 섬유를 구성한다.

■ 표피 세포의 3단계 분화과정

1단계(단백질 합성기)	모든 표피 층에서는 장원세섬유를, 과립층에서는 케라토히알린 과립과 오드란드 소체 형성
2단계(이행기)	핵산 미토콘드리아등 세포 소기관들의 분해로 인한 변화
3단계(종결기)	케라토히알린 과립을 기원으로 하는 섬유간 아교에 붙어 있는 케라틴 섬유로 구성된 '복합체'가 각질세포에 형성된다.

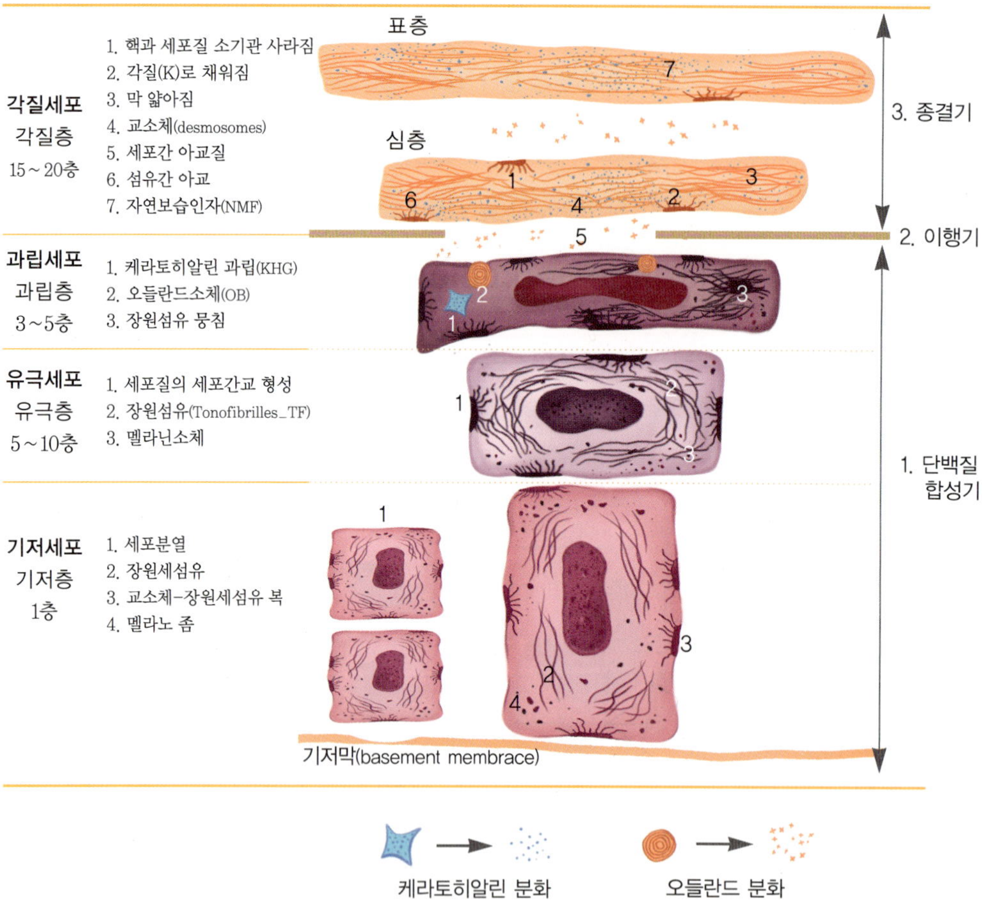

[그림2-11] 표피 세포들의 분화적 특징

케라토히알린 과립(Keratohyaline granule, KG)

케라토히알린 과립은 약 1㎛ 크기의 과립형태로 프로필라그린(profilaggrin), 각질중간미세섬유(keratin intermediate filament) 그리고 각질세포막(cornified cell envelope, CE) 구성 단백질인 로리크린(loricrin)등을 포함하고 있는 세포 소기관이다. 이 중 프로필라그린은 각질층에서 가장 중요한 역할을 하는 단백질인 필라그린(filaggrin)의 전구체로서 각질층의 중간층에서 필라그린으로 변화된다. 필라그린은 미세섬유응집 단백질로서 각질중간미세섬유를 풀처럼 붙여주는 세포 내에서 섬유간 아교 역할을 한다. 한편, 필라그린은 각질층 최외층에는 존재하지 않으며 각질세포 내에서 2~3일 내에 친수성 아미노산으로 완전히 분해 및 대사되어 자연보습인자(NMF: natural moisturizing factor)가 된다. 이는 강력한 보습제로서 각질층의 수분공급에 중요한 역할을 하고 각질층의 pH를 낮추어 항균효과를 갖게 한다. 따라서 필라그린 생성에 문제가 생길 경우 자연보습인자(NMF) 감소로 인해 각질층의 pH가 상승되고, 이로 인해 각질층에 존재하는 단백질 분해효소인 세린 프로테아제(serine protease)가 활성화된다. 그리고 활성화된 이 효소들에 의해 각질세포사이를 결합시키는 각질층결합단백질(cormeodesmosome)이 조기 파괴됨으로써 각질층이 조기 탈락되어 건조성 피부질환이 유발된다.

층판소체(Lamellar body, LB)

층판소체는 약 02~05㎛ 크기의 달걀모양의 편형 과립으로 유극층 상부에서 처음 나타나지만 과립층에서 다량 관찰되며 과립세포의 바깥층 세포막 가까이에 위치한다. 층판소체는 이중 막으로 둘러싸인 분비성 세포 소기관으로서 골지체에서 유래하며 내부에는 잘 배열된 층판상의 지질구조를 가지고 있다. 과립층과 각질층 경계면에서 세포 밖으로 배출된 후(exocytosis) 특정 효소들에 의해 분해되어 각질층에서 세포간 아교역할을 하는 비극성 지질들로 전환된다.

이 지질들은 벽돌 및 회반죽 모형에서 회반죽에 해당하는 지질들로서 세라마이드(50%), 콜레스테롤(25%), 자유지방산(10~20%)등으로 구성되어, 각질세포들 사이에 층판 이중지질막(lamellar lipid bilayer)를 형성함으로써 강력한 피부장벽의 역할을 수행하게 된다. 배출된 층판소체 안에는 글라이코시다아제(glycosidase)와 세린 프로테아제(serine protease) 등의 각질탈락에 관여하는 단백질 분해효소가 함께 들어 있어서 각질층 상층부에서 표피탈락을 진행 시킨다. 또한 항균펩티드 등도 함께 들어 있어 피부장벽을 구성하는 이 세포간 지질들이 감소하게 되면 피부 항균기능도 저하되게 된다. 그리고 층판소체는 피부에 있어 비타민 D의 합성장소이기도 하다.

표피의 각질화를 변화 시키는 요인

각질화과정이 정상적일 경우에는 피부가 보호를 잘 받으면서 건강함을 유지할 수 있지만, 비정상적으로 진행되면 피부질병과 트러블이 나타날 수 있다.
각질화 과정은 다음과 같은 다양한 요인들에 의하여 영향을 받는다.
강한 자외선의 노출은 일광화상을 일으키거나 각질층을 두껍게 만들어 피부를 거칠게하는 등 표피세포의 증식과 분화의 불균형을 초래하여 각질화과정을 지연 또는 촉진시킨다. 스킨케어 피부 마사지, 박피 등의 물리적 · 화학적 자극은 각질화과정을 촉진한다. 건조 건선 등과 같은 피부질환은 각질화과정이 지나치게 빨라져 각질층이 덩어리가 되어 탈락되기도 한다. 이 경우 각질화가 충분히 진행되지 않아 각질세포에 핵이 잔존하기도 한다. 피부에 상처가 나게 되면 피부재생이 진행되는데, 이는 복합적인 방식으로 각화과정을 촉진한다.

3) 멜라닌 합성(Synthesis of melanin)

멜라닌 합성이란 표피와 체모에서 멜라닌의 형성과 분배 과정을 말한다. 멜라닌은 멜라닌 세포 내의 세포소기관인 멜라노좀(melanosome)내에서만 합성된다.
멜라닌의 화학적 조성은 티로신(tyrosin)에서 출발하여 도파(DOPA, dihydroy-phenylalanine)로 다시 산화하여 도파퀴논(DOPA-quinone)이 생성되는 단계에서 티로시나아제(tyrosinase)라는 산화효소가 관여한다.
티로시나아제의 통제를 받는 티로신의 연속적인 산화에 의해 DOPA(dihydroy-phenylalanine)가 형성되고, 그 다음엔 유멜라닌 페오멜라닌의 동일한 중간적 합성체인 도파퀴논(dopa-quinone)이 형성된다. 이때부터, 두가지 방법을 통하여 유멜라닌(eumelanin)이나 페오멜라닌(pheomelanin)의 형성이 이루어진다.

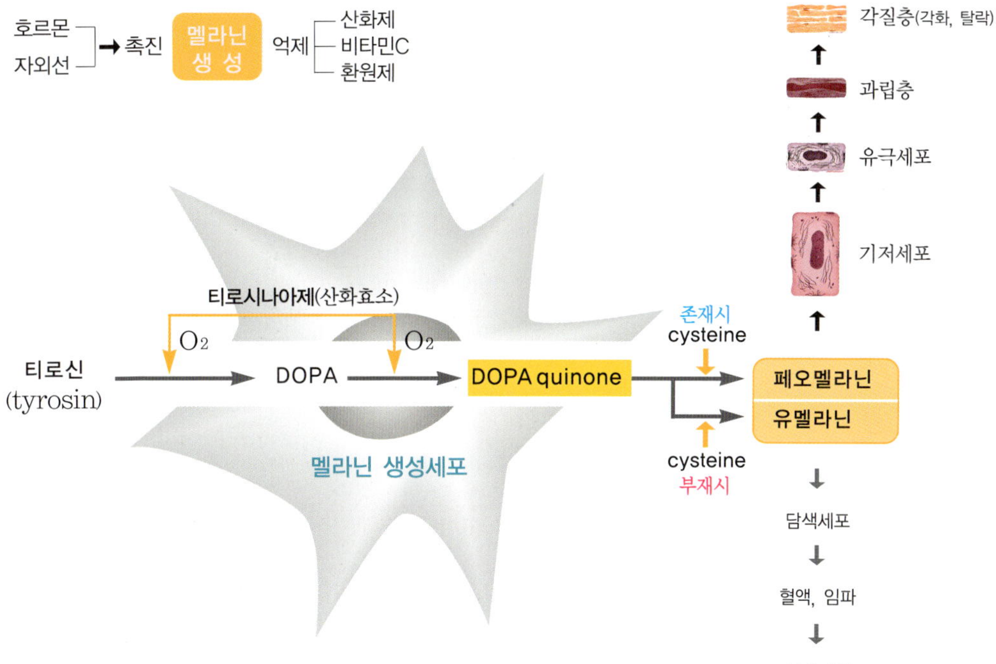

[그림2-12] 멜라닌의 생성과 탈락

분 류	페오멜라닌	유멜라닌
색 상	적색에서 노란색	검은색에서 갈색
크 기	멜라닌소체 작다 (1/2㎛)	멜라닌소체 크다 (0.5~2㎛)
인 종	백인의 피부	흑인의 피부
분 포	유극층 까지	표피 전층
합 성	자외선이 필수	태양없이 지속적
모 양	둥글거나 타원형	달걀모양

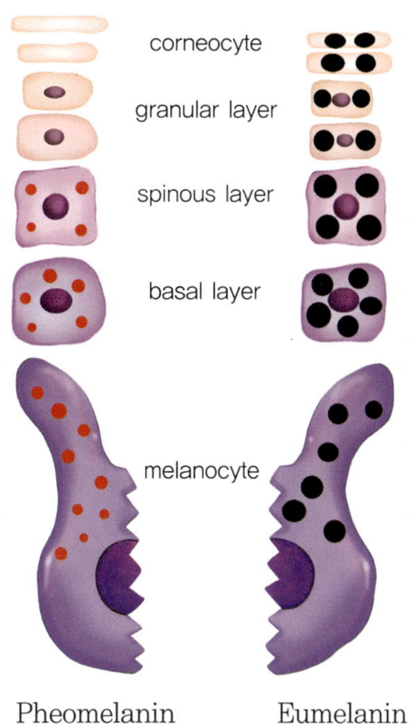

[그림2-13] 페오멜라닌과 유멜라닌의 비교

(1) 멜라닌세포에서 멜라닌 생성과정

멜라닌 생성단계는 세 단계로 나누어진다.

1단계 티로시나아제의 형성

티로시나아제는 다양한 분자 형태로 존재하며, 멜라닌의 형성에 필수 효소이다. 티로시나아제 자체의 리보솜, 원형질 내 소포체, 골지체(golgi apparatus)가 관여하며, 티로시나아제는 소형담체(vesicle)의 형태로 분비된다.

2단계 멜라닌소체(melanosome) 형성

사람에게서는 유멜라노좀과 페오멜라노좀의 두종류가 있다. 멜라노좀은 소형 담체의 형태로 나타나며, 골지체에서부터 발아한다.

유멜라닌소체 eumelanosome	달걀 모양을 하고 있으며 크기는 0.5~2㎛이다. 유멜라닌소체는 4가지 타입으로 구분되는데, 이는 멜라닌 생성의 여러 단계에 해당되기도 한다.
페오멜라닌소체 pheomelanosome	구형으로 생겼으며 크기는 0.5㎛이다. 성숙단계는 1, 2, 3, 4 단계로 구분된다.

3단계 멜라닌소체 안에서의 멜라닌 형성

피부와 체모의 색상 그리고 눈의 색상 구조를 만들어 내는 복합적인(생물학적 종합체라고도함) 화학분자들이다. 여기에는 유멜라닌(eumelanin)과 페오멜라닌(pheomelanin)의 두종류 멜라닌 그룹이 존재한다.
정상인의 피부색은 멜라닌소체의 크기, 모양, 유형, 색 분포에 의해 결정된다.

① 유멜라닌(Eumelanin)

갈색이나 검정색의 색소로, 황을 함유하고 있는 이 멜라닌은 어두운 색깔을 띄며, 모든 종류의 포유동물들과 사람에게 나타난다.

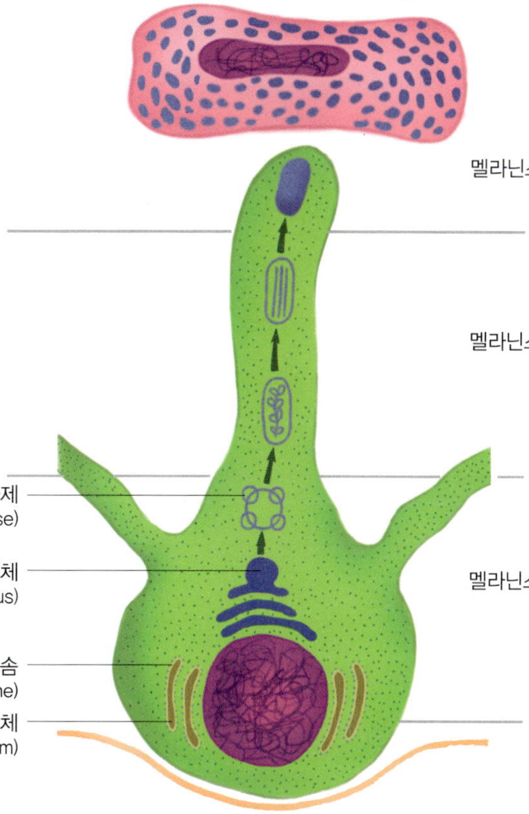

[그림2-14] 멜라닌의 단계별 합성

② 페오멜라닌(Pheomelanin)

노란색이나 붉은 갈색의 색소로, 좀더 진한 농도의 황을 함유하며 밝은 색깔을 나타나게 한다. 트리코크롬은 바로 이 부류에 속한다. 페오멜라닌은 빨간 머리카락 속에만 나타난다.

● 트리코크롬과 옥시멜라닌(trichochrome & oxymelanin)

피부의 멜라닌에는 2종류가 있으며 이들의 변형이 2종류가 있다. 유멜라닌의 변형인 옥시멜라닌(oxymelanin)이 있으며 옥시멜라닌은 색이 없는 분자형태로서 산화된다. 페오멜라닌의 변형인 트리코크롬(trichochrome)이 있으며 트리코크롬은 황색이나 보라색의 멜라닌 색소을 가지고있다.

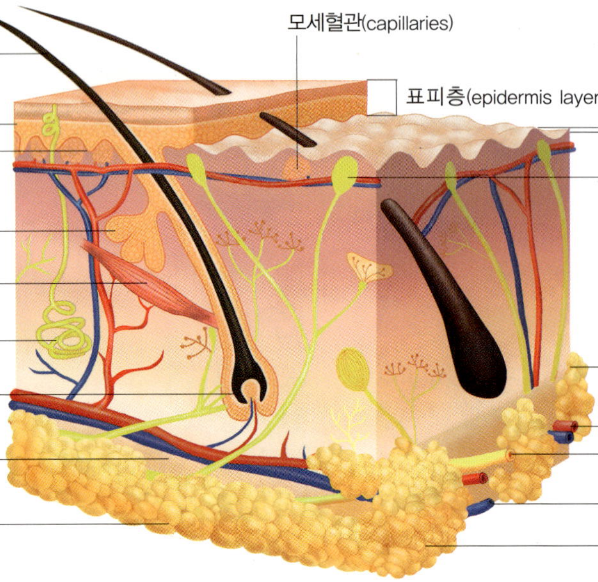

[그림2-15] 진피의 구조

2. 진피 Dermis

진피(dermis)는 표피 아래에 위치하며, 피부 전체의 90% 이상을 차지하는 두꺼운 층이다. 표피 두께의 약 15~40배의 두꺼운 층으로 약 0.5~4mm(눈꺼풀~발바닥 · 손바닥) 정도의 두께를 가지고 있다.

진피(dermis)는 연결조직으로 이루어진 표피 밑의 피부층으로, 완충작용을 하여 신체를 압력과 장력(stress and strain)으로부터 보호한다. 표피의 바로 아래층이 유두진피(papillary dermis)와 깊은 부위가 망상진피(reticular dermis)로 이루어져있다. 진피는 진피세포, 섬유성단백질, 기질, 혈관, 신경, 림프관 등으로 구성되며, 표피부속기관인 땀샘, 피지선(기름샘), 손 · 발톱, 털 등이 있다.

표피 – 진피경계부(Dermoepidermal juncion)

표피와 진피의 경계부는 많은 거대분자들이 상호작용으로 이루어진 복잡한 구조를 이루고있다. 표피–진피경계부의 주 기능은 표피와 진피를 서로 부착시키고 외부의 힘에 저항력을 주는 것으로 알려졌다.

표피 – 진피경계부는 기저막으로 이루어져 있고, 표피와 겹쳐지는 진피유두들은 횡단면으로 보면 물결모양을 이룬다.

표피–진피경계부의 주요 구조물인 기저막 구역을 전자현미경으로 보면 투명판(lamina lucida)과 그 아래 기저판(lamina densa, 치밀판)으로 이루어져 있다. 기저세포를 투명판에 연결하는 반결합체(hemidesmosome)와 투명판과 기저판을 연결하는 고정미세섬유(anchoring filament) 및 기저판을 진피상부와 연결하는 고정원섬유(anchoring fibril)을 통해 안정적인 구조물을 형성한다.
기저막은 표피세포의 부착을 용이하게 하여 지지대로서의 역할을 하고, 표피와 진피 사이에서 액상의 물질은 투과시키고 세균의 침입을 제어하는 방어막으로서의 역할을 수행하고 있다.

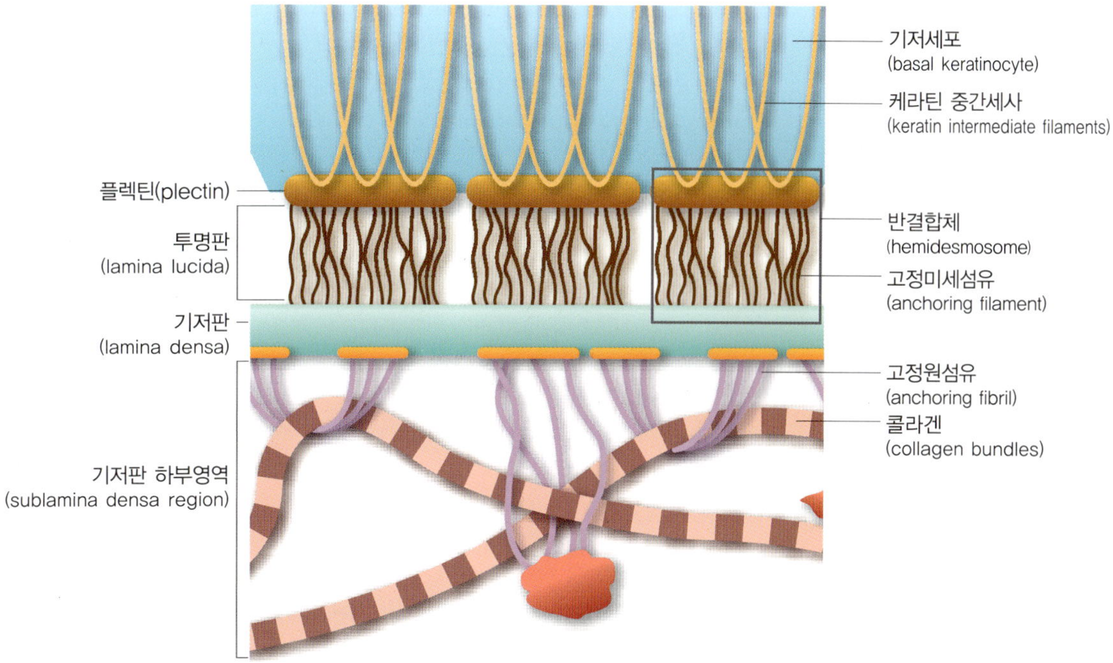

[그림2–16] 표피–진피경계부 미세구조

1) 진피(Dermis)의 구조

'진피층을 이루는 유두층과 망상층' 유두진피(papillary dermis)와 망상진피(reticular dermis)는 지방층과 연결되는 결합조직(connetive tisuue)이다.

발생 Embryology

피부 가운데서 표피와 피하조직 사이의 부분으로, 혈관과 입모근은 중배엽(中胚葉)으로부터 발생한다.

교원섬유 collagen fibers	발생 2개월 된 태아의 진피는 기질 속에 느슨하게 배열된 중간엽 세포로 구성되어 있다. 3개월 동안은 아교질섬유로 존재하다가 수와 두께가 증가하며 다발로 배열되어 교원섬유를 이룬다.
탄력섬유 elastic fiber	탄력섬유는 아교질섬유보다 늦게 발생 22주 후에 진피에 출현한다. 태아가 자라면서 양이 증가하여 32주가 되면 잘 발달한 섬유의 망이 유두진피와 그물 진피에 출현한다.
지방세포 fat cell	발생 5개월 말경에 피하지방층에 출현한다. 이때 3가지 형태로 관찰 되는데 지방이 없는 중간엽세포(전구세포), 작은 지방 방울을 내포하는 미성숙 지방세포, 하나의 큰 지방 방울인 성숙 지방세포 등이 관찰된다.
표피-진피경계부 epidermal juncion	기저막의 치밀판은 임신 2개월 때에 뚜렷하게 되며, 반합체는 3개월 때에 나타난다.

(1) 유두층(Papillary layer)

유두층은 표피와 접하고 있는 부분으로 진피가 표피쪽으로 둥글게 돌출되어있어, 이 돌출물을 유두(dermal papilla)라고 하며 유두층(papillary layer)이라 한다. 유두층은 미세한 교원질이 둥글고 불규칙하게 배열된 결합조직으로 이 섬유 사이에는 세포들과 많은 기질이 존재하며, 모세혈관, 신경종말, 림프관이 풍부하게 분포되어 있다. 따라서 혈관분포가 없는 표피로 영양분과 산소를 운반해주고 림프관으로 표피의 노폐물을 배설해주며 신경종말은 감각소체를 형성하여 촉각이나 통각 등의 신경을 전달해준다.

- 피부의 영양공급 및 분비, 감각 등의 중요 기능을 담당한다.
- 모세혈관, 림프관, 신경, 한선, 피지선이 분포되어있다.
- 혈관을 통하여 기저층에 영양분을 공급한다.
- 수분을 다량으로 함유하고 있다.

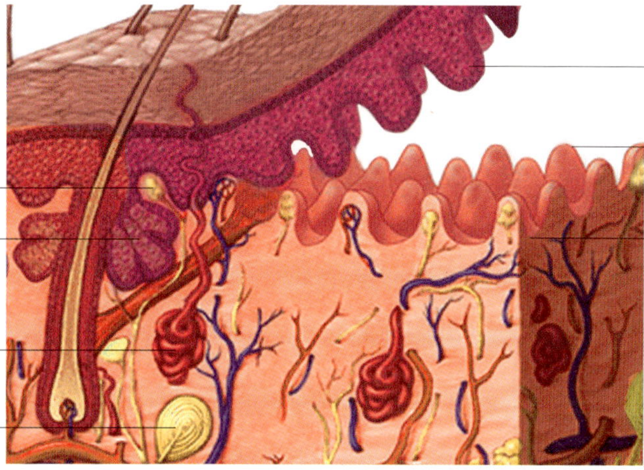

[그림2-17] 진피 유두층의 미세구조

(2) 망상층(Reticular layer, 그물모양층)

망상층은 유두층의 아래에 위치하는 층으로 진피의 대부분(진피 전체 두께에 4/5 정도)을 차지한다. 섬유성 결합조직으로 교원섬유(collagen, 콜라겐)와 탄력섬유(elastin, 엘라스틴)가 주성분으로 이루어진 피부 조직이다.
굵은 교원섬유와 탄력섬유가 피부 표면과 평행하게 존재하며 피부를 지지해주고 탄력성을 유지시켜준다. 망상층의 섬유질은 일정한 방향성을 가지고 배열되어있는데, 섬유들의 주행방향을 피부할선 또는 랑거선(langer)이라 한다. 또한, 망상진피에는 혈관, 림프관, 신경, 땀샘 등이 복잡하게 분포되어 있다.

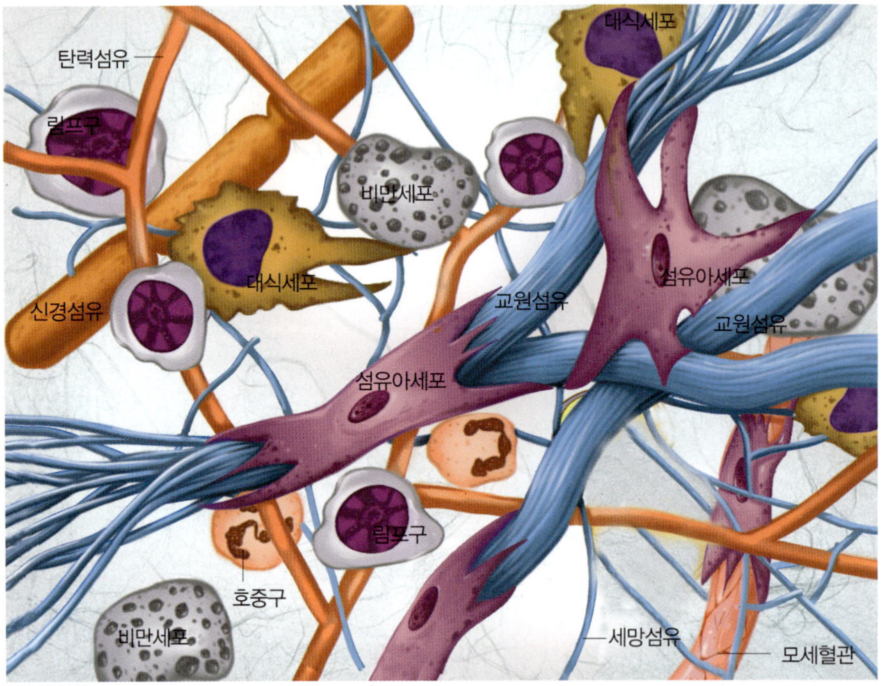

[그림2-18] 망상층의 구조

2) 진피의 구성물질

진피의 구성성분들은 진피 세포(cell)들, 섬유성 단백질(교원섬유, 탄력섬유), 기질(ground substances, 바탕질) 등 으로 이들은 섬유모세포에서 만들어져 진피를 구성하고 있다. 세포는 섬유모세포(fibroblast), 그 외 대식세포(macrophage), 비만세포(mast cell), 과립성 백혈구(granulocyte), 림프구(lymphocyte)등 이동성세포로 구성 되어있다.

〈표2-4〉 진피세포의 구성물질

고정세포	섬유아세포
이동세포	대식세포, 비만세포, 과립성 백혈구, 림프구 등
섬유성단백질	콜라겐, 엘라스틴
세포외 기질	무코다당류

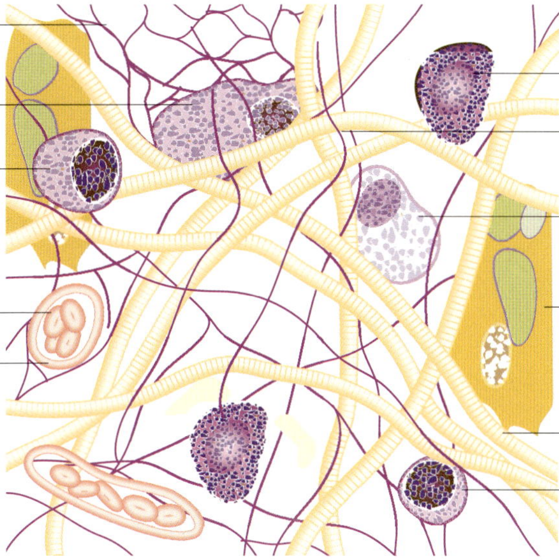

[그림2-19] 진피의 구성세포와 섬유

(1) 섬유모세포(Fibroblast)

운동성을 가지지 않는 고정 세포로 길죽한 방사형으로 교원섬유에 밀접해 있다. 세포질은 미토콘드리아, 골지체, 핵, 리보솜 등을 포함하고 핵은 염색성이 약하고 타원형이며 인을 함유한다.

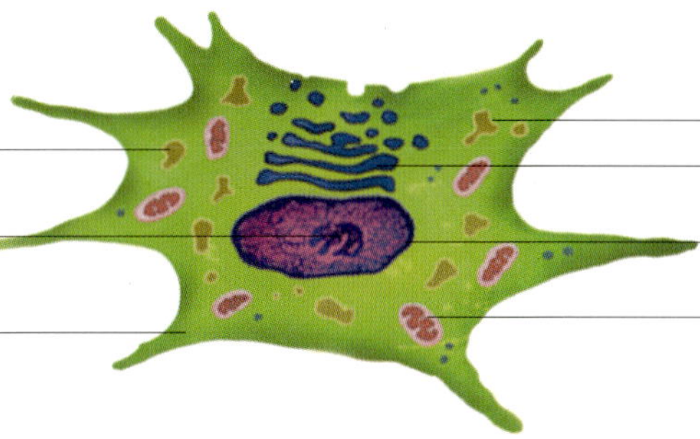

[그림2-20] 섬유모세포

(2) 교원섬유(Collagen fiber _ 콜라겐 섬유, 아교질)

콜라겐은 섬유성 단백질로 진피의 90%를 차지하는 주성분으로 섬유모세포에서 만들어진다. 콜라겐의 주성분은 글리신(glycine), 프롤린(proline), 하이드록시프롤린(hydroxyproline)등 3종류의 아미노산으로 이루어져 있다. 3종류의 아미노산은 체인이 삼중나선으로 꼬여있고 각 체인은 1,400개 이상의 아미노산으로 구성된다. 원통형의 길이가 긴 이들 섬유들은 다발로 모여 있으며, 열을 받으면 젤라틴(gelatin)으로 변화하며, 여기에서 '콜라겐(collagen)' 이라는 단어가 나온다.
콜라겐의 기능으로 피부에 탄력과 신축성를 제공한다. 또한 물리적, 화학적 자극, 자외선으로부터 피부를 보호하는 기능을 한다.
콜라겐이 부족하면 주름이 발생하기 쉽고, 주름을 예방하는 보습제 역할을 한다.

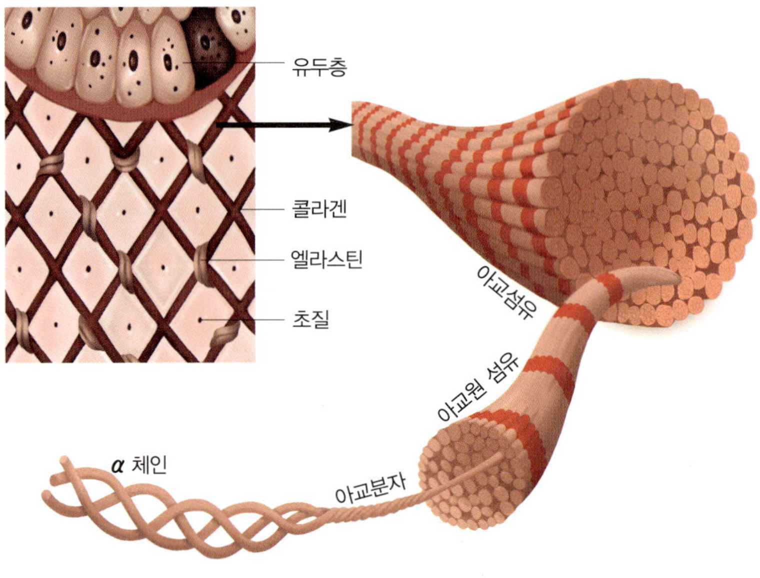

[그림2-21] 콜라겐 섬유

(3) 탄력섬유(elastic fiber, 엘라스틴 섬유)

탄력섬유는 진피의 2~3%를 차지하고 단백질성분인 엘라스틴(elastin)으로 구성되어 있으며 섬유모세포에서 만들어 진다.

성숙한 탄력섬유는 무정형(amorphous, 일정한 형태가 없는)으로 잘 용해되지 않는 엘라스틴이 약 90%를 차지하며 나머지는 미세섬유(microfibrillar)로 구성되어 있다. 미세섬유 단백질의 성분으로는 몇 개의 당단백질(glycoprotein)이 있는데, 가장 잘 알려진 것은 피브릴린(fibrillin)이다.

탄력섬유는 교원섬유에 비해 가늘고 구불구불하며 원래 길이에 1.5배까지 늘어날 수 있다. 콜라겐의 견고성 보다는 탄력성을 부여한다.

엘라스틴(탄력섬유)은 피부의 탄력유지에 매우 중요한 역할을 하며 피부 파열을 방지하는 스프링 역할을 한다. 즉 당기면 늘어났다가 놓았을 때 원래의 모습으로 돌아가게 하는 기능을 한다. 엘라스틴이 노화되면 피부의 탄력감이 떨어지고 영양이 결핍되어 위축된 피부가 된다.

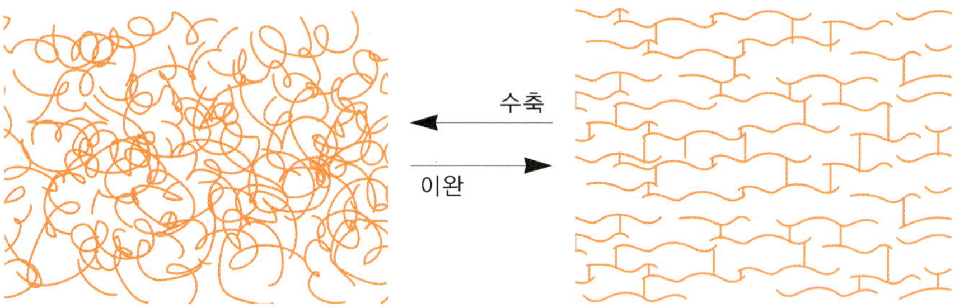

[그림2-22] 엘라스틴의 탄성력

〈표2-5〉 교원섬유 와 탄력섬유 비교

콜라겐(collagen, 교원섬유)	엘라스틴(elastin, 탄력섬유)
피부조직의 70%정도 차지한다.	피부조직의 5%정도 차지한다.
섬유성분이 굵다.	섬유성분이 짧고 가늘다.
피부에 탄력과 신축성를 제공한다.	탄력성과 팽창성이 크다.
가용성 단백질이다.	무정형이다.
아교질이라는 섬유성 단백질로 구성	엘라스틴이라는 단백질로 구성

(4) 기질(Ground Substance, 간충물질)

기질은 진피의 섬유성분과 세포들 사이를 채우고 있는 무정형(amorphous)의 물질이다. 기질은 친수성 다당체로 물에 녹아 끈적끈적한 액체상태로 존재하기 때문에 점액성이라는 무코(muco) 접두어를 붙여 무코 다당체(mucopolysaccharide)라고도 한다.

무코 다당체는 히아루론산(hyaluronic acid), 콘드로이틴황산(chondroitin sulfate, 황산염), 헤파린 황산염(heparin sulfate) 등의 글리코사미노글리칸(glycosaminoglycans, 다당류)들로 이루어져 있다. 이들은 자체 무게의 수십 배에서 1,000배 까지 수분을 흡수할 수 있는 능력을 가지고 있다. 또한 무정형의 젤상태의 물질을 천연보습인자라고도 한다.

기질은 진피의 염분과 수분균형에 기여할 뿐만 아니라 높은 점도는 조직을 지지하여 섬유아세포를 섬유성분과 연결하여 조직재생에 영향을 미친다.

- 진피기질(ground substance)은 무색 투명한 젤타입(gel type)이다.
- 기질은 물, 미네랄염, 거대분자들로 구성된다.
- 거대분자(glycosaminoglycan) 물질들은 섬유아세포에서 합성된다.
- 구조적 통합성을 형성해 주고 세포 이동을 도와준다.
- 히아루론산은 콜라겐(collagen)과 엘라스틴(elastin)에 수분을 공급한다.

3) 진피의 기능

- 피부의 대부분을 차지하며, 유연성, 탄력성, 장력 등 피부의 특성을 제공한다.
- 표피에 영양분을 공급하고, 외부의 손상으로부터 몸을 보호한다.
- 표피와 상호작용에 의해 피부의 재생을 돕는다.
- 표피를 지지하고 수분을 저장, 체온조절의 기능을 한다.
- 진피에는 감각신경, 자율운동신경, 혈관 등이 있다.
- 완충작용을 하여 신체를 압력과 장력(stress and strain)으로부터 보호한다.
- 세포에 영양분을 공급해주고 노폐물을 제거해준다.

3. 피하조직 Subcutaneous tissue, Hypodermis

피하조직은 진피와 근육, 뼈 사이에 있는 부분으로 지방을 다량 함유하고 있으며, 피부의 가장 아래층에 있어 '피하조직(subcutaneous tissue)' 이라 부른다. 피하조직은 높은 칼로리의 양분을 저장하여 전도에 의한 체내의 열 손실을 조절한다. 몸 전체적으로 피부와 근막 사이에 존재하고 눈꺼풀에는 얇게 존재한다.

피하조직의 두께는 신체부위에 따라 다르며 성별, 연령에 따라서도 차이가 크다. 일반적으로는 여성이 남성에 비하여 두껍고 중년층의 경우 허리의 피하지방이 가장 두껍다.

- 남성은 상체, 배꼽 위 복부 쪽으로 우선 분포하여 남성형 지방이라 한다.
- 여성은 배꼽 아래 골반부위, 엉덩이, 허벅지에 분포하여 여성형 지방이라 한다.

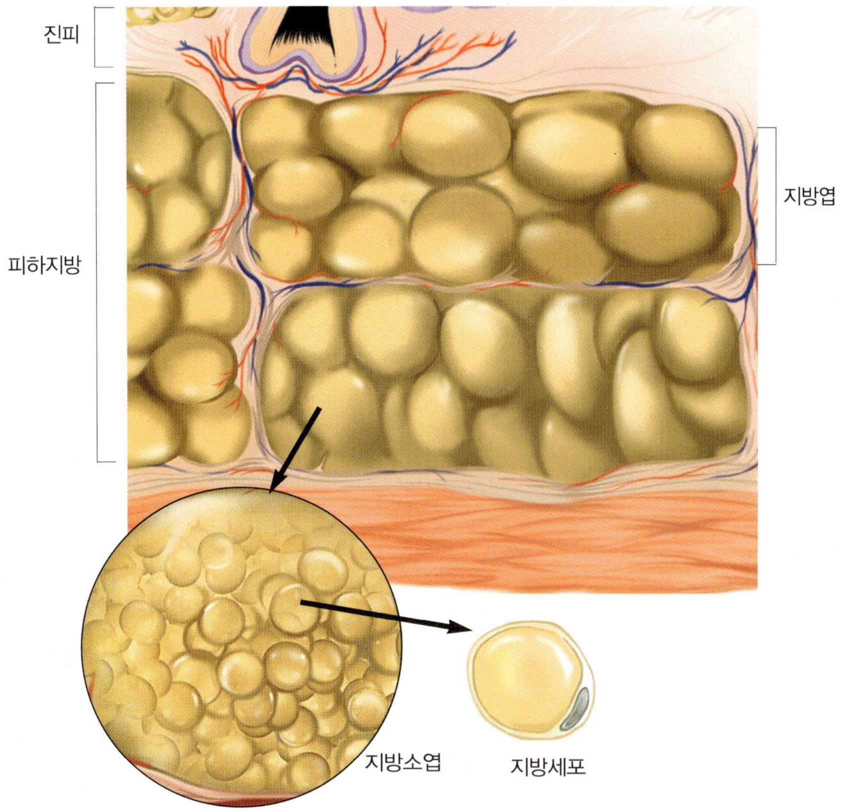

[그림2-23] 피하조직의 구조

(1) 피하조직의 구조

그물 모양의 느슨한 결합조직으로 이루어져 있으며 지방세포가 그 사이에 자리잡고 있다. 지방세포가 증가하여 서로 모이게 되면 지방조직이 된다.

피하조직은 지방엽(fat lobes)으로 구성되어 있으며 이들은 진피에서 나온 교원섬유로 구성된 중격(septum: 사이막)으로 나누어지며 피부의 움직임을 방지하기 위해, 뼈의 뼈막(periosteum)이나, 근육의 건막(aponeurosis)에 붙어 있다.

지방엽은 지방소엽(작은 지방)이 연결조직에 의해 뭉쳐서 이루어져 있으며, 지방소엽의 작은 방안에는 지방세포(adipocyte)들로 채워져 있다.

- 중격(septum)은 진피로 가야 할 신경과 혈관들이 통로가 된다.
- 지방소엽은 연결조직에 의해 생긴 작은 방이며 지방세포들로 채워진다.
- 지방세포는 50~150㎛ 정도의 둥근 세포들로 서로 압력으로 형태를 변화시킬 수 있다.
- 지방세포들은 유일한 지질 액포들을 포함하고 있다.
- 액포들은 세포의 바깥의 얇은 고리 모양을 하고, 핵과 세포질 기관이 관찰된다.

(2) 피하조직의 역할

- 영양분의 저장 및 지방합성, 열 차단, 충격흡수 등의 역할을 담당한다.
- 피하지방은 쿠션 같은 역할로 완충기의 역할을 한다.
- 피하조직 아래의 뼈, 근육이 다치지 않도록 보호한다.
- 지방세포들은 중성지방(triglyceride)형태로 지질들을 보관한다.
- 지질들은 에너지가 필요한 경우 지방산을 공급한다.
- 여성의 곡선미를 결정해 주며 두께에 따라 비만의 정도를 결정하기도 한다.
- 지방은 절연체로 체온유지 작용을 한다.

4. 셀룰라이트 Cellulite

셀룰라이트는 과다하게 축적된 지방이 몸에 남아 있던 노폐물, 수분 등과 뭉쳐 진피층까지 밀고 올라온 현상이다.

1920년 알키에 와 파바(Alguier & Pava)는 셀룰라이트란?

"국소적으로 물질대사의 변화와 세포 사이의 공간에 체액이 과도하게 정체되어있는 지방질의 세포장애"라 하였다.

셀룰라이트 생성요인으로 혈액 및 림프순환의 저하, 조직간에 정체되는 노폐물, 호르몬(프로게스테론과 에스테로겐)의 불균형, 신진대사 저하와 스트레스, 과다한 염분 섭취와 불규칙한 식습관, 노화 등을 추정할 수 있다. 여성호르몬의 영향으로 사춘기나 임신 동안에 특히 많이 생성되고 주로 여성의 아랫배, 대퇴부, 엉덩이, 팔 바깥쪽, 목의 뒤 부위 등에 많이 나타난다.

[1단계] [2단계] [3단계]

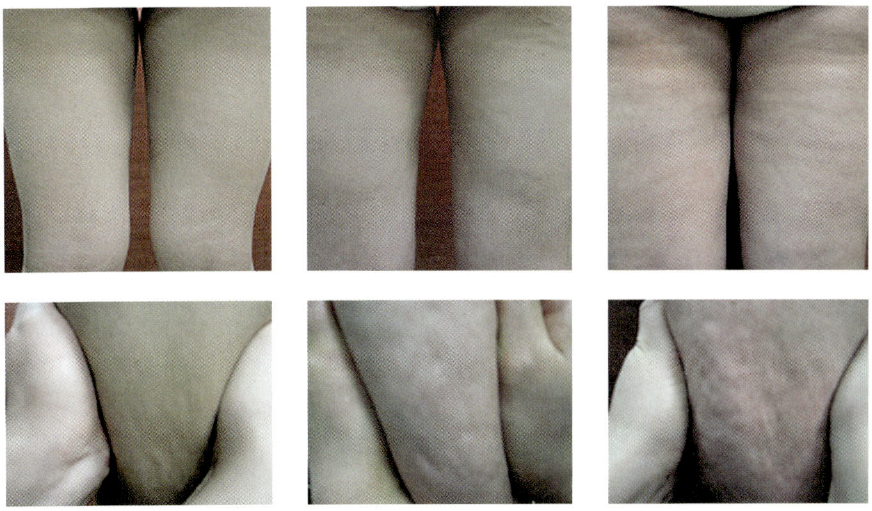

[사진2-1] 셀룰라이트 진행과정

셀룰라이트 특징은 다음과 같다.

- 피부 표면이 울퉁불퉁하게 변하고 부피감이 증가한다.
- 만져보면 딱딱하며 적은 자극에도 쉽게 통증을 느껴진다.
- 체액(조직액)의 흐름이 원활하지 못하고 순환감소 한다.

- 노폐물의 축적현상이 일어나 체내에 독성물질이 쌓인다.
- 섬유조직(콜라겐, 엘라스틴 등)의 기능이 저하된다.
- 셀룰라이트가 형성부위가 차다.
- 피부를 집으면 우둘투둘한 '오렌지 피부' 현상이다.

셀룰라이트에서 나타나는 동반증상으로 반점에서의 모세혈관 확장의 증세가 나타나며 그 부위에 신경증세가 나타날 수 있다.

5. 피부의 혈액순환

피부 중 표피에는 혈관이 없으며 혈액순환은 진피에서 이루어진다. 피부에서의 순환은 피부의 다양한 구조에 산소와 영양분을 공급하는 동시에 피부의 신진대사 과정에서 나온 노폐물을 배출시키는 역할을 한다. 또한 피부의 순환은 항상성을 유지한다. 모세혈관망에서 동맥순환은 끝나며, 동맥 모세혈관은 세포간 체액으로 산소와 영양분을 내보낸다. 그리고 세포에서 생산된 이산화탄소를 비롯한 노폐물을 받아서 정맥을 통해 돌아온다. 이산화탄소는 폐에서 산소와 교환된 다음 다시 심장으로 가서 온몸으로 배출된다.

(1) 진피혈관(Blood vessel)

진피에는 혈관이 풍부하다. 진피의 혈관은 유두진피와 망상진피의 경계부에 위치한 얕은 유두밑 정맥얼기(superficial plexus: 표재성 혈관총) 및 망상진피의 하부에 존재하는 심부 혈관총(deep plexus)과 이들을 연결하는 연락혈관(communicating vessel)으로 구성된다.

- 수직으로 올라가는 가는 동맥들은 땀샘과 체모, 피지, 모발에 지류들을 보낸다.
- 모세혈관 단위에서 주변 조직과 산소, 영양분 및 다른 물질 교환이 이루어진다.
- 정맥의 배수로는 대체로 동맥의 순환로와 동일하다.

(2) 림프(Lymph)

림프는 림프계를 흐르는 무색, 황백색 액체이다. 혈액은 동맥에서 모세혈관을 거쳐 정맥으로 순환하고 일부 혈액이 세포들 사이에 남게 되는데 이들이 림프모세혈관으로 모이게 되면 림프라고 부른다. 림프(액)는 림프관을 흐르다가 가슴안에서 가슴림프관 및 오른쪽 림프관으로 모이고 다시 정맥혈관 내로 주입되어 혈류의 일부를 이루게 된다.

림프로는 정맥로와 겹칠 수 있는 진로를 형성하고 있다. 유두에서 작은 림프관들은 끝에 가서는 희미하게 잘 보이지 않는다.

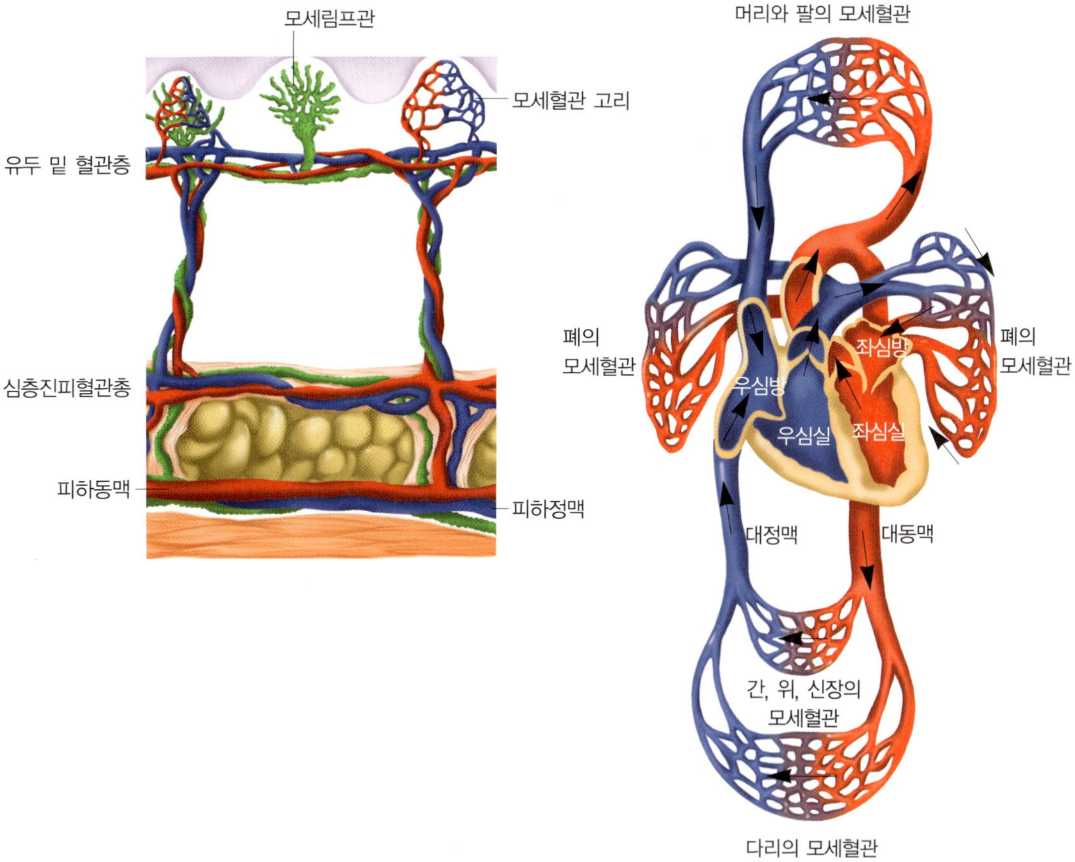

[그림2-24] 혈액순환과 림프로의 모식도

6. 피부의 신경 Nerve of skin

피부에는 지각신경(sensory nerve)과 자율운동신경(autonomic motor nerve)이 분포되어 있다. 자율신경은 피부의 혈관운동, 모발운동, 땀분비를 조절한다. 지각신경은 시각, 청각, 압각, 미각, 촉각 등은 외부 세계와의 소통의 기능을 가진다. 촉각은 피부에 널리 퍼져 있는 지각신경의 말단으로 감지한다.

(1) 촉각(Tactile sensation)

촉각 자극에는 3가지 종류가 있다. 기계적 자극(압력, 진동), 온도자극(추위, 더위), 통증 자극이다. 피부에 있는 말단 수용체는 환경의 변화에 민감하여 이러한 변화를 신경신호로 변화시킨다.

감각신경 섬유들은 수용체를 통하여 받은 정보을 신경중추로 보낸다.

감각정보는 대뇌 피질에 여러 뉴런을 통하여 전달된다.

(2) 촉각 수용체(Tactile receptor)

촉각수용체는 피부의 모든 곳에 분포하며, 촉각과 관련된 일을 한다. 수용체는 종류가 다양하고 한 종류의 수용체만 반응하는게 아니라 여러 종류의 수용체들이 함께 반응을 한다. 즉, 촉각수용체는 물체의 느낌과 온도를 대략적으로 알수 있도록 도와준다. 촉각수용체는 기계적 수용체(마이너스, 파치니, 머켈) 온도 수용체(크라우제, 루피니), 통증 수용체로 나누어 설명할 수 있다.

진피와 표피의 자유신경 말단 부위는 다음과 같다.

〈표2-6〉 촉각 소체의 위치 및 작용

소체(corpuscle)	위치 및 작용
마이스너(meissne)	진피 돌기에 위치 손바닥, 발바닥, 손가락 끝, 촉각에 민감하다.
파치니(pacini)	심층 진피에 위치 손가락에 많이 분포, 압력, 압각을 느낀다.
머켈(merkel)	표피 기저층 위치 진동 압력을 느끼는 수용체이다.
크라우제(krause)	진피유두 밑 위치 추위에 민감하다.
루피니(ruffini)	자유신경 말단 위치 더위에 민감하다.
통증 수용체	자유신경 말단 위치 통증을 감지한다.

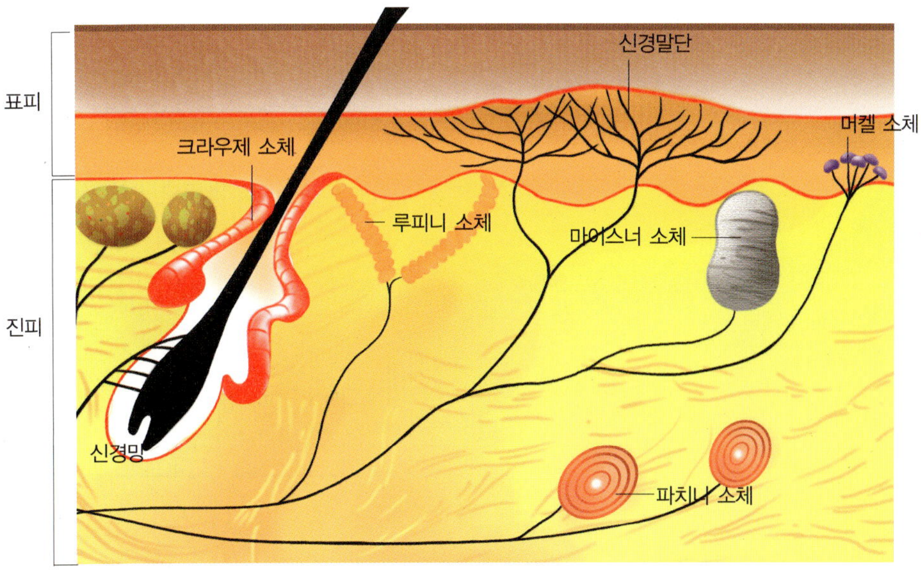

[그림2-25] 부위별 촉각 수용체

연 습 문 제

01. 전체적인 피부 평균 두께는 1.2mm 정도이고 눈꺼풀과 같이 피부가 얇은 곳은 0.5mm, 두꺼운 부위는 손바닥, 발바닥으로 6mm 정도이다.

02 사람의 피부 표면은 고랑과 고랑이 마주 닿게 되면서 그 사이사이에 상대적으로 두드러져 나온 세모꼴, 마름모꼴 또는 다각형의 형태이다.

03. 표피는 피부의 가장 표면층으로 외배엽에서부터 시작된다.

04. 표피층은 각질층 → 투명층 → 과립층 → 유극층 → 기저층이다.

05. 투명층: 손바닥과 발바닥 등 비교적 피부 층이 두터운 부위에 주로 분포 한다. 분침투를 방지하고 피부를 윤기 있게 해주는 기능을 가진 엘라이딘이라는 단백질을 함유 하고있다.

06. 과립층은 1~2층으로 되어 있으며 세포 모양은 편평형과 방추형으로 되어있고, 케라토히알린이라는 과립 세포로 이루어져 있다.

07. 기저층은 각질생성 세포, 멜라닌 세포, 머켈세포가 분포되어 있다.

08. 천연보습인자(NMF, Natural Moisturizing Factor)는 각질층의 수분을 보유, 조절하는 물질로 아미노산, 암모니아, 젖산염, 피롤리돈 카르본산, 요소로 구성되어 있으며 그 중 아미노산은 40%를 차지하는 중요 성분이다. 이들은 필라그린이 분해되면서 형성된 부산물들이다. 수소이온 농도의 지수는 pH를 의미한다.

01. 신체부위 중 피부 두께가 가장 얇은 곳은?

① 손등 피부　② 볼 부위　③ 눈꺼풀 피부　④ 둔부

02. 사람의 피부 표면은 주로 어떤 형태인가?

① 삼각 또는 사각형　② 삼각 또는 마름모꼴의 다각형　③ 삼각 또는 오각형　④ 사각 또는 오각형

03. 표피의 발생은 어디에서부터 시작되는가?

① 피지선　② 한선　③ 간엽　④ 외배엽

04. 다음 중 표피층을 순서대로 나열한 것은?

① 각질층, 유극층, 투명층, 과립층, 기저층
② 각질층, 유극층, 망사층, 기저층, 과립층
③ 각질층, 과립층, 유극층, 투명층, 기저층
④ 각질층, 투명층, 과립층, 유극층, 기저층

05. 생명력이 없는 상태의 무색, 무핵층으로서 손바닥과 발바닥에 주로 있는 층은?

① 각질층　② 과립층　③ 투명층　④ 기저층

06. 케라토히알린(keratohyaline)과립은 피부 표피의 어느 층에 주로 존재하는가?

① 과립층　② 유극층　③ 기저층　④ 투명층

07. 원주형의 세포가 단층으로 이어져 있으며 각질 형성세포와 색소 형성세포가 존재하는 피부 세포층은?

① 기저층　② 투명층　③ 각질층　④ 유극층

08. 천연보습인자의 설명으로 틀린 것은?

① NMF(natural moisturizing factor)
② 피부수분보유량을 조절한다.

③ 아미노산, 젖산, 요소 등으로 구성되고 있다.

④ 수소이온농도의 지수유지를 말한다.

09. 다음 중 표피에 있는 것으로 면역과 가장 관계가 있는 세포는?

① 멜라닌세포 ② 랑게르한스세포(긴수뇨세포)

③ 머켈세포(신경종말세포) ④ 콜라겐

10. 다음 중 멜라닌 세포에 관한 설명으로 틀린 것은?

① 멜라닌 기능은 자외선으로부터의 보호 작용이다.

② 과립층에 위치한다.

③ 색소제조 세포이다.

④ 자외선을 받으면 왕성하게 활동한다.

11. 표피와 진피의 경계선의 형태는?

① 직선 ② 사선 ③ 물결상 ④ 점선

12. 진피의 4/5를 차지할 정도로 가장 두꺼운 부분이며, 옆으로 길고 섬세한 섬유가 그물모양으로 구성되어 있는 층은?

① 망상층 ② 유두층 ③ 유두하층 ④ 과립층

13. 피부구조에서 진피 중 피하조직과 연결되어 있는 것은?

① 유극층 ② 기저층 ③ 유두층 ④ 망상층

14. 교원섬유(collagen)와 탄력섬유(elastin)로 구성되어 있어 강한 탄력성을 지니고 있는 곳은?

① 표피 ② 진피 ③ 피하조직 ④ 근육

15. 피부의 기능이 아닌 것은?

① 피부는 강력한 보호 작용을 지니고 있다.

② 피부는 체온의 외부발산을 막고 외부온도 변화가 내부로 전해지는 작용을 한다.

③ 피부는 땀과 피지를 통해 노폐물을 분비, 배설한다.

④ 피부도 호흡한다.

09 표피에 존재하는 랑게르한스 세포가 면역 반응조절에 관여한다.

10 멜라닌 세포는 기저층에 위치한다.

11. 진피 표면에는 수많은 유두상 돌기가 있는데, 표피 밑면의 오목한 곳에 끼어 있어 단면으로 보면 표피와 진피의 경계는 물결 모양을 이룬다.

12. 망상층은 진피 전체의 80%를 차지하고 있으며 탄력섬유인 엘라스틴과 아교 섬유인 콜라겐 단백질로 되어 있다.

13. 망상층은 피하조직과 연결되어 있으며 혈관, 신경관, 림프관, 한선, 유선, 모발, 입모근 등의 부속기관이 분포한다.

14. 진피는 교원섬유(collagen, 콜라겐)와 탄력섬유(elastin, 엘라스틴), 무코다당류로 구성되어 강한 탄력성을 가진다. 이 중 섬유아세포에서 생성되는 교원섬유(collagen, 콜라겐)는 우수한 보습능력을 지녀 피부관리 제품에도 많이 사용된다.

15. 피부는 열을 발산하여 체온조절 작용을 한다.

정답

01. ③ 02. ② 03. ④ 04. ④ 05. ③
06. ① 07. ① 08. ④ 09. ② 10. ②
11. ③ 12. ① 13. ④ 14. ② 15. ②

CHAPTER 3

피부의 부속기관

1. 피지선
2. 한선
3. 모발
4. 손톱 · 발톱

CHAPTER 3 피부의 부속기관

피부 부속기관에는 손톱, 발톱, 모발, 피지선(기름샘), 한선(땀샘) 등이 있다. 이들은 피부에서 발생된 것이나 각기 다른 작용을 하고 있으므로, 이들을 총칭하여 피부 부속기관이라 한다.

1. 피지선 Sebaceous gland

피부기름샘(sebaceous gland)은 지질을 만들어 내는 분비샘으로 분비액을 피부에서 만들어 낸다고 하여 '피지' 라고 한다. 출생 시 발달되어 있는 피지샘은 곧 작아지고 7세경에 다시 발달하여 20세까지 증가하다 그 이후는 쇠퇴한다. 피지선의 대부분은 털과 깊은 관계를 가지고 있지만 피지선 중에는 털과 관계가 없이 독립적으로 존재하는 것도 있다.

발생 Embryology

태아기 3개월 경부터 생겨나 6개월이 되면 기능이 시작되며, 피지분비하여 태아의 몸을 덮고 있는 지방분비물을 형성한다.

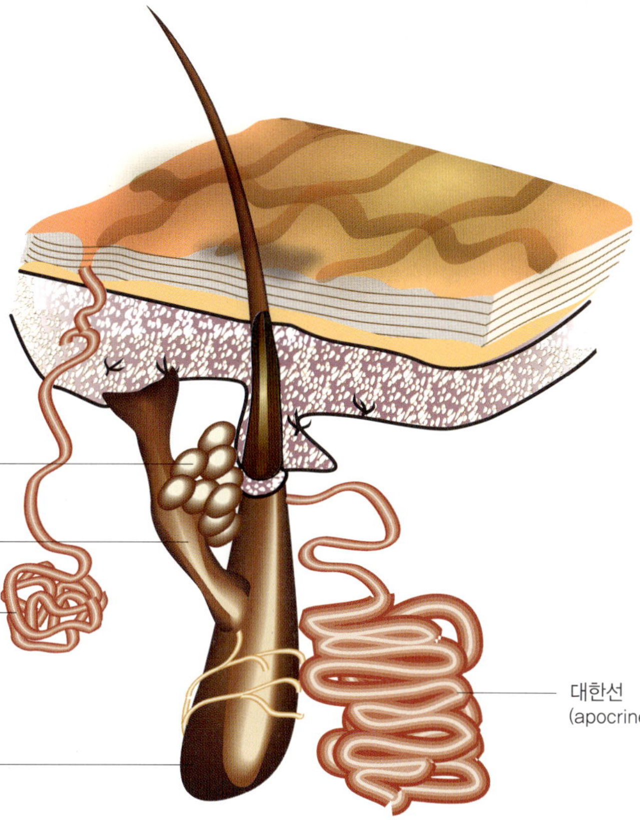

[그림3-1] 땀샘과 피지선

(1) 특징 및 분포

피지선(기름샘)은 표피의 기저막과 연결된 기저막으로 덮여 있고, 작은 주머니 형태(포도송이 모양)의 분비선으로 한 개 또는 여러 개가 그룹지어 있다. 피지선으로부터 나온 피지분비관은 대개 모낭 속에 연결되어 있으며 피부 표면에 열려 있을 수도 있다. 피지세포는 세포분열을 하며 피지세포가 스스로 붕괴되어 피지를 분비하는 홀로크린(holocrine)샘 이다.

- 모낭의 부속물로서 진피층의 망상층에 위치한다.
- 손 · 발바닥을 제외한 신체의 모든 부분에 분포한다.
- 얼굴 · 두피 · 가슴부위에 집중적으로 분포한다.
- 입술 · 성기 · 유두 · 귀두 등에 독립피지선이 있다.
- 피지선 표면에는 신경은 없으며 혈관만 존재한다.
- 피지분비는 여성보다 남성이 대체적으로 많다.

(2) 피지 분비량과 성분

피지는 성인 기준으로 하루에 1~2g 정도 분비되며 기온이 높아지면 분비량은 증가하고 추워지면 줄어든다. 즉 피지 분비량은 여름에는 많은 반면 겨울에는 적어 겨울 피부는 유분이 적고 거칠다. 피지의 성분은 자유지방산(free fatty acids), 스쿠알렌(squalene), 왁스에스테르(wax esters), 콜레스테롤(cholesterol), 트리글리세라이드(triglyceride) 등이 있다.

스쿠알렌과 왁스에스테르는 피지에만 함유된 성분이다. 피부 표면의 피지는 트리글리세라이드가 박테리아에서 분비되는 지질 가수분해효소에 의해 피지낭관 안에서 유리 지방산 등으로 분해된 이후에 조성된다.

〈표3-1〉 피지의 구성성분

	피지선 내부(%)	피부 표면(%)
트리글리세라이드(triglyceride)	58	42
지방산(free fatty acids)	0	15
왁스(wax esters)	25	25
스쿠알렌(squalene)	15	15
콜레스테롤(cholesterol)	4	4

Tip

스쿠알렌 squalene 과 스쿠알란 squalane

스쿠알렌은 피지중에 5.5~6% 포함되어 있다. 피지 중의 스쿠알렌은 피지선에서 만들어지기 때문에 피지선의 기능이 왕성해지는 사춘기 이후에는 소아의 3배가 된다. 그 반대로 콜레스테롤량은 소아가 성인의 3배가 되며 남 · 녀간의 차이는 보이지 않는다. 스쿠알란은 스쿠알렌에 수소가 첨가되어 포화한 것으로 스쿠알렌과 달리 안정된 물질이라 빛이나 공기에 닿아도 잘 산화되지 않는다. 게다가 생물학적 작용은 스쿠알렌과 같아서 피부를 매끄럽게 하는 역할을 하고 피부에 자극 작용이 없어 화장품에 널리 사용된다.

(3) 피지의 작용(Function of sebeum)

피지의 작용으로는 피부 표면에 보호막(피지막)을 형성하여 피부를 보호하고 수분 증발억제, 살균작용, 유화작용, 흡수조절작용을 한다.

〈표3-2〉 피지의 여러가지 작용

수분증발 억제	각질층과 모발의 표면에 피지막을 형성해 수분이 증발하는 것을 방지하며 피부와 모발에 습기를 유지함과 동시에 윤기를 부여한다.
살균작용	pH를 약산성으로 유지시켜 세균의 활동을 억제하는 성분을 가지고 있다.
유화작용	피부 표면에 W/O 유화 상태로 존재하는 얇은 피지막을 형성하여 피부를 부드럽고 유연하게 만든다.
흡수조절작용	경피 흡수를 어느 정도 저지하나 완벽하게는 할 수 없다.

(4) 피지선 활성 및 조절요인

피지선의 활동은 연령에 따라 다르다. 사춘기에 들어서면 피지선의 활동이 활발해지면서 지성 피부가 나타나기도 한다.

- 피지의 분비명령은 혈액 경로를 통한 호르몬으로 조정한다.
- 나이, 성별, 계절, 피부온도, 건강상태 등에 영향을 받는다.
- 남성호르몬 안드로겐(androgen)에 의해 촉진 된다.
- 여성호르몬 에스트로겐(estrogen)은 피지선을 위축한다.

2. 한선 Sweat gland(땀샘)

한선은 땀을 분비하는 선으로 **'땀샘'** 이라고도 하며 땀을 만들어 피부 표면에 분비하는 기능을 한다. 건강한 성인의 경우 하루 500~600cc의 땀을 분비하며, 이 중 대부분은 체온 조절을 위해 증발되며 나머지는 피지막을 만드는 역할을 한다. 땀의 구성성분은 99%가 물이고 나머지 나트륨, 염소, 칼륨, 질소 함유물, 젖산, 요소 등이다. 이러한 농도는 체내 수분의 양과 땀의 양에 따라 다르다.

아포크린샘에서 나오는 땀은 에크린샘에서 나오는 땀에 비해 단백질, 지방과 같은 유기물이 상대적으로 많이 함유되어 있다. pH는 3.8~5.6 정도로 약산성을 띠고 있다. 분비량은 성인기준 시간당 30cc로 하루 700~900cc 분비한다.

한선은 크기와 기능에 따라 **에크린선**(소한선, eccrine sweat gland)과 **아포크린선**(대한선, apocrine sweat gland)의 두 가지로 나뉜다.

> **Tip**
>
> **땀의 기능**
>
> 땀은 사람의 체온을 조절하는 역할을 한다. 체온이 상승하면 체온 조절 중추인 시상하부를 통해 교감신경을 자극하여 땀 분비가 일어난다. 천연보습인자(NMF)로서의 역할, 피부 표면을 산성으로 유지시키는 역할, 무색 · 무취로 분비시 체내의 염분 및 노폐물을 배출하는 기능을 한다.

1) 에크린선(Eccrine gland, 소한선)

일반적인 땀을 분비하는 한선을 말하며 분비선이 좁아서 소한선이라고도 한다. 에크린선은 태어날 때부터 입술, 음부의 일부를 제외한 전신에 분포하며 손바닥, 발바닥, 겨드랑이, 이마, 서혜부, 코 부위에 가장 많다.

발생 Embryology

태아기 5개월 경부터 상피원배의 형태로 나타난다.

(1) 에크린선 특징

에크린선은 진피 심층 또는 피하조직에 있는 실뭉치 모양의 땀 사구체(한선체)와 피부 표면을 향해 직선으로 올라가는 땀 운반관(한관)으로 이루어져 있다. 진피 중간 부분에 위치하며, 표피에 독자적 한공을 가진다.

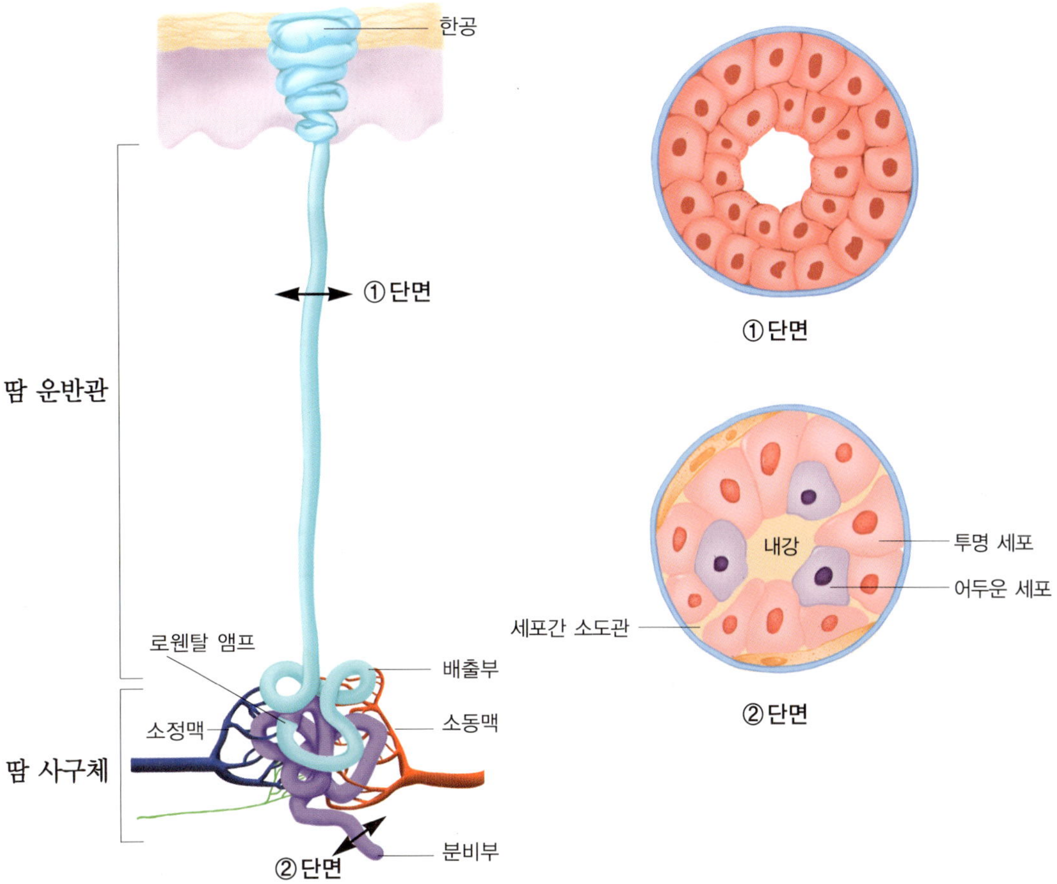

[그림3-2] 에크린 땀샘

2) 아포크린선(Apocrine gland, 대한선)

아포크린선은 진피 깊숙이 위치하며, 모낭의 윗부분과 연결되어 모공으로 열려 있다. 분비되는 땀은 극히 소량으로 점성이 있으며 젖빛을 띠고 노르스름한 액체이다. 에크린선에 비해 단백질이 많아 땀의 산도가 붕괴되면서 독특한 냄새를 낸다. 아포크린선은 출생 시 전신의 피부에 형성되나 차차 퇴화하여 생후 5개월에는 겨드랑이, 유두, 사타구니 등의 몇몇 부위에만 남아 있고 그 기능도 없어진다. 그러다 사춘기가 되면 크기가 커지고 성 호르몬의 영향을 받아 분비활동이 시작되며 성생활이 활발히 행해지는 동안 계속 분비된다. 갱년기가 되면 차차 위축된다.

발생 Embryology

아포크린 땀샘은 태아기 15주~20주 사이의 체모 발생 시기부터 형성된다.

(1) 아포크린선 특징

아포크린선은 에크린선처럼 피부 표면에 직접 열려 있는 것이 아니라 모포(毛包)에 열려 있으며 개구부는 피지선이 열려 있는 곳보다 약간 위쪽이다. 에크린선과 마찬가지로 선체와 배설관 두 부분으로 이루어져 있으며 모공으로부터 피부 표면에 배출되어 퍼진다. 분비량은 남녀에 차가 없지만 인종적으로 많은 차이가 있어 흑인이 가장 많고 그 뒤가 백인, 동양인 순서이다.

〈표3-3〉 에크린 한선과 아포크린 한선 비교

	에크린 한선	아포크린 한선
발달	출생시 부터	사춘기 이후
위치 및 개구	진피중간, 독립적	심층진피, 모낭부속
분포	전신(손 · 발바닥집중)	특정부위(겨드랑이 등)
색(향)	무색(무취)	독특한 향
역할	체온조절, 노폐물배설	유혹

동양인 머리는 검은 생머리에 두껍고 다른타입의 모발보다 굵다.

아프리카인의 머리는 단단한 곱슬머리며 짙은 갈색이다.

백인은 생머리부터 곱슬머리로 짙은 갈색에서 금발까지 다양하다.

3. 모발 Hair

피부에는 손바닥, 발바닥, 입술, 음부의 일부를 제외하고 모(毛)가 나 있다. 머리에 나는 털을 두발, 그 외 신체에 나는 털을 부위에 따라 턱수염, 눈썹, 속눈썹, 코털, 귀털, 겨드랑이털, 음모 등으로 구분한다. 또한 음모, 액모, 남성에게 나타나는 손발의 털, 흉모, 얼굴 수염 등 소아기에는 연모였던 것이 사춘기가 되어 경모로 바뀌는 것도 있다. 이런 경모화 현상은 사춘기 이후 남성호르몬의 분비가 많아져 일어나며 일부는 사춘기 이후 외관상 남성인지 여성인지를 구별하는 데 도움이 되므로 제2차 성징이라고도 불린다. 모발은 길이에 따라 장모와 단모로 나뉜다. 장모는 두발, 수염, 액모, 음모, 손발의 털, 흉모 등 이고, 단모는 눈썹이나 속눈썹 등 이다. 장모의 경우 발생 부위별로 길이가 다르며 모발이 가장 길게 자란다.

발생 Embryology

모발은 손 · 발톱과 같은 피부의 부속물로서 세포의 분화 과정을 통해 구조와 기능을 갖는다. 수정란이 세포 분열을 통해 초기의 배아를 형성하고 낭배를 만든다. 낭배는 외배엽 · 중배엽 · 내배엽을 만든다. 모발은 태생기에 표피의 함몰로 모낭이 형성되면서 발생한다. 모발의 발생기는 전모아기, 모아기, 모항기, 모구성 모항기, 완성모낭으로 나뉜다. 이와 같은 단계를 거쳐 머리카락이 완성되는데 보통은 태아 6개월 정도가 되면 완성 모낭이 생기게 된다.

〈표3-4〉 발생과정에 따른 발생시기

종 류	발생시기	특 징
전모아기	임신12~14주	모낭의 형성 이전을 전모아기라 한다.
모 아 기	임신14주	배아층의 중간층 세포가 진피 속으로 함몰되는 시기
모 항 기	임신18주	모아가 기둥모양으로 진피 내에 깊숙이 형성되는 시기
완성모낭	출생시	조직의 분화로 모발을 만들어낼 수 있는 성숙한 모낭

모낭 초기 발달 단계

모낭의 발달 단계

수정 20주 후 모낭의 발생상태

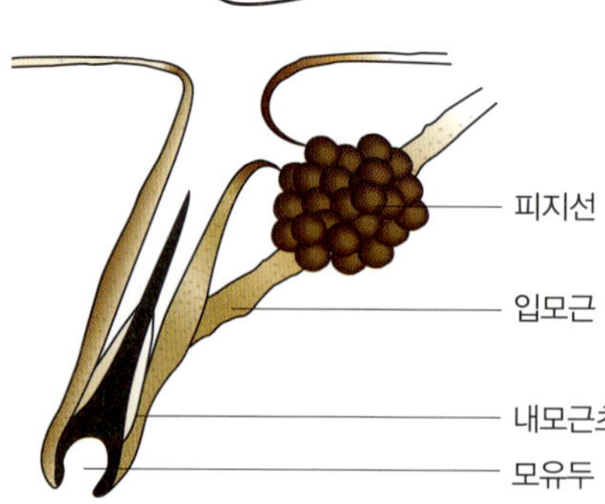

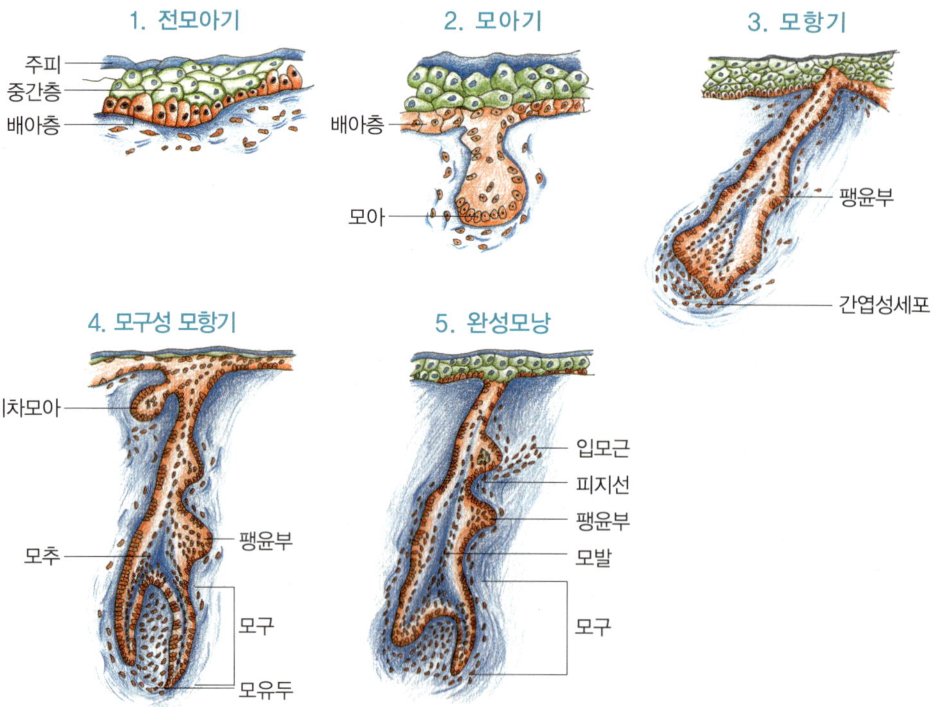

1) 모발의 구조(Sturcture of hair)

모발은 표피가 진피를 향해 아래 방향으로 뻗어나가 생긴 움푹 파인 곳에서부터 나 있다. 모간의 근원은 공 모양으로 부풀어 있어서 모구(毛球, bulb)라고 한다. 모구의 움푹 파인 곳에는 진피가 전구 같은 모양으로 들어가 있고 표피가 모낭벽(follicle)을 이루며 모발의 영양과 발육을 관장하는 혈관이나 신경이 있다. 모발은 피부 표면에 나와 있는 **모간부**(hair shaft)와 모낭 속의 **모근부**(hair root) 둘로 나뉜다.

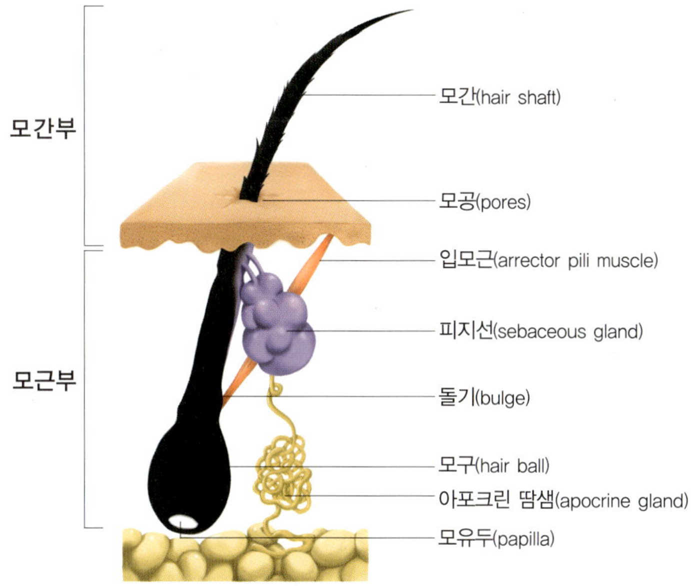

[그림3-3] 모간부와 모근부의 구조

(1) 모근부의 구조(Sturcture of hair root)

모근부는 모구(털망울), 모낭(털주머니), 모유두(털유두), 모모세포, 피지선(피부기름샘), 입모근(털세움근), 색소세포 등으로 이루어져 있다.

① 모구(Hair bulb)

모구는 전구모양 혹은 양파모양으로 모근 밑에 둥글게 자리 잡고 있으며 모유두와 연결되어 있다. 모발를 보호하는 내모근초와 외모근초가 만들어지는 중요한 곳이다.

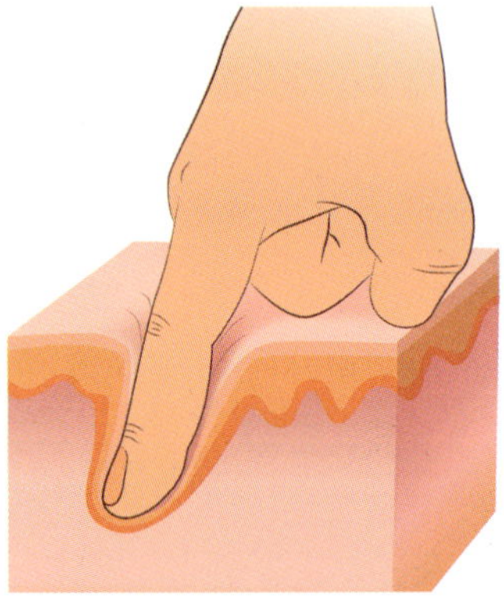

[그림3-4] 모낭의 형성

모낭형성의 메커니즘

표피의 주름으로 이루어 졌으며 이를 손가락으로 누른 모습으로 상상해 볼 수 있다. 이러한 주머니는 안쪽 주머니가 부풀어서 두의 막으로 구성된다.

- 내측 모근초(inner root sheath)
- 외측 모근초(outer root sheath)

② 모낭(Hair follicle)

모낭은 표피가 진피로 깊이 함몰된 것으로, 모낭의 내부는 외측모근초와 내측모근초 라는 2개의 모낭막으로 구성되어 모발을 보호한다. 모근을 감싸고 있으며 내 · 외층의 피막으로 되어 있다. 내층피막은 상피성 모낭이며 외측피막은 결합조직성 모낭이다. 이 모낭 사이에 초자막이 있어 두 모낭을 구분한다. 중간층이 내측모근초(inner root sheath), 바깥쪽이 외측모근초(outer root sheath)이며 중앙 모간 섬유는 모낭 안에서 내모근초와 연결되어 있다.

〈표3-5〉 내측모근초 와 외측모근초

내측모근초 inner root sheath	모간의 바깥은 내모근초로 쌓여 있으며 초표피(sheath cuticle), 헉슬리층(huxleys layer), 헨레층(henles layer)으로 3개의 세포층으로 되어있다. 내모근초는 모발을 표피까지 운송하여 역할을 다한 후에는 비듬이 되어 두피에서 떨어진다.
외측모근초 outer root sheath	표피층의 가장 안쪽인 기저층에 접하고 있으며, 가장 밖같쪽의 원통이다. 외모근초 세포는 모구 부위에서 세포 분열하여 피부 표면 방향으로 이동한다. 협부에 이르면 외모근초 세포는 이상 각화가 이루어지며 이후 피부 상피조직과 연결되어 구분할 수 없게 된다.

Tip

모낭은 하부, 협부, 상부로 구분되어 있다. 머리카락의 모양(직모 or 축모)은 모낭의 형태에따라 달라진다.

흑인 모낭: 나선모양 동양인 모낭: 직선모양 백인 모낭: 중간 모양(사선)

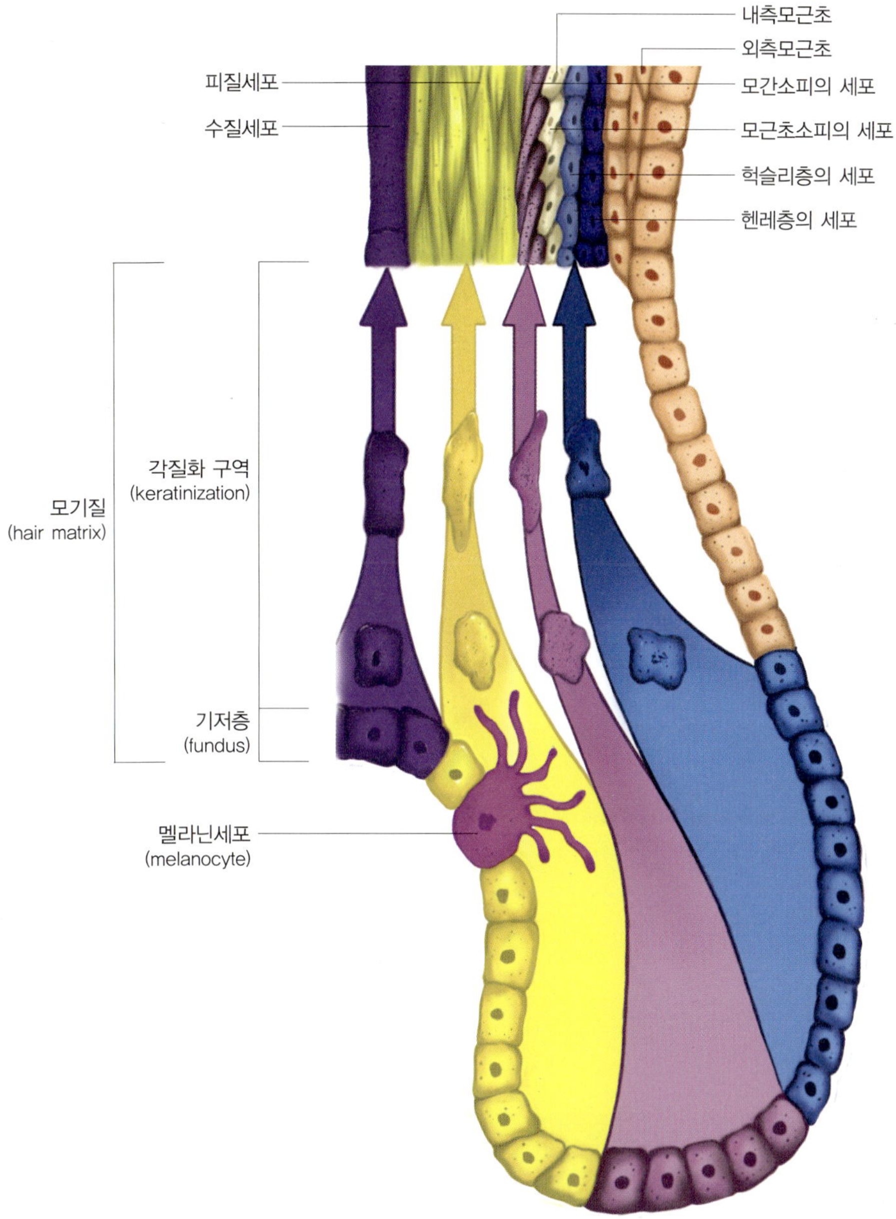

[그림3-5] 내측모근초와 모발의 형성기전

〈표3-6〉 내모근초의 미세구조

헨레층	1층으로 약간 편평하고 핵이 잘 보이지 않는 세포이다.
헉슬리층	1~2층의 여러 가지 기능을 가진 세포로 이루어져 있다.
초표피	비늘 모양의 편평한 세포로 한 개의 세 포층으로 만들어져 있다.

③ 모유두(Hair papilla)

모유두는 모낭 바닥에 있는 특이한 조직으로 가운데가 오목한 모양을 하고 있다. 모모세포가 빈틈없이 짜여 있고 모세혈관이 엉켜 있으며, 모발을 성장시키는 영양분과 산소를 운반하고 세포분열이 시작되는 곳이다. 모세혈관과 자율신경이 분포되어 있다.

④ 모모세포(Keratinocyte)

모모세포는 모유두를 감싸고 있는 가장 중요한 모발 구성 요소이다. 모세혈관을 통해 모유두에 산소와 영양을 공급하고, 활발한 세포분열과 증식을 하며 모발을 성장시킨다. 즉 모유두의 정점 부분에서는 모수질이 된 세포, 그 아래 부분에서는 모피질이 된 세포, 가장 아래 외측으로는 모표피가 된 세포가 분열 하여 위로 밀리며 모발의 형상을 갖추어 성장하는 것이다.

⑤ 입모근(Arrector pili muscle)

날씨가 춥거나 겁에 질렸을 때에 입모근이 수축하여 털을 세우고 소름이 돋는 현상을 나타내는 근육이다. 표피에 접하는 유두부에서 모낭에 달하는 미소한 평활근으로 털의 경사면에 존재하며 털의 외피 표면에 수직인 경사면에서 다소 옆으로 기울어져 있어 모구의 뿌리를 피부를 향해 비스듬히 끌어당기게 된다.

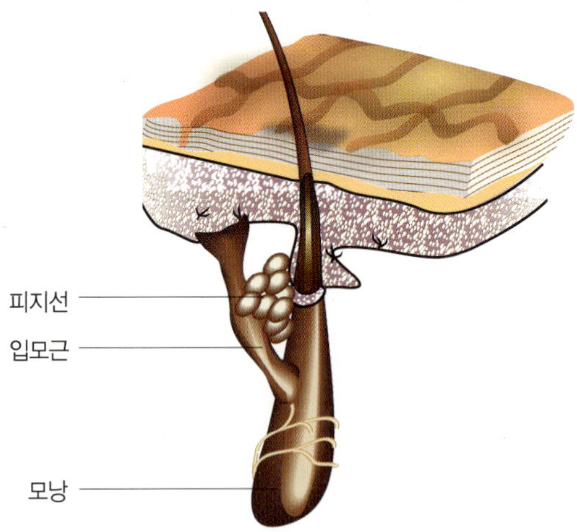

[그림3-6] 피지선과 입모근의 구조

⑥ 색소세포(Melanocyte)

모모세포분열 시 모모세포에 있는 색소세포로부터 생성되어 연한 모피질 속에 같이 함유 하여 모발의 색을 결정해준다. 인종과 개인에 따라 색소 입자에 따른 차이로 다양한 색이 나타나게 된다.

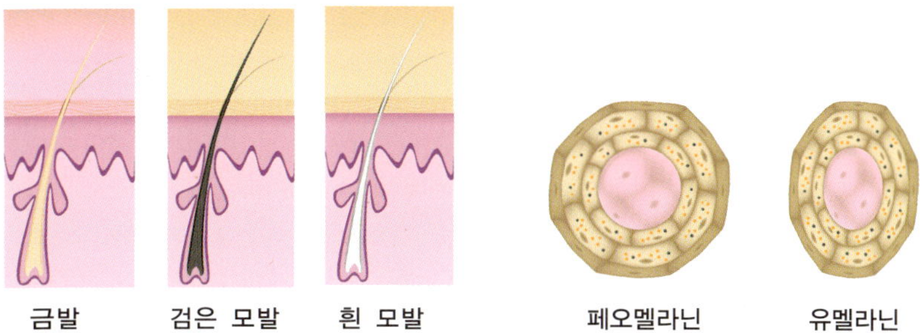

[그림3-7] 모발의 종류에 따른 멜라닌 색소

(2) 모간부(Hair shaft)

모간(hair shaft)은 일반적으로 말하는 모발로써, 모발을 단면으로 잘라서 보면, 바깥 표면에서부터 모표피(cuticle), 모피질(cortex), 모수질(medulla)의 3개 층으로 구성되어 있다. 모간부는 모발의 형태, 강도, 색깔, 모양을 형성하는 중요한 역할을 한다.

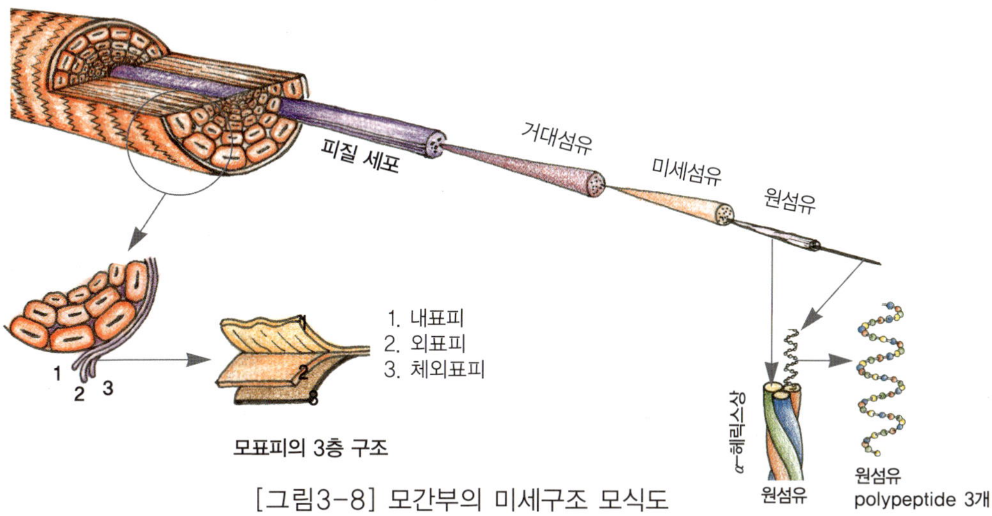

[그림3-8] 모간부의 미세구조 모식도

① 모표피(Cuticle)

모표피 세포는 모발의 가장 바깥 부분으로 편평하고 핵이 없는 판상의 세포로 단단한 케라틴으로 구성되어 있다. 인종과 개인에 따라 5~15층으로 모표피가 겹쳐진 문리(紋理) 모양으로 모발을 보호해주고 광택을 내며 모발 손상의 척도가 되는 곳이다. 친유성(親油性)으로서 물과 약품의 침투와 작용에 대한 저항력이 있으며, 물리적인 자극으로 모표피의 손상, 박리, 탈락 등이 발생되면 모피질에 손상을 주게 된다. 건강모일수록 견고하게 결합되어 있으며 모발의 바깥층으로부터 에피큐티클(epicuticle, 최외표피), 엑소큐티클(exocuticle, 외표피), 엔도큐티클(endocuticle, 내표피)의 3개 층으로 구성되어 있다.

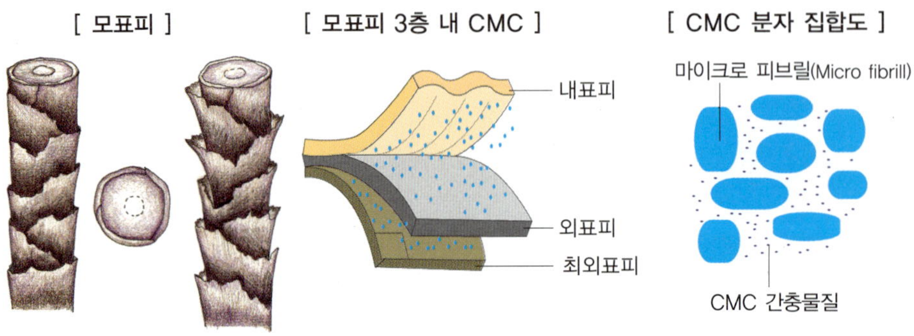

[그림3-9] 모표피의 3층의 미세구조

② 모피질(Cortex)

모피질은 모수질을 감싸고 있는 모발의 80~90%를 차지하며 섬유 조직으로 구성되어 있다. 즉, 방추 모양의 결정 영역인 피질세포와 비결정영역인 간충물질로 색소과립인 멜라닌을 함유하고 있다. 섬유의 횡 방향은 유연한 케라틴(keratin)으로 되어 있지 않아 모발을 횡으로 절단하기 어렵고 종으로는 비교적 쉽게 갈라진다. 염색이나 퍼머넌트 등 대부분 미용의 화학적처리가 이루어지는 곳이다.

모피질의 미세구조

피질세포는 길이가 약 100㎛, 직경이 1~6㎛, 두께가 1.2~1.6㎛ 정도이며, 단단한 폴리펩티드 결합이 길게 연결되어 있으며, 멜라닌 색소와 중앙에 방추형의 섬유 구조의 매크로 피브릴이 있다. 수소 결합이 강하게 결합되어 화학반응이 어려우며, 매크로 피브릴(macro fibril, 거대섬유), 마이크로 피브릴(micro fibrill, 미세섬유), 프로토 피브릴(proto fibrill, 원섬유), 폴리펩티드(polypeptide)로 더 세분화된다.

〈표3-7〉 모피질내 구조

거대섬유	직경이 약 0.1~0.4㎛ 이며 미세섬유와 간충물질이 있다.
미세섬유	원통형으로 생겼으며 원시섬유 11개로 묶여져 있다.
원 섬유	나선형의 구조 형태로 조합되어 있다.
간충물질 matrix	짧은 코일상의 부정형이 복잡한 배열로 되어 있다. 피질세포 사이를 연결해주며 모발의 탄력성을 결정한다. 간충 물질의 약 49% 이상을 세라마이드라는 성분이다. 수분 증발을 억제, 간충 물질의 구조형성이나 기능에 관계한다.

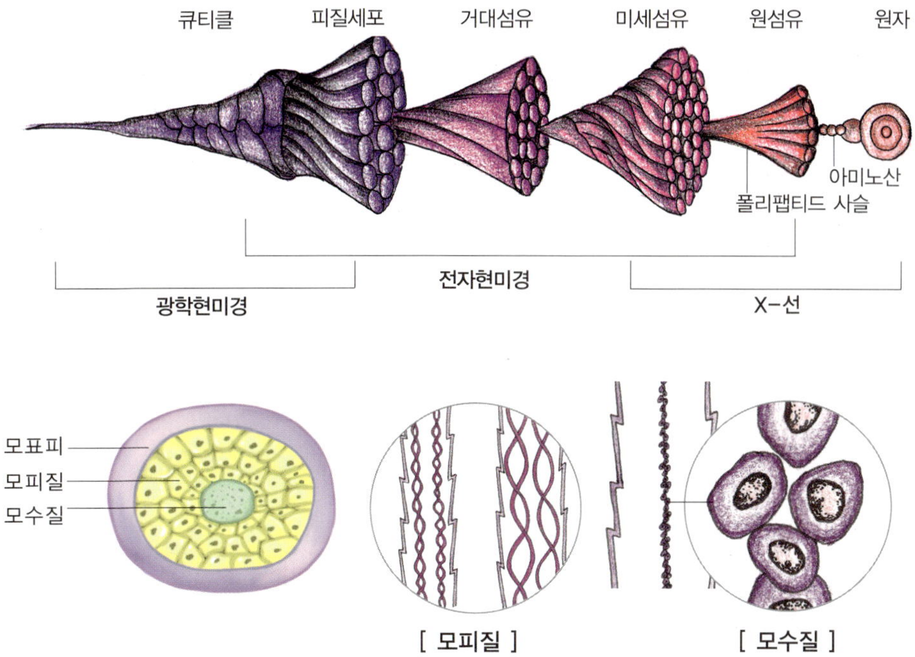

[그림3-10] 모피질과 모수질의 구조

③ 모수질(Medulla)

모수질은 모발의 중심 부근에 공동(속이 비어있는 상태) 부위로, 죽은 세포들이 모발의 길이 방향으로 불연속적인 다각형의 세포 형상으로 존재한다. 모수질은 솜털처럼 가는 모발에서는 발견되지 않으며 굵은 모발에서만 발견된다.

2) 모발의 성장

속눈썹을 제외하고 모발은 피부 표면에 비스듬하게 나있으며, 그 각도는 일정하지 않지만 대략 24°~50°이다. 모발은 모구(毛球)의 모유두에 접한 부분에서 새로 생겨난다. 표피가 유두체에 접한 기저세포에서 새로 생기는 것과 같은 것이다. 그 부분을 모모(毛母)라고 하며 필요한 영양은 모유두 혈관으로부터 공급받는다. 모발은 잘린 부분에서부터 재생하는 것이 아니라 아래로부터 밀려 올라와 자라는 것으로, 하루에 0.35~0.4㎜, 수염의 경우 0.4㎜ 정도 자란다. 하루 중에서는 낮이 밤보다, 1년 중에서는 봄, 여름이 가을, 겨울보다 성장이 빠르다. 특히 5, 6월은 1년 중 모발이 가장 왕성하게 성장하는 시기이다. 연령에 따라서는 16~24세의 여성이 가장 빠르고 65세 이상이 되면 완만해진다.

〈표3-8〉 발생부위와 성장속도, 모주기

발생부위	모주기	1일 성장(㎜)	1개월 성장(㎜)
모발(hair)	남성 3~5년 여성 4~6년	0.35~0.40	10.5~12.0
수염(beard)	2~3년	0.38	11.4
액와모(underarm)	1~2년	0.23	6.9
음모(pubic)	1~2년	0.20	6.0
눈썹(eye brows)	4~5년	0.18	5.4
속눈썹(eyelash)	3~4년	0.18	5.4
솜털	2~4년		

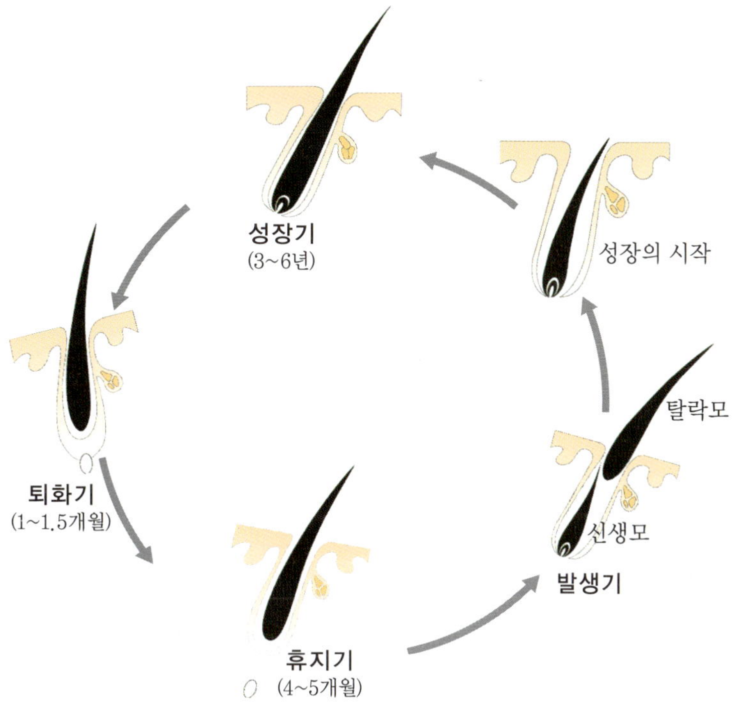

[그림3-11] 모발의 성장주기

3) 모발의 성장주기(Hair cycle)

모발의 시작은 모구의 모유두에 있는 모세혈관에서 영양공급을 받아 성장이 된다. 각각의 모발은 독립된 수명을 지니며 성장과 탈락, 발생의 주기를 반복하는데 이를 모주기(hair cycle)라 한다. 모유두에서 모발을 성장시키는 **성장기**, 성장이 점차 늦어지는 **퇴화기**, 활동을 완전히 멈추는 **휴지기**, 모유두가 다시 활동하여 세포분열을 시작하는 **발생기**의 4주기를 계속 거친다. 이를 헤어 싸이클이라고 하며 주기적인 싸이클을 거치면서 모발은 성장과 자연탈모를 거듭한다.

(1) 성장기(Anagen stage)

성장기는 모발이 모구로부터 모낭으로 나가려는 생성 단계와 케라틴이 만들어지는 단계이다. 모유두의 활동이 활발하여 세포분열이 가장 왕성한 시기로 모발이 빠른 속도로 자라는 시기다. 성장기에 남자는 3~5년, 여자는 4~6년으로 전체 모발의 80~90%가 이 시기에 속한다. 성장기에 있는 모발은 하루에 0.2~0.5㎜정도 자라며 1년에 약 12㎝~15㎝ 자란다.

(2) 퇴화기(Catagen stage)

모모세포가 분열과 증식을 멈추고 케라틴 생성을 하지 않으면 모발의 성장도 멈춘다. 모구부가 수축하여 모유두로 나눠지며 모낭에 둘러 싸여 위쪽으로 올라간다. 전체모발의 1%가 퇴화기에 속하고 수명은 1~1.5개월이다.

(3) 휴지기(Telogen stage)

모낭과 모유두가 완전히 분리되어 성장을 멈추고 모유두가 동그랗게 변하는 시기로 모낭이 위축되고 모근이 더 위쪽으로 밀려가 탈락한다. 전체모발의 14~15%를 차지하며, 3~4개월 정도의 시간이다. 휴지기 기간엔 모낭에서 새로운 모발이 자라도록 준비되고 있는 시기이다.

(4) 발생기(New anagen stage)

모낭에 둘러싸인 모구부가 모유두와 결합하여 모모세포가 다시 분열하기 시작하는 성장기의 초기를 발생기라고 한다. 새로운 모발이 발생하여 성장함에 따라 같은 모낭 속에 존재하던 휴지기의 모발은 자연히 모공 밖으로 밀려올라가 탈락된다.
이러한 4주기를 약 10~15회를 거듭하면서 모유두의 일생을 마친다.

4) 모발의 모양

모발은 민족, 성별, 연령, 개인에 따라 차이가 있다. 예를 들어 한국인, 황인종은 곧은 모(직모), 서양인은 모발이 약간 구불구불한 웨이브(파생모), 흑인종은 곱슬곱슬한 형태의 축모(구상모)를 지닌다. 모발의 성질과 상태는 모발의 단면에 의해 정해지며 직모의 단면은 원형이지만 웨이브 있는 것은 타원형, 둥근 삼각형 등 일그러져 있고 심하게 곱슬거릴수록 편평하다. 모발의 굵기는 최소 0.005㎜부터 0.2㎜까지 다양하며 부위에 따라 다르다. 수염은 굵어서 0.2㎜, 모발은 평균 0.1㎜의 두께로 후두부가 가장 두껍고 두정부가 가장 가늘다.
인종, 연령, 성별에 따라서도 차이가 있으며 여자의 모발은 남자의 것에 비해 굵다.

(1) 직모(Straight hair)

모경지수가 75~85 정도로 모발의 단면이 원형에 가깝고 모낭의 모양도 곧다. 동양인에게 많은 형태이며, 아시아의 황인종, 에스키모, 아메리카 인디언, 폴리네시아인 등이 포함된다.

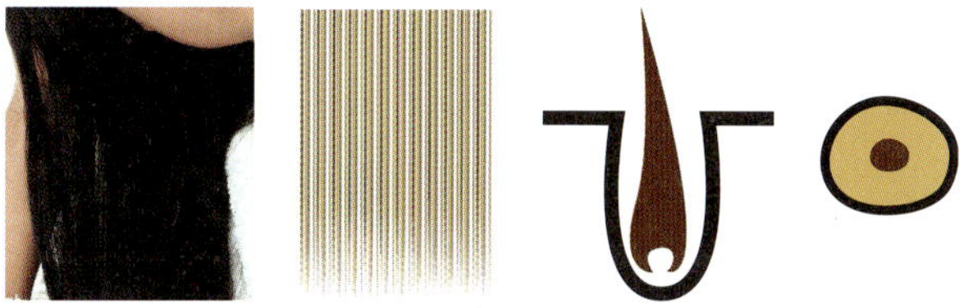

[사진3-1] 직모의 모양

(2) 파상모(Wavy hair)

모발의 단면이 타원형이며, 모낭이 피부 표면으로부터 비스듬히 누워있다. 백인, 오스트레일리아 원주민, 인도네시아인, 에디오피아인종 등에서 볼 수 있다.

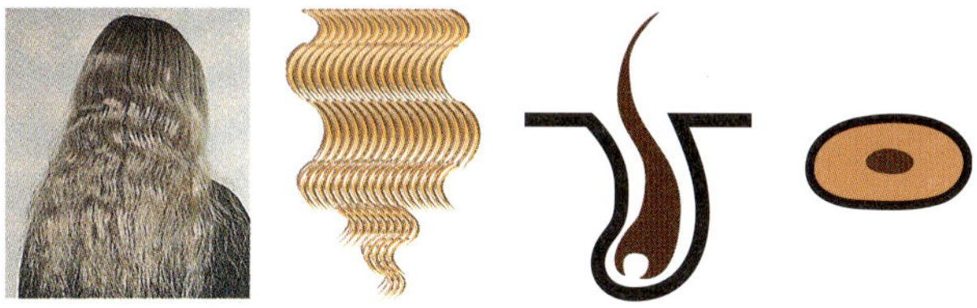

[사진3-2] 파상모의 모양

(3) 축모(Curly hair)

모경지수가 50 정도로 모발의 단면이 타원형보다 납작하며, 모낭이 피부 표면으로부터 굽어져 있다. 아프리카 흑인들의 곱슬머리가 축모에 해당된다.

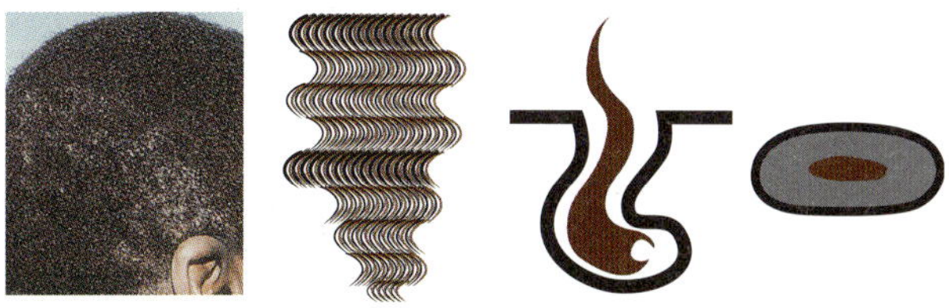

[사진3-3] 축모의 모양

DERMATOLOGY FOR BEAUTY CLINIC

4. 손톱 · 발톱

최근엔 사람들 앞에서 손을 내밀 기회가 많아져 「손 멋내기」로 손톱에 포인트를 두고 있다. 그래서 색을 바른다든지 그 윤곽을 또렷이 하기 위해 살갗을 벗겨내고 매니큐어와 페디큐어로 손 · 발톱 멋내기에 열심이다. 손톱에는 이런, 개인의 아름다움을 표현하는 장식적 기능 외에도 손발 끝을 보호하는 기능, 물건을 잡거나 긁는 기능, 방어와 공격의 기능 등이 있다. 손톱의 이상은 통증유발의 원인이 되고 손발을 사용하는 데 장애가 되며 외관상으로도 흉하다. 또 체내 다른 질환 특히 소화기 질환을 진단하는 기준이 되기도 한다.

발생 Embryology

손 · 발톱의 상단 표피가 함입되어 생성. 태아기 9개월부터 생겨나며 출생 전 한달 동안 완성된다.

조갑두께 손가락: 0.5~0.75mm 정도, 발가락: 1mm 정도

성장속도 1일 0.1~0.15mm 유아기 · 청년기 〉 노년기, 손톱 〉 발톱, 여름 〉 겨울

1) 손톱의 구조와 기능

손톱의 구조는 조갑(nail plate_爪甲), 조상(nail bed_爪床), 조피(folds_爪皮)로 3가지로 구성되어 있다. 조피(folds)는 다시 상조피, 조하피, 조곽피의 3부분으로 나뉜다.

(1) 조피(Folds)

손톱을 둘러싸고 있는 피부를 통칭한다. 손톱을 고정시켜 주고 미생물이나 박테리아의 감염으로부터 손톱을 보호하며 미완성의 손톱을 보호하는 역할을 한다.

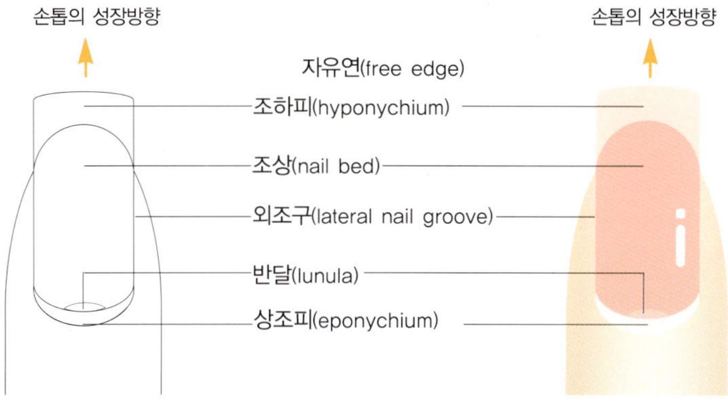

[그림3-12] 손톱의 외형

① 상조피(Eponychium)

큐티클(cuticle)이라고 부르는 곳으로 각질 막(non-living tissue)과 얇은 각질 막(living tissue)으로 되어 있다. 손톱 정리 시 잘라내는 곳이지만 반드시 불필요한 각질 막(non-living tissue)만 제거해야지 너무 깊숙이 제거하면 피가 날 수가 있고 세균에 감염될 우려가 있다. 상조피가 다치게 되면 손톱이 자라면서 변형을 가져올 수도 있다.

② 조하피(Hyponychium)

손톱의 가장 끝 쪽에 위치한 피부로 손톱과 피부를 연결해 주는 곳이다. 외부의 박테리아나 진균류, 바이러스 등으로 부터 조상(nail bed)에 침투하는 것을 막아주는 역할을 한다.

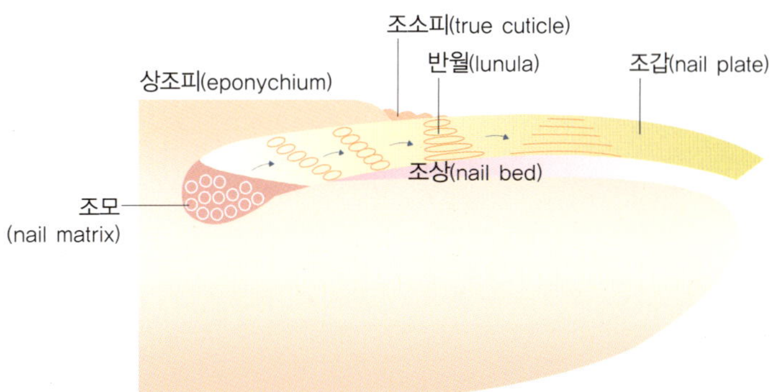

[그림3-13] 손톱의 구조

3 피부의 부속기관

③ 조곽피(Lateral nail fold)

손톱 주변을 감싸고 있는 피부로 손톱의 모양을 유지해 주고 외부로부터의 감염을 막아준다. 상조피나 조하피보다 얇고 민감한 피부를 갖고 있어서 손톱 관리 시 다치기 쉬운 곳이다.

(2) 조갑(Nail plate)

손톱이라고 하면 바로 조갑을 뜻하는 것으로 주성분은 머리카락을 이루는 성분과 같은 케라틴(keratin)이다. 케라틴은 아미노산으로 이루어진 단백질 성분이며 마치 계란이나 씨앗과 같은 형태를 갖고 있어 하루에 0.1~0.15㎜씩 자라고 수분과 유분을포함한다.

(3) 조상(Nail bed)

조상은 손톱이 편하게 누울 수 있도록 손톱 밑에 위치한 살을 말하며 모세혈관이 있어 조갑을 통해 손톱 색을 분홍색으로 보이게 한다. 진피(dermis)와 세포성 외피(epidermis)로 구성된다. 진피는 피부에 가까운 곳에 영구적으로 그 형태를 유지하고 있으며, 외피는 손톱의 바로 밑에 있어서 진피와 손톱 사이에서 쿠션 역할을 하고 외부의 충격에 움직이기도 한다.

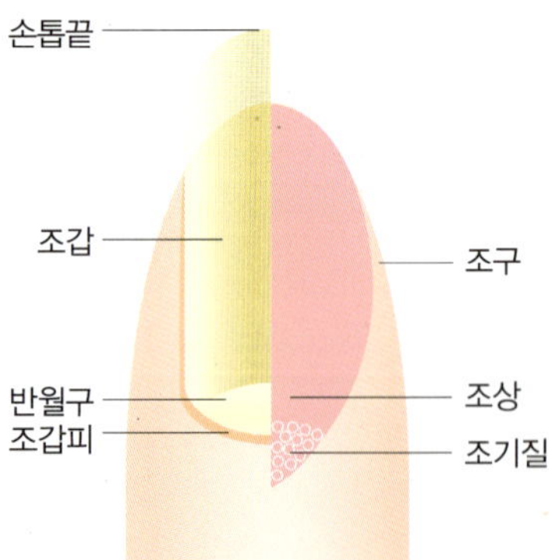

[그림3-14] 케라틴과 조갑

[그림3-15] 진피와 외피

(4) 조모(Nail matrix)

상조피 바로 아래에 위치해 손톱의 뿌리에 해당되는 곳으로 손톱을 자라게 하는 세포인 케라틴을 만들 수 있도록 영양 공급이 활발한 곳이다. 조모의 활동 정도에 따라 사람마다 갖고 있는 손톱의 형태, 넓이, 길이, 두께가 형성된다. 조모에서 세포가 처음 만들어질 때는 흰색을 띠며 조갑으로 이동하면서 분홍색을 띠게 된다.

(5) 조반월(Lunula)

상조피 중에서도 하얗게 반달 모양을 한 부분으로 조모에서 형성된 세포가 저장되는 곳이다. 이곳에서 일정기간 대기하고 있다가 다시 새롭게 만들어지는 세포에 의해 밀려 나가면서 손톱이 자라게 된다. 건강한 사람일수록 조반월이 크다.

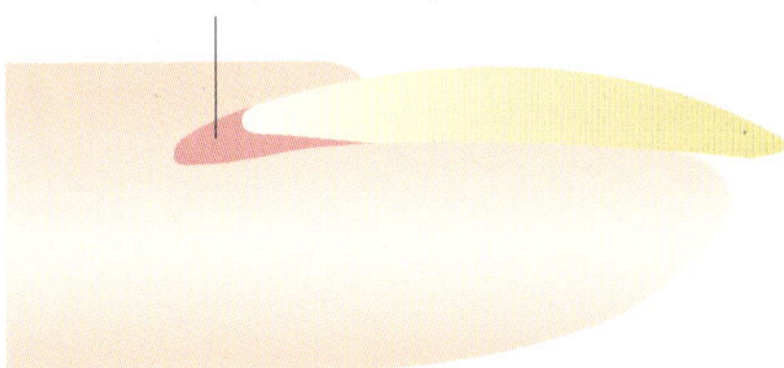

[그림3-16] 조모

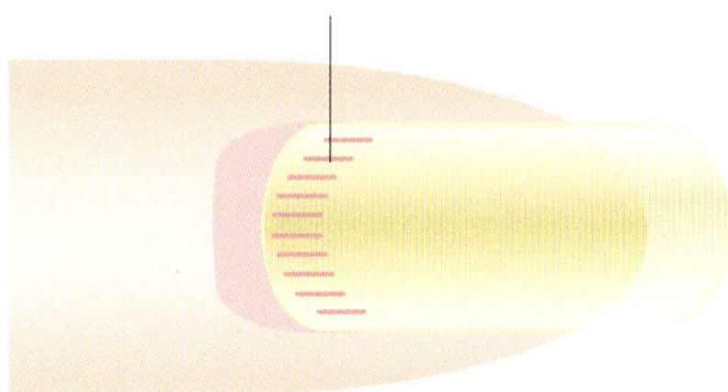

[그림3-17] 조반월

2) 손톱의 성장과 영양

(1) 손톱의 성장

손톱은 조모에서 서서히 새롭게 만들어져 오래된 것이 밀려 나가 손톱 끝을 향해 자란다. 모발의 성장과 유사하지만 손톱은 조상 위에 올라가며 자란다는 것이 특이하다. 손톱 끝에 와서야 비로소 조갑은 피부에서 분리되며 그 부분을 자유연(free edge_프리 엣지)이라고 한다. 손톱이 성장하는 속도는 1일 평균 약 0.1mm로 1개월에 3mm정도 자라는 셈이며, 가운뎃손가락이 다소 빠르게 자라고 새끼손가락이 다소 늦게 자라는 경향이 있다.

(2) 손톱의 영양

손톱의 영양은 손톱의 강도와 연결된다. 손톱이 약할 때 영양에 신경을 쓰면 손톱이 튼튼하게 자라 나와서 전체가 튼튼한 손톱이 되는 것이다. 손톱은 케라틴으로 구성되어 있으므로 동물성 단백질이 필요하다. 그 외에 비타민 A, B, D를 충분히 섭취하도록 한다.

건강한 손톱의 조건

- 건강한 손톱은 12~18%의 수분을 함유하여야 한다.
- 네일 베드에 단단히 부착되어야 한다.
- 탄력이 있고 유연해야 한다.
- 연한 핑크색을 띄고 둥근 아치 모양을 형성해야 한다.

3) 손톱의 질병과 장애

건강한 손톱은 분홍조개 같은 색을 띠고 있고 빛에 비추면 약간 반짝인다. 또한 아치 모양을 띠며 조상에 강하게 부착되어 있다. 건강하지 못한 손톱은 각종의 색의 변화와 모양의 변화를 일으킨다. 또한 세균에 의해 질병이 발생할 수도 있다.

(1) 위축된 손톱(Onychatrophia)

위축된 네일은 네일이 마모되는 것으로 윤기가 없고 전체적으로 색이 어둡다. 강한 비누화학 제품에 입은 상처 등이 이런 증상을 유발시킨다.

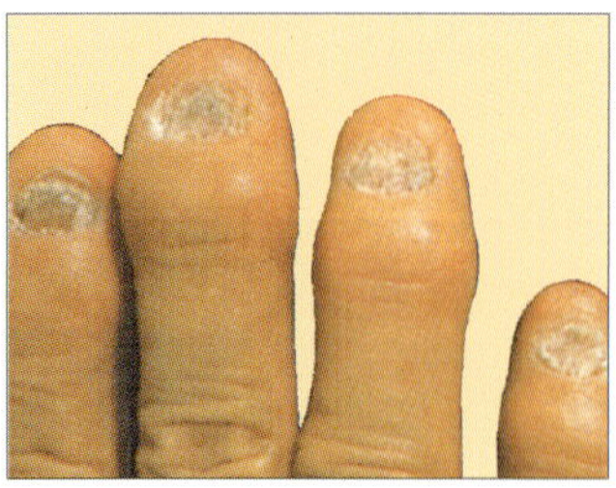

[사진3-4] 위축된 네일

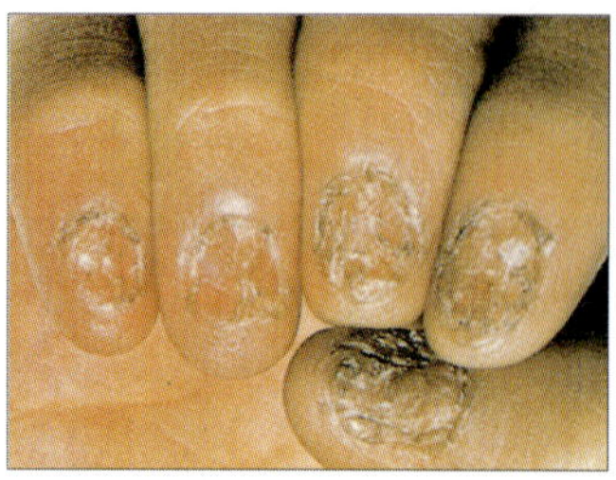

[사진3-5] 물어뜯긴 네일

(2) 물어뜯긴 손톱(Onychophagy)

손톱을 이빨로 물어뜯어서 생기며 불안과 초조감에서 오는 좋지 않은 습관이다. 인조 네일과 매니큐어링을 통해 고칠 수 있으나 올바른 습관 교정이 필요하다.

(3) 멍든 손톱(Bruised nail)

조상에 손상을 받아 피가 응결된 상태를 말하며 손톱의 색상이 적갈색에서 흑색으로 변한다. 멍든 손톱을 방치하면 그대로 떨어져 나갈 수도 있다.

(4) 에그 네일(Eggshell nail)

손톱이 희고 얇으며 조갑의 자유선이 휘어 있는 손톱으로 계란껍질 손톱이라고도 한다. 영양 상태가 좋지 않거나, 신경계에 이상이 생긴 경우 발생한다.

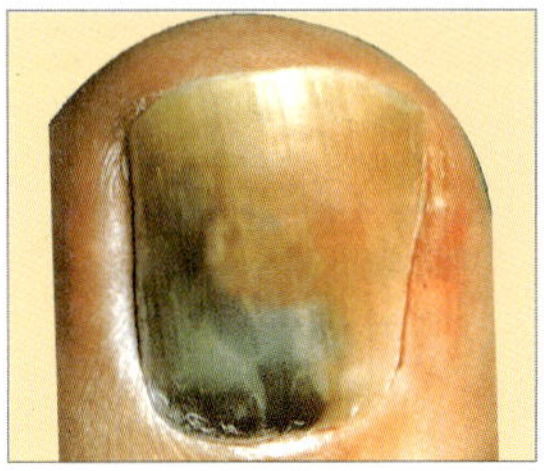

[사진3-6] 멍든 네일

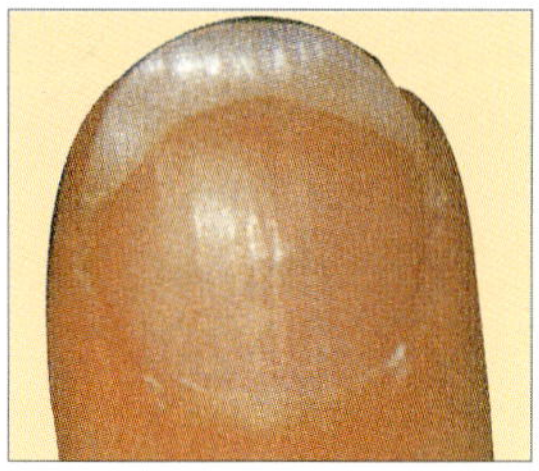

[사진3-7] 에그 네일

(5) 파란 손톱(Blue nails)

혈액 순환이 좋지 않아서 네일의 색이 푸르게 변하는 것이다.

(6) 고랑파진 또는 주름잡힌 손톱(Furrowes nail)

세로나 가로로 긴 골이 잡혀 있으며 시간이 지날수록 골이 커지기도 한다. 조상까지 골이 있는 경우에는 신진 대사가 원활하지 않다고 볼 수 있으며 손톱에만 나타나는 경우에는 위장에 이상이 있을 때 나타날 수 있다.

(7) 백색반점(White spot, leuconychia, 루코니키아)

가장 일반적인 손톱 이상으로 손톱 표면에 작고 흰 점이 나타나는 현상이다. 손톱에 작은 상처가 나면 조상과 조갑 사이에 공기가 갇혀서 나타난다. 상처가 아물면서 스스로 없어지므로 특별한 관리는 필요 없다.

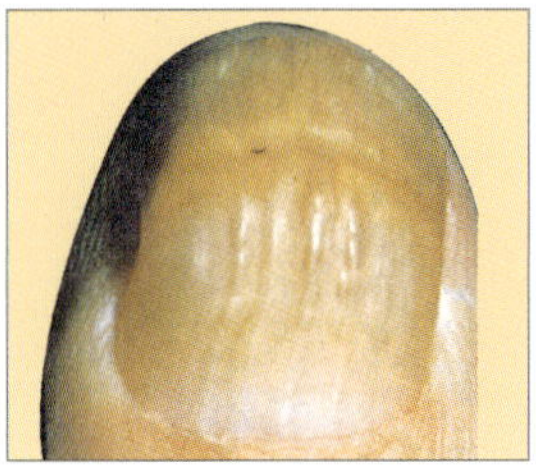

[사진3-8] 주름잡힌 네일

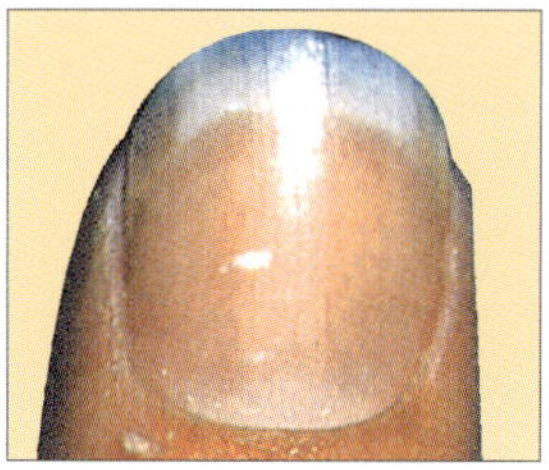

[사진3-9] 백색반점

(8) 거스러미 손톱(Hang nail)

손톱 가장자리에 상처가 나거나 물어뜯어서 작은 거스러미가 나타나는 것이다. 거스러미를 이빨이나 도구로 뜯어내면 세균에 감염될 수 있으므로 소독된 클리퍼로 조금씩 자연스럽게 자르고 마사지 크림을 사용하여 부드럽게 손질하도록 한다.

(9) 움푹들어간 손톱(Pitted nail)

건선이나 피부염을 가리킨다. 정도가 심하면 의학적 조치가 필요하다.

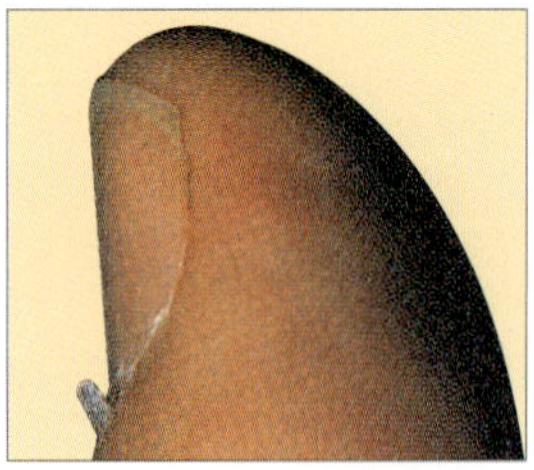

[사진3-10] 거스러미 손톱

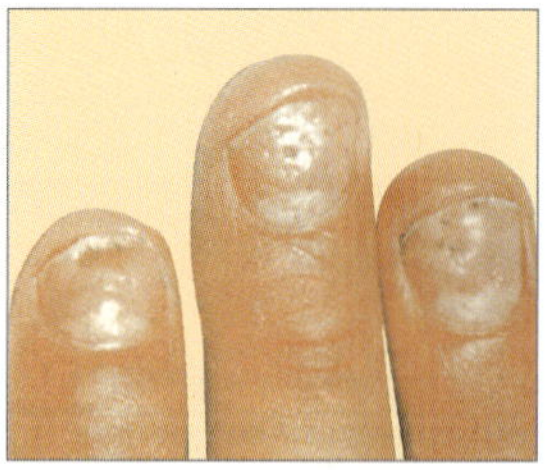

[사진3-11] 움푹들어간 손톱

(10) 살속에 파고든 손 · 발톱(Ingrown nail)

손톱이 살 안으로 파고들어 자라는 것으로 흔히 발에서 많이 볼 수 있다. 꽉 조이는 신발을 신었을 때 발생한다.

3 피부의 부속기관

(11) 조각비대증(Onychauxis)

손톱 내부의 상처나 질병 등을 통해서 나타나는 증상으로 두꺼워진 손톱은 경석으로 다듬어 줄일 수 있다.

(12) 조소피 과잉 성장(Ptergygium)

손톱에 부착된 큐티클이 손톱과 함께 과잉 성장한 것으로 주의가 필요하며, 재발을 예방하여야 한다. 손톱과 주변 피부에 다양한 방법으로 영양을 주는 방법이 있다.

(13) 갈라지거나 깨지기 쉬운 네일(Brittle nail)

선천적인 이상이나 내 · 외적인 요인으로 생긴다. 주된 원인은 염기성이 강한 세제로 기름기를 없애, 손톱이 깨지기 쉽게 만들고 혈액 순환을 나쁘게 한다. 매니큐어를 바르면 이를 방지하는 데 도움이 된다.

(14) 조각종열증(Onychorrhexis)

손톱이 세로로 갈라지고 찢어지는 것으로 강한 알칼리성 비누나 리무버의 과다 사용, 갑상선 기능 저하증, 비타민 A, B 결핍이 원인이 되며 정상인도 찾아볼 수 있다.

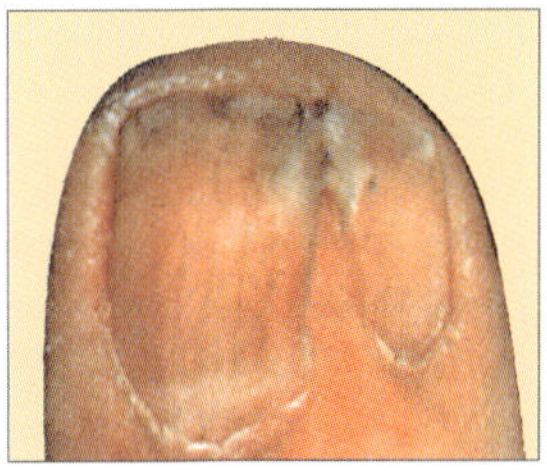

[[사진3-12] 테리지움

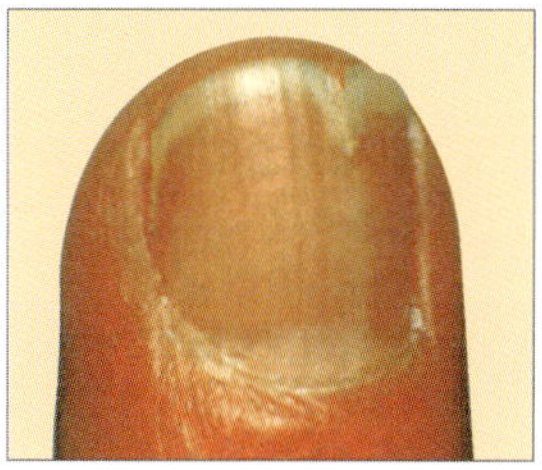

[사진3-13] 깨진 네일

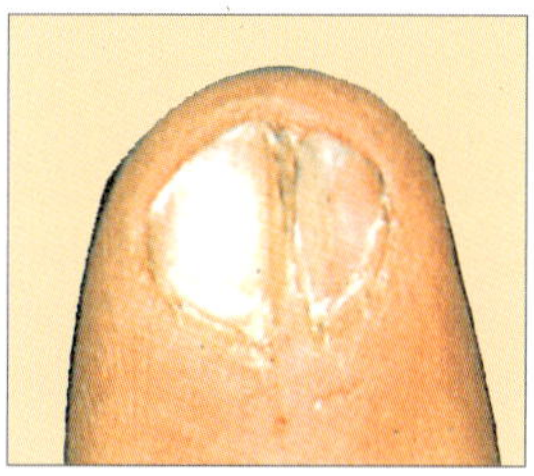

[사진3-14] 조각종열증

연 습 문 제

01. 피부의 부속기관에는 한선(땀샘), 유선, 피지선, 모발, 손 발톱 등

02. 한선은 입술과 생식기를 제외한 전신에 분포되어 있고, 손 발바닥, 이마와 겨드랑이에는 더 많이 있다.

03. 에크린한선은 입술과 음부를 제외한 전신에 분포한다. 손바닥과 발바닥에 가장 많고 이마, 뺨, 몸통, 팔, 다리의 순서로 분포되어 있다. 피부 표면으로 땀을 분비할 수 있는 땀구멍을 별도로 갖고 있다. 무색, 무취의 땀으로 체온조절과 노폐물 배출을 담당한다. ② 사춘기 이후에 주로 발달하는 한선은 아포크린한선(대한선)이다.

04. 피지선은 손바닥, 발바닥에는 없고 입술, 유두, 귀두 등에 독립피지선이 있다. 피지선이 많은 부위는 코 주위이다.

05. 피지는 안드로겐 호르몬에서 분비된다.

06. 피지선
- 진피의 망상층에 위치 한다.
- 손 · 발바닥을 제외한 전신에 분포 한다.
- 피지선이 많은 부위는 코 주위이다.
- 입술, 유두, 귀두 등에 독립피지선이 있다.
- 안드로겐호르몬 피지의 생성을 촉진한다.
- 에스트로겐은 피지의 분비를 억제 한다.
- 피지의 1일 분비량은 1~2g정도이다.

체온이 저하되면서 입모근이 수축하여 털이 서게 되고 이를 통해 공기층을 형성함으로써 체온을 유지해준다.

01. 표피의 부속기관이 아닌 것은?

① 손 · 발톱 ② 유선 ③ 피지선 ④ 흉선

02. 한선에 대한 설명 중 틀린 것은?

① 체온 조절기능이 있다.
② 진피와 피하지방 조직의 경계부위에 위치한다.
③ 입술을 포함한 전신에 존재한다.
④ 에크린선과 아포크린선이 있다.

03. 에크린 한선에 대한 설명으로 틀린 것은?

① 실밥을 둥글게 한 것 같은 모양으로 진피 내에 존재한다.
② 사춘기 이후에 주로 발달한다.
③ 특수한 부위를 제외한 거의 전신에 분포한다.
④ 손바닥, 발바닥, 이마에 가장 많이 분포한다.

04. 얼굴에서 피지선이 가장 발달된 곳은?

① 이마 부분 ② 코 옆 부분
③ 턱 부분 ④ 뺨 부분

05. 피지에 대한 설명 중 잘못된 것은?

① 피지는 피부나 털을 보호하는 작용을 한다.
② 피지가 외부로 분출이 안 되면 여드름요소인 면포로 발전한다.
③ 일반적으로 남자는 여자보다도 피지의 분비가 많다.
④ 피지는 아포크린한선(apocrine sweat gland)에서 분비된다.

06. 피지선에 대한 설명으로 틀린 것은?

① 피지를 분비하는 선으로 진피 층에 위치한다.
② 피지선은 손바닥에는 전혀 없다.
③ 피지의 1일 분비량은 1~2g정도이다.
④ 피지선의 많은 부위는 코 주위이다.

07. 피부가 추위를 감지하면 근육을 수축시켜 털을 세우게 한다. 어떤 근육이 털을 세우게 하는가?

① 안륜근 ② 입모근 ③ 전두근 ④ 후두근

08. 모발의 구성 중 피부 밖으로 나와 있는 부분은?

① 피지선 ② 모표피 ③ 모구 ④ 모유두

09. 다음 중 체모의 색상을 좌우하는 멜라닌이 가장 많이 함유되어 있는 곳은?

① 모표피 ② 모피질 ③ 모수질 ④ 모유두

10. 다음 중 모발의 성장단계를 옳게 나타낸 것은?

① 성장기 → 휴지기 → 퇴화기 ② 휴지기 → 발생기 → 퇴화기

③ 퇴화기 → 성장기 → 발생기 ④ 성장기 → 퇴화기 → 휴지기

11. 모발의 색은 흑색, 적색, 갈색, 금발색, 백색 등 여러 가지 색이 있다. 다음 중 주로 검은 모발의 색을 나타나게 하는 멜라닌은?

① 티로신(tyrosine) ② 멜라노사이트(melanocyte)

③ 유멜라닌(eumelanin) ④ 페오멜라닌(pheomelanin)

12. 다음 중 일반적으로 건강한 모발의 상태는?

① 단백질 10~20%, 수분 10~15%, pH 2.5~4.5

② 단백질 20~30%, 수분 70~80%, pH 4.5~5.5

③ 단백질 50~60%, 수분 25~40%, pH 7.5~8.5

④ 단백질 70~80%, 수분 10~15%, pH 4.5~5.5

13. 건강한 손톱상태의 조건으로 틀린 것은?

① 조상에 강하게 부착되어 있어야 한다.

② 단단하고 탄력이 있어야 한다.

③ 매끄럽게 윤이 흐르고 푸른빛을 띠어야 한다.

④ 수분과 유분이 이상적으로 유지되어야 한다.

07. 체온이 저하되면서 입모근이 수축하여 털이 서게 되고 이를 통해 공기층을 형성함으로써 체온을 유지해준다.

08. 모표피는 모피질을 보호하는 역할을 하며, 모표피의 비율은10~15%로 마찰에 약하다.

09. 모피질은 모발의 85%~90%를 차지하며, 모발의 색상을 나타내는 멜라닌 색소를 함유하고 있다. ① 모표피: 무핵의 각화세포로 내부의 모피질을 보호하는 역할을 한다. ③ 모수질: 모발의 제일 안쪽층 중심부에 위치해 있다. ④ 모유두: 혈관과 림프관이 분포되어 있어 털에 영양을 공급하여 주로 발육에 관여한다.

10. 모발은 성장기 → 퇴화기 → 휴지기 → 발생기를 거치며, 휴지기는 모발성장의 마지막 단계로 더 이상 상장이 일어나지 않으며 모낭이 줄어들기 시작한다.

11. 유멜라닌(eumelanin)은 갈색과 검정 머리의 색을 만드는 색조이고 페오멜라닌(pheomelanin)은 금발 머리을 만드는 붉은 색조이다.

13. 건강한 손톱은 윤기가 흐르며 핑크빛을 띤다. 건강한 손톱은 12~18% 수분을 함유해야 한다. 둥근 아치모양을 형성해야 한다.

정답

01. ④ 02. ③ 03. ② 04. ② 05. ④
06. ② 07. ② 08. ② 09. ② 10. ④
11. ③ 12. ④ 13. ③

CHAPTER 4

피부의 생리기능과 작용

1. 피부의 기능
2. 피부 표면 생리
3. 각질층의 수분과 보습
4. 피부의 pH
5. 피부의 색
6. 피부와 땀

CHAPTER 4 피부의 생리기능과 작용

1. 피부의 기능

피부는 일반적으로 생각하는 것과 달리 매우 복잡하고 중요한 기능을 가지고 있다. 피부는 몸을 덮어서 외부의 물리적 · 화학적인 영향으로부터 몸을 보호하는 역할을 한다. 또한 조절, 흡수, 분비, 유 · 수분의 작용등 생물학적 기능과 외관을 결정하는 미적기능의 역할을 함께 지니고 있다. 생물학적 기능뿐만 아니라 미적인 측면, 사회심리학적 측면인 외관을 결정하는 주요한 요소가 된다.

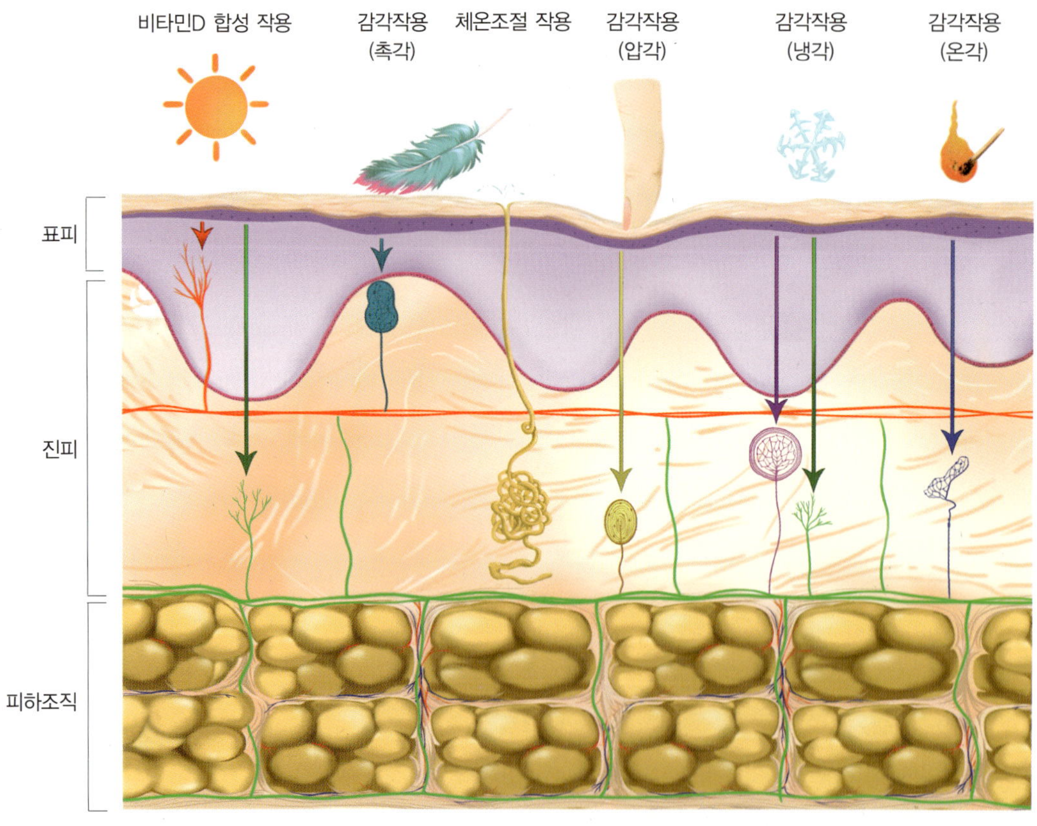

[그림4-1] 피부의 기능

(1) 보호기능(Protect function)

대개의 피부는 물리적인 손상과 세균의 침입으로부터 신체를 보호하는 첫번째 방어막으로서의 기능을 수행한다. 피부는 외부 환경과 내부 기관 사이에 방어벽을 형성하고, 피부와 털의 색깔을 결정하는 멜라닌(melanin)이라는 색소를 생산해 피부를 자외선으로부터 보호하는 기능을 한다. 또한, 피부는 면역계의 가장 중요한 기관의 하나로 피부에 상처가 생기거나 염증이 발생했을 때, 면역세포를 배출하여 상처를 치유하는 역할을 한다.

① 물리적인 자극에 대한 보호 기능

피부는 표피, 진피, 피하조직의 3층으로 구분되어 있어 외부자극으로부터 흡수, 완충시켜 내부를 보호한다. 표피는 겹겹의 각질층 세포와 수분함유를 통한 다단계 피부방어 시스템으로 보호작용을 한다. 또한 진피층의 교원섬유와 탄력섬유의 피부 탄력성을 통하여 기계적인 자극과 신축자극에 대한 저항력을 가지며, 피하조직의 지방세포는 쿠션 역할을 함으로써 외부의 충격을 완화시켜 준다.

② 화학적인 자극에 대한 보호 기능

화학적 자극에 대해서는 피부 표면의 피지막과 각질층의 케라틴 단백질이 보호 작용을 하며, 심한 경우에는 진피의 교원 섬유가 방어하는 3단계 방어력에 의해 보호된다. 피부는 강산이나 강알칼리에 대해서는 비교적 저항성이 약하다. 그러나 약산과 약알칼리는 중화하여 본래의 피부로 환원하는 능력을 갖고 있다. 이것은 피부 표면이 땀과 피지로 섞여져 있는 지방의 막으로 일정한 시간이 지나면 다시 복원되기 때문이다. 외적인 자극에 의해서 일시적으로 변한 pH는 일정한 시간이 지나면 다시 돌아오는 힘이 있다. 이것을 복원력(피부의 중화능)이라고 하는데 개인에 따라 많은 차이가 있다.

③ 세균의 침입에 대한 보호기능

건강한 피부의 표면은 pH4.5~6.0정도의 약산성으로 세균류의 증식으로부터 보호하고 감염을 억제하여 건강을 유지할 수 있게 한다.

알칼리성 비누를 사용하였다든지 산성도가 적절치 못한 화장품을 사용하여 pH 5.5 내외의 피부본래 산성도가 알칼리성으로 변화되었을 때 피부는 스스로 본래의 산성도를 회복하는 기능이 있다. 그러나 피부가 손상을 입어 피지막이 파괴되면 세균의 침입에 대한 방어기능이 약화된다.

④ 태양광선에 대한 보호기능

피부가 햇볕에 노출되면 피부는 피부 표면이나 피부세포에서 자외선을 산란시키거나 멜라닌 색소막을 형성하여 자외선이 피부 깊숙이 침투하는 것을 막아준다. 그러나 피부의 자연적인 보호능력에도 불구하고 자외선이 기저층에 침투하여 손상을 주게 되므로 자외선으로부터 피부를 보호해 주는 것이 중요하다. 피부의 수질막과 지질막은 피부보호기능은 미약하지만 주로 땀속에 포함된 우로칸산에 의해서 자외선 B를 선택적으로 흡수하는 필터 역할을 한다. 표피의 멜라닌색소는 자외선을 흡수하여 피부를 자외선으로부터 보호한다.

(2) 배설 및 분비기능(Excretory or secretory function)

피지선에서 분비된 피지는 피부 표면에 피지막을 형성하여 수분증발억제와 수분조절작용을 한다. 또한 지방산이 함유되어 있어 살균효과가 있다.

한선에서 분비된 땀은 체온조절, 수분유지에 관여하고, 노폐물과 함께 배출된다.

배설기능	땀은 한선에서 분비되고 하루에 0.7~0.9리터를 분비한다.
분비기능	피지는 피지선에서 분비되고 대개 모공을 통해 배출된다. 피지선은 안면, 이마, 콧등과 같은 신체의 중앙 부위에 많이 분포한다. 여성호르몬은 피지분비를 감소시키고, 남성 호르몬은 피지분비를 왕성하게 한다. 세균의 침입 등을 막고 피부와 털을 윤기 있게 한다.

(3) 체온조절기능(Heat regulation function)

일정한 체온은 인체의 기능 수행에 절대적인 조건이다. 우리의 몸은 평상시 일정한 체온을 유지하게 되는데 체온조절 작용에 의해서이다. 피부는 몸 안의 열이 밖으로 빠져 나가지 못하도록 방지하는 작용을 80%정도 담당하고 있다. 그러나 피부 자체가 열을 전하는 것은 아니다. 환경이나 기온 상태의 변화에 맞춰 혈관의 확장 · 수축과 땀의 분비량을 조절하여 체온을 일정하게 유지한다. 기온이 올라가면 모세혈관이 확장되어 열이 밖으로 빠져 나가고 많은 양의 땀이 배출되어 체온을 낮춘다. 반대로 기온이 내려가면 모세혈관이 수축되므로 체온의 발산을 막고 땀 분비량이 적어지므로 체온이 내려가는 것을 막아준다.

(4) 비타민D의 형성기능

자외선이 피부내로 침투 하면 피부 안에서 비타민D를 합성한다.

비타민D는 자외선 B가 멜라닌 세포내에서 흡수되어 피부 속의 콜레스테롤과 반응하여 비타민D를 생성하는 원리이다. 비타민D는 대표적으로 칼슘과 인의 흡수를 돕고 뼈를 튼튼하게 만드는 역할을 한다. 비타민D가 부족할 경우 골연화증이 발생하게 되며, 소아의 경우 '구루병' 이라는 뼈의 변형이나 성장장애가 발생할 수 있다. 또한 성인의 경우 비타민D 부족증상으로 뼈가 가늘어지고 골다공증을 유발 할 수 있다.

(5) 감각 · 지각기능(Sensory function)

피부는 외부 환경을 감지하는 수백만 개의 신경 말단세포로 이루어진 가장 큰 감각기관이다. 피부는 감각기관의 여러 신경종말 수용체를 갖고 있어 외부의 자극으로부터 촉각, 압각, 통각, 온각, 냉각을 느낀다. 피부는 1cm2당 촉각점 25개, 압각점 6~8개, 통각점 100~200개, 온각점 1~2개, 냉각점 12개 가량 존재한다.

피부는 외부자극에 대한 반사현상을 일으켜 외부자극에 대한 방어력을 갖는데, 뜨거운 것이 손에 닿을 때 바로 손을 뗄 수 있는 것은 이러한 작용 때문이다.

촉각	손가락 끝, 입술, 혀끝 등으로 예민하며 분포가 가장 적은 등 부위가 가장 둔감하다.
압각	압력이 약하게 되면 오히려 간지러움으로 느껴질 수 있다.
통각	가벼운 통증은 가려움과 동시에 유발될 수 있다.
온각 냉각	온각과 냉각의 경우 가장 예민한 곳은 혀끝이며, 그 다음으로 눈꺼풀, 이마, 뺨, 입술 등이다.

(6) 흡수기능(Absorption function)

어떤 물질이 조직 사이에 들어가 일반적으로 각질층까지 들어가는 정도를 침투라고 한다. 침투된 물질이 체액, 특히 혈액 중에 섞여 세포 속에 영양을 전달하는 것을 흡수라고 한다. 피부에는 방어막이 있어 대부분의 성분은 이곳을 통과하지 못하나, 피부에 도포된 지용성 성분은 모공으로 들어가 피지선, 모세혈관을 통하여 피부의 심부에 흡수되는데 이것을 경피흡수라고 한다. 대부분의 화장품들이 바로 이 기능을 이용하여 만들어진다. 피부를 통한 유효성분 흡수에 영향을 미치는 요인으로는 연령, 피부 온도, 피부 상태, 기온, 습도, 혈류량, 물질의 분자량과 크기, 점도 등을 들 수 있다.

(7) 저장기능

피부는 대사에 필요한 에너지원인 지방을 피하지방 조직에 간직하는 창고역할을 한다. 즉 지방분이 과잉상태 일때는 여분의 영양물질을 피부 및 지방으로 저장하고 있으며 소모가 많아지면 방출한다. 피하조직은 지방을 약 10~15g 저장할 수 있으며 지방 외에 유동체나 염분도 저장한다. 지방의 저장은 완충작용을 통해 신체를 물리적인 손상으로부터 보호한다.

(8) 재생기능

정상적인 피부는 각화과정을 통해 오래된 각질세포를 탈락시키고 기저세포가 분열되면서 새로운 세포를 각질층까지 올려 보내는 세포 재생 작용을 한다. 이와 같이 각화현상에 따른 복구기전의 원리에 의한 재생작용으로 성형이나 피부이식 등이 가능하다. 피부는 재생력에 의해 상처를 입어도 원래의 모양으로 되돌아간다. 그러나 상처가 진피층까지 진행된 경우 흉터가 발생하기도 한다.

(9) 면역기능

피부의 표피에는 면역반응에 관련하는 세포들이 있어 면역반응을 통해 생체방어기전에 관여한다. 랑게르한스세포는 피부의 면역 반응과 알레르기 반응에 관여하는데 예를 들어 피부에 맞지 않는 화장품이 흡수되면 랑게르한스세포가 관여하여 알레르기반응을 일으킨다.

(10) 항산화기능

피부는 산소, 자외선, 화학물질 등의 원인으로 말미암은 활성산소(free radical)의 위험에 노출된다. 그 결과 피지의 과잉산화와 같은 피부반응이 유발된다. 그러나 피부에는 이들 활성산소을 제거하는 효소 · 비효소계의 항산화 성분이 존재하여 항산화 기능을 한다. 즉 활성산소를 제거하는 것이 세포의 항산화기능이라 할 수 있다.

피부의 미적기능은 자아감을 ...

피부의 역할은 생물학적으로 생명유지를 위해 필요한 여러 가지 기능을 담당하고 있다. 그러나 피부는 가장 바깥층에 위치하고 눈으로 볼 수 있는 대상이다. 생물학적 기능뿐만 아니라 이성을 유혹하고 사회적 위치를 나타내는 피부의 미적기능 또한 중요하다. 메이크업을 하는 것도 피부이며 화장이 잘 받는지를 결정하는 것도 피부이다. 피부주름, 피부처짐, 피부색, 모발, 손톱 등 미용적으로 결정적인 요인 중 하나이다. 외관을 결정하는 피부는 사람들 간의 의사소통을 결정하는 주요한 요소이다. 건강한 생활을 위한 미용적 가치관 충족이라는 역할을 담당하고 있는 것이 피부의 미적기능 이라할 수 있다. 피부의 미적기능은 개인의 심리적 측면에서 건강한 자아감을 형성할 수 있고 가치관 충족이라는 역할을 담당하는 기능 이라 할 수 있다.

2. 피부 표면 생리

「아름다운 피부」라 하는 것은 피부 표면의 상태로 미용 문제의 대부분은 피부 표면을 대상으로 하고 있다. 고운피부와 거친피부, 피부의 촉촉함, 피부의 탄력, 피부의 색등은 피부 표면의 상태를 말한다. 피부는 스스로 재생력을 지니고 있다.

피부 표면막은 수분, 지질과 표피, 각질세포등이 어우러져 생긴막이다. 지질부분은 피지선의 피지와 각질형성세포가 화학적 변화를 거친 콜레스테롤이다.
표면막은 약산성(젖산, 피루브산)으로 '수용성 지질 단백질층' 이다.

■ 아름다운 피부의 조건은 다음과 같다.

- 피부 표면이 고르고 매끄러우며 표면에 수분이 있는 것이 중요하다.
- 피부에 닿았을 때 부드럽고 말랑말랑한 느낌이 들어야 한다.
- 피부 혈액순환이 잘 되어 혈색이 좋고 탄력과 건강미가 있어야 한다.

(1) 피지와 피지막

피부 표면에서는 끊임없이 피지와 땀이 분비되고 있다. 땀은 직접 피부 표면에 배출되지만, 피지는 우선 모낭 속에서 분비되고 모낭벽을 통해 피부 표면으로 퍼져나간다. 수지질막은 땀과 지질에 의해서 형성되며, 땀은 물이고 피지는 기름이지만 피부 표면에서는 하나로 잘 섞여 얇은 피지막을 형성한다.
피지막의 성분은 99% 땀과 미네랄물질, 유기물질등으로 이루어져있다.

■ 피지막(피부 표면막)**의 기능**

피지막은 피부 표면을 뒤덮고 있으면서 피부에 촉촉함과 매끄러움을 부여하며 외부 자극으로부터 피부를 지켜주는 피부 보호기능을 한다. 피지막은 약산성이어서 피부 표면의 세균 발육을 억제하고 피부 표면에 알칼리성인 것이 닿을 때 그것을 중화하여 알칼리의 해로부터 피부를 지키는 역할을 한다.

보호기능	외부물질 침투방지, 자외선차단, 화학 자극물질의 보호작용을 한다.		
완충기능	피부 표면의 중화력이 완충 작용	**차별기능**	체취생성

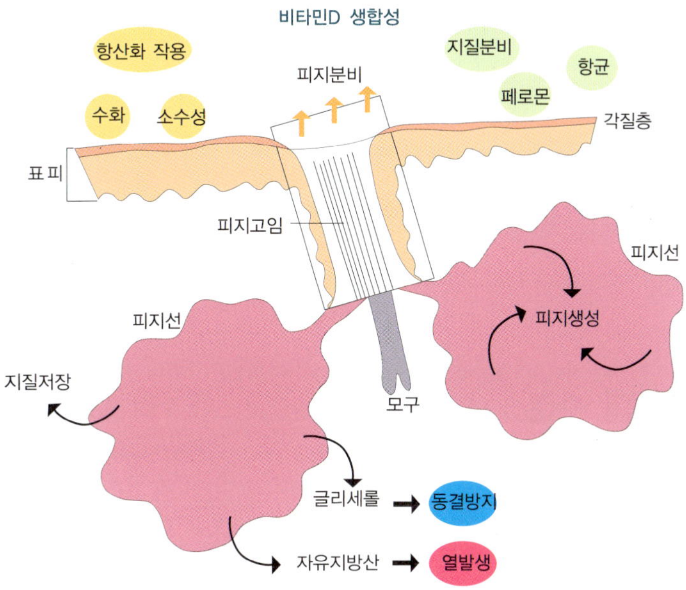

[그림4-2] 피지의 기능

4 피부의 생리기능과 작용

(2) 피지막의 유화

유화(乳化)상태란? 물 안에 기름방울이 작고 일정하게 흩어져 있으며 유백색으로 보이는 우유 같은 상태를 말한다. 피지막 속에서 유화제 역할을 하는 것이 바로 피지에 들어 있는 콜레스테롤, 인지질, 젖산 등이다. 유화에는 두 가지 유형이 있다. 하나는 기름방울이 물속에 작게 흩어져있는 것 같은 수중유형(oil in water O/W형)으로, 우유가 대표적이다. 다른 하나는 기름속에 물방울이 작게 분산되어 있는 유화로 유중수형(water in oil W/O형)이라 한다.

피지막은 보통의 상태에서는 W/O형이며 피부 표면은 기름에 뒤덮인 것과 같다. 단 피지막의 유화 상태는 보통에서는 W/O형이지만 피부 표면의 상태에 따라 바뀔 수 있다. 예를 들어 땀을 닦으면 O/W형으로 바뀐다. 땀이 빨리 증발하는 것과 같다. 그러나 땀이 멈추면 다시 W/O형으로 되돌아간다. 또 부위에 따라서도 두 가지 유형이 섞여 있을 수 있다. 이 두 부분을 비교하면 W/O형 부분은 지성에 가깝게, O/W형 부분은 건성에 가깝게 느껴진다. 그래서 얼굴 일부는 지성인데 다른 곳은 건성인 복합성 피부가 존재할 수 있다.

3. 각질층의 수분과 보습

각질층에는 일정한 유분과 함께 수분 또한 함유하고 있어야 한다. 수분은 각질층에서 표면에 가까워짐에 따라 각질세포 사이에 틈이 두드러져 각질세포가 피부에서 떨어져 나가는 것을 돕는다. 그리고 건조한 공기 중에서도 바삭바삭하게 말라 버리지 않는 이유는 각질층 스스로 보습기구를 갖추고 있기 때문이다.

(1) 각질층의 수분

피부 정돈이란 각질층의 표면을 매끄럽게 하는 것이다. 각질층의 가장 이상적인 수분 함유량은 20% 정도로, 수분을 흡수하면 각질층이 부풀어 올라 피부 표면이 팽팽해진다. 한편 각질층의 수분 함유량과 아래층의 수분 함유량은 같지 않은데, 이는 각질층 바로 아래에 배리어 존(Barrier Zone, 수분 저지막)이 있어서 각질층과 그 아래층 사이의 수분 교류를 방해하기 때문이다. 각질층의 수분 양은 외부의 습도와 관련된다. 외부의 습도가 높을 때는 각질층의 수분 양은 증가하고, 반대로 낮을 때는 수분 양이 적어져 거칠어진다. 그러므로 건조한 곳에서는 보습 크림을 발라 피부 표면에 유분을 유지시켜 피부가 거칠어지는 것을 방지한다. 이것은 피부 표면의 피지막이 일정한 유분을 지니는 것이 피부의 건조함과 거칠어짐을 막기 위한 것과 같은 원리이다.

■ 각질층 배리어 기능측정(TWL)

각질층의 배리어 기능이란 피부의 내측에 있는 수분이 증발하지 않도록 하는 기능과 외부로부터의 유해물 또는 자극으로부터 보호해 주는 기능 두 가지를 말한다. 배리어 기능이 저하되면 피부가 건조해지는 등 거칠어지는 현상이 발생한다. 발한 현상이 눈으로 보이지 않아도 표피에서는 아주 조금씩 수분이 사라지고 있는데, 이렇게 피부 표면으로부터 공기 중으로 수분이 발산되는 것을 경피수분손실(Transepidermal water loss, TWL)이라 하며 각질층 배리어 기능의 지표이다. 정상인 각질층을 가지는 부분의 TWL은 낮아지고, 배리어 기능이 저하되는 부분의 TWL은 높아진다. 일반적으로 나이가 많아질수록 TWL도 높아지는 경향이 있다.

(2) 각질층의 보습기구

각질층은 죽은 각질 세포가 약 10~25층 정도 겹겹이 쌓인 것이다. 하나하나의 각질세포를 벽돌에 비유하자면, 겹겹이 쌓인 벽돌 사이에 틈이 있고 그 틈을 세포간 지질(intercellular lipid)이 메워 세포끼리 달라붙게 하여 수분 증발을 막는 것이다. 이 세포간 지질은 세라마이드(ceramide, 50%), 지방산(fatty acid, 30%), 콜레스테롤(cholesterol, 15%), 콜레스테롤 에스테르(cholesterol ester, 5%)로 층을 구성하여 라멜라 구조(lamella)를 띤다. 이 세포간 지질에 의한 각질층의 수분 유지 기구는 방어막으로서도 중요하다. 또한 각질세포 안에 있는 천연보습인자(natural moisturizing factor, NMF)는 실제로 수분과 결합하여 세포 내부 안에 있다.

〈표4-1〉 지질의 주요 성분

주요성분	피 지	세포간 지질
스쿠알렌(squalene)	10	
트리글리세리드(triglyceride)	43	
왁스(wax)	22	
지방산(fatty acid)	25	30
콜레스테릴 에스테르(cholesteryl ester)		5
콜레스테롤(cholesterol)		15
세라마이드(ceramide)		50

① 세라마이드(Ceramide)

세라마이드는 각질층을 구성하는 지질 성분 중 50~60%를 차지하는 가장 중요한 성분이다. 세라마이드는 피부의 수분을 유지시켜 피부를 촉촉하게 하는 데 큰 역할을 맡는다. 흔히 건성 피부의 원인은 피지 분비가 적기 때문이라고 하나 최근에는 각질층 보습 기구의 주역은 세포간지질이라는 것이 입증되고 있다. 세포간지질은 각질층 바로 아래에 있는 표피세포로부터 각질층으로 방출되며 주성분은 세라마이드이다.

② 천연보습인자(Natural moisturizing factor, NMF)

각질층에 존재하는 수용성 성분들을 총칭하여 천연보습인자(Natural moisturizing factor, NMF)라 한다. 각질층이 유연성을 나타내는 것은 NMF의 작용 때문이며 이에 따라 적절한 수분을 유지할 수 있다. 흔히 건조한 피부는 피부 표면에 유분이 부족해졌기 때문이라 생각하기 쉬우나 유분은 단지 각질층에서 수분이 빠져나가지 못하도록 할 뿐 실제로는 각질층에 수분이 부족하게 된 상태이다. 이 때 천연보습인자(natural moisturizing factor, NMF)의 작용을 통하면 적절한 수분을 유지할 수가 있다. 천연보습인자는 각질층의 수분을 유지시키며 피지선으로부터 분비되는 피지가 피부 표면에 퍼져 피부로부터 수분이 증발되는 것을 막는다. 천연보습인자를 구성하는 성분 중 가장 많은 것은 전체의 40%를 차지하는 유리아미노산(free amino acid)이고, 다음으로 무기염이 18.5%, 피롤리돈 카르본산과 젖산염이 각각 12%씩 차지하고 있다. 또 유리아미노산 중 가장 많이 차지하는 것은 세린(serine)이다. 따라서 세린은 아미노산 중에서도 보습제로 널리 사용되고 있다.

4. 피부의 pH pH of the skin(산성도)

피부의 pH란?「potential of hydrogen」의 약자로 액체의 수소 이온 농도를 나타내는 기호이다. 액체의 산도는 포함된 수소이온 농도에 의해 결정되며 pH는 0~14 범위를 나타낸다. 강한 산일수록 pH가 0에 가까우며 강 알칼리는 pH가 14에 가깝다.

피부의 pH는 피지막의 산도로서 피지 중에 있는 피지산과 땀 중의 젖산이 원인으로 신체 부위, 피부 층, 성별, 연령, 피부유형에 따라 다르다. 건강한 피부는 약산성으로 전신 피부의 pH는 4.5~6.5이고 얼굴의 이상적인 pH는 5.2~5.8 정도이다. 지성인 피부일수록 pH가 낮고, 건성일수록 높아 알칼리성으로 기운다. 또한 미용에서「중성 피부」라는 말이 사용되는데, 이것은 피부의 pH가 중성 즉 7이라는 것이 아니라, 지성으로도 건성피부로도 기울지 않는 그 중간의 피부라는 의미이다. 즉「건강한 피부」라는 의미로 해석하면 된다.

5. 피부의 색 Skin color

사람의 피부색을 결정하는 주된 요인은 표피에 존재하는 멜라닌세포(melanocyte)에서 생성되는 멜라닌 색소의 양과 분포에 의해 결정되며 그 밖에 피하조직의 카로틴 색소, 그리고 진피 혈관 속의 헤모글로빈(hemogolbin)의 양에 의해 결정된다.

그래서 피부는 노란 기운과 붉은 기운, 그리고 정맥의 색깔에 의한 약간의 푸른색 까지 섞인 표현하기 어려운 애매한 색채를 띤다.

그리고 몸속 혈액의 산소포화도나 혈액량에 따라 영향을 받으며, 운동으로 인하여 산소를 많이 들이 쉬거나 피가 쏠리면 붉은 기가 강해지고, 반대로 피가 잘 통하지 않으면 초록기가 강해진다. 또 혈액량이 많으면 푸른 기가, 적으면 노란 기가 강해진다. 그러므로 피부색의 변화는 피부 표면의 색, 멜라닌색소, 카로틴색소, 혈색소, 혈액량, 혈액중의 산소량, 세포간 접착상태 등에 따라 차이를 나타낸다.

〈표 4-2〉 피부색을 결정하는 색소

구 분	색 상	색조분포	부 위
멜라닌	흑색	밝고 어두움	표피의 기저층
헤모글로빈	적색	푸르거나, 핑크톤	진피의 혈관
카로틴	황색	황금 또는 복숭아 색조	피하조직

(1) 멜라닌(Melanin)에 의한 피부색

사람의 피부색은 멜라닌의 양에 의해 결정되며 멜라닌의 양이 많이 함유된 순서에 따라 흑인, 황인, 백인으로 구별된다.

멜라닌은 피부의 기저층에 존재하는 멜라닌세포(melanocyte)라는 세포에서 만들어지는 갈색 혹은 검은색의 고분자의 색소 물질이다. 멜라닌세포가 멜라닌을 적게 합성할수록 흰 피부를 띄며 반면 많이 합성할수록 짙어지고 검게 변한다.

멜라닌은 아미노산의 일종인 티로신(tyrosine)으로부터 티로시나제(tyrosinase)라는 효소의 작용에 의해서 '페오멜라닌' 과 '유멜라닌' 두 종류의 색소를 합성해낸다. 페오멜라닌은 붉은색과 노랑색을 유멜라닌은 갈색과 검은색을 띄는 색소다. 이 두가지 효소가 섞이는 비율에 따라 가장 밝은 색에서부터 가장 어두운 색까지 피부에서 나타나는 모든 색을 표현해낸다.

멜라닌 색소는 내외부 요소에 의해 자극을 받아 계속 만들어내며, 색상은 황갈색, 갈색, 흑갈색이나 피부 표면에 가까워지면 산화되어 점점 검은색으로 된다. 또한 이들이 피부 위로 올라와 한 군데 모이면 기미나 검버섯으로 나타난다.

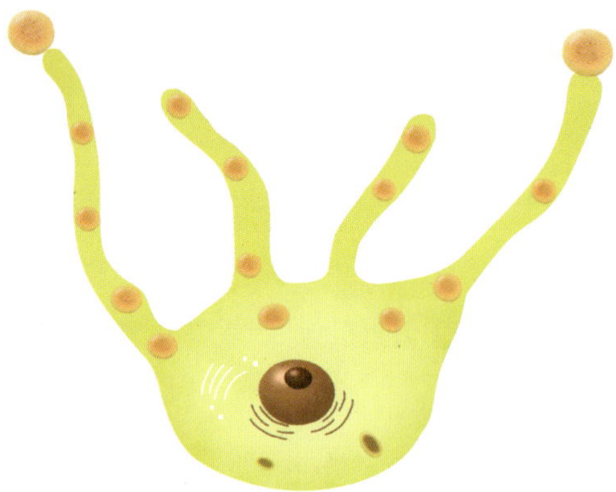

[그림4-3] 멜라닌

자외선에 피부가 노출되면 멜라닌 합성이 증가되고, 각질형성세포로 전달되는 멜라닌의 양도 많아지게 되어 결국 피부가 검게 된다.

또한 멜라닌 생성 자극 호르몬(MSH, melanocyte stimulating hormone)의 작용에 의해 멜라닌의 생성이 증가되고 이로 인해 검게 되기도 한다.

인종에 따라 피부의 색이 다른 것은 생성되는 멜라닌 색소의 양과 생성속도 그리고 분포에 따라 다르기 때문이다. 아프리카인의 경우 멜라닌 색소의 과립이 크고 하나하나가 단독으로 분포되어 있으며, 유럽인의 경우 멜라닌 색소가 작은 과립으로 여러 개씩 뭉쳐져 있다. 또 아시아인의 경우 유럽인보다는 조금 큰 멜라닌 색소의 과립이 몇 개씩 뭉쳐져 있는 것이 특징이다.

(2) 헤모글로빈(Hemoglobin, 혈색소)에 의한 피부색

헤모글로빈(hemoglobin)은 산소분자와 결합하여 조직에 산소를 운반해 주는 중요한 기능을 담당한다. 혈액의 적혈구 속에서만 존재하는 단백질로 산소와 충분히 결합한 헤모글로빈은 붉은색을 나타내고, 산소와 결합하지 못한 헤모글로빈은 푸른색을 나타낸다. 혈색소와 산소가 결합했을때 혈색소는 산화헤모글로빈이라 한다.
산소를 해리한 혈색소는 환원헤모글로빈이라 한다.
"사람의 살갗에 드러난 피의 기운" **혈색이란** 사람의 피부 빛에 드러난 헤모글로빈 기운으로, 건강한 사람의 피부는 활력이 있고 붉게 보이고 건강하지 못한 사람의 피부는 산소가 부족하여 활력이 없고 푸르스름하며 창백하게 보인다. 붉은 혈색의 경우 건강함의 상징이지만 강한 느낌일 경우에는 화가 많거나 몸안의 열이 많이 발생할 경우 그 증상이 지속적으로 발생될 수 있다.
사람의 적혈구는 헤모글로빈이라는 성분이 주를 이루고 있다. 헤모글로빈은 가운데에 철 이온을 가지고 있는 구조를 띄고 있고, 이 철은 산소와 결합하여 붉은 빛을 띄고 있다.
그러나 절지동물과 연체동물 등은 사람과 다르게 헤모시아닌(hemocyanin)이라는 구성성분으로 되어있다. 헤모시아닌은 구리이온을 가운데에 가지고 있는데 구리이온은 산소와 결합하였을 때 푸르스름한 빛을 띄게 된다. 예로 연체동물에 속한 문어와 오징어도 마찬가지로 피가 푸른색이고, 절지동물인 가재와 거미도 마찬가지다.

(3) 카로틴(Carotene)에 의한 피부색

카로틴은 카로티노이드(carotinoid) 색소의 일종으로 피부의 황색은 카로틴에서 유래하며, 여성보다 남성에게 많다.
카로틴은 인체 내에서 합성되지 않고 당근, 토마토와 같은 식물에서 합성되므로 외부에서 섭취되는 것이다. 이 색소는 주로 피하조직에 축적되어 비타민 A의 전구물질로 작용한다. 음식물에 함유된 카로티노이드를 무색의 레티노이드(retinoid)로 변환시키는데, 사람의 지방이 일반적으로 노랑색을 띠는 것은 음식물로 섭취한 카로틴이 변환시키지 못하고 그대로 지방에 저장되어 있기 때문이다.

6. 피부와 땀

땀은 에크린선(소한선)에서 분비되는 것으로 무색투명한 액체이며, 혈액온도가 0.5℃ 혹은 피부 온도가 5℃ 올라가면 간뇌(間腦)에 있는 체온조절중추가 자극되어 발한하는 것이다. 99~99.5%가 수분이고 나머지가 고형분이며 염화나트륨(식염)을 포함하고 있어서 맛이 짜다. 그 외에 요소(尿素), 요산(尿酸), 유산(乳酸), 크레아틴, 아미노산 등이 포함되어 있고 소변성분과 비슷하다.

(1) 발한(Sudation)

발한은 땀샘에서 땀을 분비함으로 체온이 높아졌을 때 체온을 조절하고자 하는 현상이다. 대개는 체온이 높아졌을 때 체온 조절을 위해 교감신경이 땀샘을 자극하여 땀을 피부로 분비하게 된다. 긴장 상태나 감정적 스트레스 상황에서 땀이 나기도 한다. 땀에는 염분과 아미노기 등이 함유되어 있다.

〈표4-3〉 발한의 종류와 특징

온열성 발한	온도의 상승에 의해 손바닥 및 발바닥 이외의 모든 피부면에 나타나며 그 증발열에 의해 체온조절이 된다.
정신성 발한	정신흥분 또는 통각자극 등이 원인으로 교감신경계의 자극 결과로서 발한한다. 주로 손바닥, 발바닥 및 콧등과 이마, 겨드랑이 등의 부위에서 일어난다.
미각성 발한	미각신경이 자극받아 중추를 통하지 않고 말초발한신경에 직접 전달되어 반사적으로 발한되는 것을 미각성 발한이라고 하며, 신 것이나 매운 것을 먹으면 콧등, 윗입술, 이마 등에 발한한다.

(2) 땀의 이상 분비

땀의 이상 분비는 발한량이 이상적으로 많은 다한증, 땀이 나지 않는 무한증, 땀에 노랑 · 빨강 · 녹색 · 파랑 · 검정 등의 빛깔을 띠는 색한증(色汗症), 땀에서 유난히 냄새가 나는 취한증(臭汗症: 암내가 이에 해당)등이 있다.

보통 땀의 산도는 pH5.5~6.5, 발한작용에 문제가 있을 경우 pH8.3까지 올라가 악취 유발, 세균 감염 용이하고 옷 색깔 변색이 변색된다.

① 다한증(Hyperhydrosis)

체온이 약간만 올라가도, 조금만 운동을 해도 보통 사람 이상으로 땀을 흘리는 것을 다한증이라 한다. 피부면의 땀은 분비 직후에는 약한 산성이지만, 분비가 많아지면서 알칼리성으로 변하여 세균에 대한 저항력이 저하된다. 다한증에는 전신에 땀이 많이 나는 전신성 다한증과 몸의 일부에 한정된 국소성 다한증이 있다.

〈표4-4〉 부의별 다한증의 특징

전신성 다한증	당뇨, 독감, 말라리아, 결핵 등이 원인
국소성 다한증	정신적 자극, 신경질환의 원인
미각 다한증	이마, 구강 주위에서 발생
후각 다한증	후각의 자극이 원인

② 소한증(Hypohydrosis)

땀이 적게 분비되는 현상으로 갑상선 기능저하, 금속성중독, 신경계 질환 등이 원인으로 피부의 건성화, 노화현상을 초래 한다.

③ 무한증(Anhydrosis)

평소에 땀이 거의 분비되지 않는 현상으로 열 배출이 원활하지 못해 생기는 증상이다. 피부병의 후유증이나 화상피부, 이식피부 등에 의한 원인이다.

④ 액취증(Bromhydrosis, 취한증)

액취증이란 주로 아포크린 샘에서 분비되는 물질이 피부 표면에서 그람 양성 세균에 의해 분해되면서 피부에서 악취가 나는 질환을 말한다.

액취증은 겨드랑이 부위의 땀샘의 이상으로, 특이한 냄새를 유발하며 사춘기 이후에 발생하며 '취한증', '겨드랑내' 혹은 '암내' 라고도 한다.

⑤ 색한증

땀은 보통 무색투명하나 가끔 색이 나타나는 경우가 있다. 이것을 색한증이라 하며 속옷에 색이 물드는 것으로 알 수 있다. 색한증에는 다양한 색이 있는데, 대표적으로 황색의 땀은 겨드랑이에 많다. 이는 액모에 황균모라 불리는 황색의 곰팡이가 붙어 있다가 땀에 녹아 색이 번져 나오기 때문에 생긴다. 그 외에 붉은색, 녹색, 청색 등 여러 가지가 있다.

⑥ 한진(Miliaria, 땀띠)

한선의 입구나 중간부분이 폐쇄되어 땀이 배출되지 못하여 발생 되는 현상이다. 고온 다습한 기후, 피부가 접히는 부위 또는 땀이 많이 나는 부위에 주로 발생한다. 성인보다 단위면적당 땀의 분비량이 많은 소아에게 많이 발생한다.

땀을 흘리면 목욕이나 세안 등의 방법으로...

땀은 체온 조절에 중요한 역할을 하지만 땀이 많으면 피부와 미용상 여러 가지 불편을 일으킨다. 그러므로 땀을 흘렸을 때 어떻게 하면 좋을지 알아 두는 것이 중요하다. 우선 땀을 흘리면 목욕이나 세안 등의 방법으로 깨끗하게 한다. 그 뒤 아스트린젠트 로션(astringent lotion)를 바르는데, 이것은 피부 표면을 산성으로 만들며 불은 모공의 각질층을 응고시켜 땀이 밖으로 나오는 것을 일시적으로 억제한다. 아스트린젠트 로션을 바른 후에는 일시적으로 땀이 흐르지 않아 산뜻한 느낌을 받아서 피부가 수축되는 것처럼 느껴지지만 실제로 모공이 수축되는 것은 아니다. 일시적으로 모공을 응고시켜 땀이 나오는 것을 억제해도 땀이 배출되는 압력이 강하기 때문에 곧 무너져 다시 땀이 나오게 된다. 그러므로 다른 방법으로 땀을 빨리 건조시키는 것이 중요하다. 또한 평소에 통풍이 잘 되는 복장을 하고 땀이 많은 부위에는 파우더를 바르는 것도 하나의 방법이다.

01. 피부의 기능이 아닌 것은?

① 피부는 강력한 보호 작용을 지니고 있다.

② 피부는 체온의 외부발산을 막고 외부온도 변화가 내부로 전해지는 작용을 한다.

③ 피부는 땀과 피지를 통해 노폐물을 분비, 배설한다.

④ 피부도 호흡한다.

02. 피부의 기능과 그 설명이 틀린 것은?

① 보호기능: 피부 표면의 산성막은 박테리아의 감염과 미생물의 침입으로부터 피부를 보호한다.

② 흡수기능: 피부는 외부의 온도를 흡수, 감지한다.

③ 영양분 교환기능: 프로비타민 D가 자외선을 받으면 비타민 D로 전환된다.

④ 저장기능: 진피조직은 신체 중 가장 큰 저장기관으로 각종 영양분과 수분을 유하고 있다.

03. 다음 중 피부색을 결정하는 요소가 아닌 것은?

① 멜라닌 ② 혈관 분포와 혈색소

③ 각질층의 두께 ④ 티록신

04. 피부색에 대한 설명으로 옳은 것은?

① 피부색은 건강상태와 관계없다.

② 적외선은 멜라닌 생성에 큰 영향을 미친다.

③ 남성보다 여성, 고령층보다 젊은 층에 색소가 많다.

④ 피부의 황색은 카로틴에서 유래한다.

05. 다음 중 가장 이상적인 피부 표면의 pH범위는?

① pH 3.5 ~ 4.5 ② pH 5.2 ~ 5.8

③ pH 6.5 ~ 7.2 ④ pH 7.5 ~ 8.2

53. 다음 중 피부 표면의 pH에 가장 큰 영향을 주는 것은?

① 각질 생성 ② 침의 분비

③ 땀의 분비 ④ 호르몬의 분비

연 습 문 제

01. 피부는 열을 발산하여 체온조절 작용을 한다.

02. 피하조직의 지방은 우리 신체 중 가장 큰 저장기관의 하나로 각종 영양분과 수분을 보유하고 있다. 프로비타민 D도 자외선을 받으면 비타민 D로 전환 및 활성화되어 피부를 보호해준다.

03. 피부의 색깔을 결정하는 색소적 요소로는 멜라닌, 카로틴, 헤모글로빈이 있으며, 피부 상태적 요소로는 각질층의 두께, 피부수화도, 혈류량, 혈액중 산소량 등이 있다.

04. 피부의 황색은 카로틴에서 유래한다. ① 피부색은 건강상태에 영향을 받는다. ② 멜라닌 생성은 적외선이 아닌 자외선이 큰 영향을 미친다. ③ 여성보다 남성, 젊은 층보다 고령층에 색소가 많다.

05. 피부 표면의 가장 이상적인 pH는 4.5~6.5의 약산성 상태이며 세균이나 박테리아 등으로부터 피부를 보호해 준다.

06. 피부 표면의 pH(수소 이온 농도)에 영향을 주는 것은 분비되는 땀과 피지의 농도이다.

정답

01. ② 02. ④ 03. ④ 04. ④ 05. ②
06. ③

CHAPTER 5

피부의 유형분석

1. 정상피부
2. 건성피부
3. 지성피부
4. 민감성피부
5. 복합성피부

CHAPTER 5 **피부의 유형분석**

사람의 외모가 서로 다르듯이 피부 역시 다양하다. 피부는 피지선과 한선의 기능에 따라 건성피부, 중성피부, 지성피부 3가지 타입이 존재하며 그 외에 복합적으로 나타나는 피부타입이 있다.

이러한 피부유형은 연령, 기후, 계절 등의 외부 환경과 화장품이나 식습관, 스트레스, 신체 건강상태 등에 따라 변화 할 수 있는 가변적인 특성을 가지고 있다. 피부유형마다 각기 다른 특성을 가지고 있으므로 과학적인 지식과 이론을 바탕으로 접근하여야한다.

피지분비 상태에 따른 피부유형

피지분비상태는 건성피부, 중성피부, 지성피부를 구분하는 가장 기본적인 피부 유형 분석 기준이다.

〈표5-1〉 피부의 유형에 따른 특징

	건성피부	중성피부	지성피부
피부결	고움	고움	거칠음
피지분비	적음	적당	많음
각질층수분	10% 이하	10~20%	20% 정도
피부형태	피부 건조	윤택	기름짐
저항성 **외부자극**	외부자극 잘 받음	외부자극 중간	외부자극 저항성 있음 감염 등에는 약함

다음과 같은 분석 방법으로 유분함유량, 수분함유량, 각질화상태, 모공크기, 탄력상태 등 피부의 다양한 상태를 분석하는 방법이다.

피부분석 방법

미용분야에서 피부분석 방법에는 견진법, 촉진법, 문진법이 주로 사용되며, 그 외에 기기, 우드램프 등 사용하여 과학적인 방법으로 고객에게 신뢰감을 줄 수 있다.

문 진	질문과 답변에 의한 자료를 판독한다.
촉 진	피부를 만져보거나 눌러봄으로써 판독한다.
견 진	육안으로 보거나 확대경 우드램프 등을 이용하여 판독한다.
기 기	우드램프, 확대경, 분석기, 유 · 수분 측정기 등 기기를 이용한 분석한다.

1. 정상(중성)피부 Normal skin

정상피부는 피부조직의 상태 및 생리기능이 정상적으로 활동 및 유지되고 있는 가장 이상적인 피부상태이다. 땀과 피지의 분비 작용이 정상적이고 유 · 수분 균형이 잘 잡혀 있으며 혈액순환도 잘 되는 피부를 말한다. 피부가 유연하고 결이 고우며, 항상 촉촉한 피부보습 상태를 유지한다. 또한 표피에 색소침착이나 잡티가 잘 나타나지 않으며 잔주름이 눈에 띄지 않고 탄력적이라 할 수 있다. 그러나 피부유형이란 환경, 질병, 내분비대사 등의 영향을 받아 변화되기 때문에 항상 피부를 보호하고 건강을 유지하도록 한다.

성 상 및 특 징	• 세안 후 이마, 볼 부위가 당기며, 잔주름이 많고 화장이 잘뜬다. • 피부결이 부드럽고 탄력이 좋다. • 모공이 작고 주름이 형성되지 않는다. • 전체적으로 피부에 윤기가 있고 혈색이 좋다. • 각질이 정상적으로 형성되어 있다. • 세안 후 피부당김이 덜하다. • 각질층 수분 함유량이 대략 10~20% 이다.
관 리 방 법	• 적당한 유 · 수분 균형을 유지한다. • 혈액순환이나 신진대사를 활성화을 촉진시킨다.

2. 건성피부 Dry skin

일반적으로 건성피부는 피부결이 가늘고 모공이 작아 외관상으로 피부가 좋아 보인다. 그러나 피지와 땀의 분비 저하로 유 · 수분의 균형이 정상적이지 못하므로 피부표면은 항상 건조하고 윤기가 없다. 특히 환절기나 겨울이 되면 건조함이 더욱 심해지고 관리가 소홀해지면 피부노화가 빨리 온다.

건성피부는 유분부족 건성피부, 수분부족 건성피부, 노화로 인한 건성피부(진피 수분부족)로 세가지 유형으로 구분된다.

성 상 및 특 징	• 수분과 유분이 부족해 건조하고 윤기가 없다. • 피부가 얇고 외관으로 피부결이 섬세해 보인다. • 적절한 피지분비가 되지 않아 표피의 수분 부족상태이다. • 피부가 얇아 잔주름이 생기기 쉽고, 노화가 빠르다. • 모공이 작다. • 세안 후 이마, 볼 부위가 당기며, 잔주름이 많고 화장이 잘뜬다. • 각질층 수분 함유량이 10% 이하로 부족하다.
관 리 방 법	• 적절한 수분과 유분 공급 한다. • 과도한 사우나 자외선 등의 자극을 피한다. • 실내 습도에 유의하여 피부의 건조를 최소화한다. • 물을 자주 섭취하여 수분공급을 충분히 한다. • 실내의 습도를 적당하게 유지하여 피부건조를 최소화한다.

유 · 수분 부족 건성피부

피부는 수분과 유분이 7 : 3 의 비율로 유지되는 것이 가장 이상적이다. 흔히 건조하면 수분만이 부족한 것으로 이해하기 쉬우나 동시에 유분의 불균형도 함께 동반한다. 따라서 수분과 유분의 균형이 적절하게 유지될 때 비로소 건강한 피부를 유지할 수 있다.

(1) 수분 부족 건성피부

피지 분비는 정상이거나 혹은 많은데, 피부에 수분이 부족해 피부가 건조해진 피부 유형이다. 부족한 수분 섭취, 강한 자외선, 심한 실내 건조, 과도한 사우나, 무리한 다이어트 등에 의한 체내 수분 부족 현상이 건성 피부로 만든다. 내적요인으로는 비타민A의 결핍이 원인이다.

- 후천성 자극인자 영향에 의한 경우가 많다.
- 얼굴의 T존 분분에 있는 모공이 크며 약간의 윤기가 흐른다.
- 얼굴 전체에 미세한 각질이 분포되어 있고 거칠다.
- 가끔 부위별로 가려움증이 발생한다.
- 화장이 잘 받지 않으며 잔주름 형성이 빨리 된다.

(2) 유분 부족 건성피부

기름샘의 기능이 저하되어 피지분비가 적고 표피 유분 함유량이 저하되어 나타나는 피부유형이다. 유분이 많은 크림을 사용하면 기름샘은 자체의 기능이 저하되어 더욱 유분부족 건성피부로 될 가능성이 높다.

- 피부 비듬이 생기며 조기노화 현상으로 잔주름이 생긴다.
- 모세혈관이 확장되는 경향이 있으며 민감성 피부증상을 갖는다.
- 피부결이 비교적 섬세하며 곱다. 여드름이 없다.
- 세안 후 건조하고 심하게 당기며 소양증을 동반하기도 한다.
- 피부 표면에 미세한 각질이 형성되어 있다.
- 피부가 거칠고 유연성이 적다.

(3) 유 · 수분 부족의 건성피부

피부에 수분이 결핍되면 자연적으로 유분 결핍 현상까지 동반하게 된다. 외부의 심한 냉 · 난방으로 건조해진 공기에 오래 머물면 피부 수분증발이 심해져 피부 균형이 깨진다. 유분과 수분 부족 건성피부는 피부결은 섬세하나 윤기가 없으며 민감한 경우도 있으므로 유 · 수분 관리를 통해 촉촉하게 가꾸도록 한다.

(4) 진피수분 부족 건성피부

섬유아세포의 기능에 이상이 생겨 진피의 콜라겐 섬유조직 생성에 문제가 있거나 기존의 콜라겐 섬유조직의 손상이 원인이다. 건성피부유형 중에서 다시 정상으로 회복되기 어렵고 피부 건성화가 지속되면 조기 피부노화 현상이 나타나게 된다.

유 전	월경 주기, 임신등의 여성호르몬의 변화의 원인이다.
주변환경	바람, 찬 공기, 건조한 공기, 과한 자외선, 에어컨 바람등
식생활	불량 식품, 알코올, 카페인, 적은 수분 섭취
생활습관	스트레스, 다이어트, 심한운동 등

3. 지성피부 Oily skin

피지선의 분비 기능이 촉진되어 정상보다 과다한 피지가 분비됨으로써 피부 표면이 번들거리고 끈적거리며, 모공이 크고 확장되어 있다. 정상피부에 비해 각질층이 두꺼운 편이며, 피지선을 통한 피지가 피부 표면으로 원활하게 배출되지 못 하여 여드름과 같은 피지선 질환이 발생된다. 그러나 지성피부는 자외선 등의 외부자극으로부터 저항력을 가지고 있으므로 다른 피부유형에 비해 피부 노화가 늦게 온다.

성 상 및 특 징	• 피부가 두껍고, 피부결이 곱지 못하다. • 피지와 땀 분비가 많아 여드름, 뾰루지 등이 잘 난다. • 블랙헤드가 생성되기 쉽다. • 화장이 쉽게 지워진다. • 남성호르몬인 안드로겐이나 여성호르몬인 프로게스테론의 기능이 활발해져서 생긴다. • 이마, 코, 턱, T-zone부위등 번들거리며 모공이 확장되어있다.
관 리 방 법	• 세안을 자주하여 청결하게 유지한다. • 유분감이 적은 지성피부 전용제품을 사용한다.

4. 민감성피부 Sensitive skin

민감성피부란 피부조직이 정상피부보다 섬세하고 얇아서 외부 자극에 빠르게 반응하는 피부를 민감성피부라고 한다.

민감성피부의 특징은 탄력성이 떨어지며, 피부가 매우 약해서 작고 사소한 자극에도 피부가 큰 영향을 받는다. 혈관 반응이 빨라 얼굴이 쉽게 달아오르거나 홍반이 나타난다. 또한 피부가 건조하여 당김 현상이 자주 일어나고, 피부가 얇아 피부 속 미세혈관이 비쳐 보인다.

민감성피부의 원인은 외적인 환경 요인과도 관계가 있고, 선천적으로 트러블이 잘 나는 경우도 있으며, 향료, 화장품, 알코올 등으로 인한 트러블 등의 알레르기 체질 경우도 있다. 수면 부족과 피로 누적도 민감성 피부의 원인이 될 수 있다.

성상 및 특징	• 자극에 강한 반응을 일으키는 피부이다. • 피부가 건조하고 밝고 희며 피부 두께가 얇은 편이다. • 모공이 작고 피부 당김 현상이 있다. • 눈가와 입가에 잔주름이 많이 발생 한다. • 여드름, 알레르기등의 피부 트러블이 자주 발생한다. • 쿠퍼로즈(couperose)는 모세혈관이 확장된 피부이다.
관리 방법	• 수분과 영양공급을 원활히 한다. • 피부에 자극을 줄 수 있는 화장품을 자제한다.

5. 복합성피부 Combination skin

피지분비의 불균형으로 인해 한 피부에 두 가지 이상의 피부타입이 같이 나타나는 유형이다. 지성과 건성 또는 3가지(지성, 건성, 민감성) 형태의 피부가 서로 다른 부위에 나타나는 것이다. 일반적으로 이마, 코, 턱 등의 T-zone 부위는 피지분비가 왕성한 지성이고, 볼 부위는 건성이거나 민감성이다.

주로, 30~40 대 여성에서 흔히 볼 수 있는 피부 유형이다. 관리법은 복합성피부는 불균형한 기름분비가 그 원인이므로 부분에 따라 형태가 다른 화장품을 사용한다.

성 상 및 특 징	• 두세 가지의 피부유형이 공존하는 피부이다. • T존은 피지분비가 많고, U존은 수분이 부족하다. • 부위에 따라 다른 피부유형이 나타난다. • 면포(black head)가 존재하기도 한다. • 입가나 볼 부위는 건조하거나 민감하다. • 피부에 적합한 기초화장품의 선택이 어렵다.
관 리 방 법	• 부위별에 따라 차별화된 관리를 한다. • T존 부위는 피지조절에 유의한다. • U존 부위는 수분 및 영양공급에 유의한다.

01. 피부유형에 대한 설명 중 틀린 것은?

① 정상피부: 유 · 수분 균형이 잘 잡혀 있다.

② 민감성피부: 각질이 드문드문 보인다.

③ 노화피부: 미세하거나 선명한 주름이 보인다.

④ 지성피부: 모공이 크고 표면이 귤껍질같이 보이기 쉽다.

[해설] 민감성 피부는 외부 자극에 민감한 반응을 보이며, 특정 부위의 피부가 붉어지거나 염증이 나타나는 피부를 말한다.

02. 다음 중 중성피부에 대한 설명으로 옳은 것은?

① 중성피부는 화장이 오래가지 않고 쉽게 지워진다.

② 중성피부는 계절이나 연령에 따른 변화가 전혀 없이 항상 중성상태를 유지한다.

③ 중성피부는 외적인 요인에 의해 건성이나 지성 쪽으로 되기 쉽기 때문에 항상 꾸준한 손질을 해야 한다.

④ 중성피부는 자연적으로 유분과 수분의 분비가 적당하므로 다른 손질은 하지 않아도 된다.

[해설] ① 지성피부에 대한 설명이다. ②, ④ 중성피부는 외적인 요인에 따라 건성이나 지성으로 변화할 수 있으므로 꾸준한 관리와 손질이 필요하다.

03. 건성피부의 특징과 가장 거리가 먼 것은?

① 각질층의 수분이 50% 이하로 부족하다.

② 피부가 손상되기 쉬우며 주름 발생이 쉽다.

③ 피부가 얇고 외관으로 피부결이 섬세해 보인다.

④ 모공이 작다.

04. 표피수분부족피부의 특징이 아닌 것은?

① 연령에 관계없이 발생한다.

② 피부조직에 표피성 잔주름이 형성된다.

③ 피부 당김이 진피(내부)에서 심하게 느껴진다.

④ 피부조직이 별로 얇게 보이지 않는다.

05. 다음 중 지성피부의 주된 특징을 나타낸 것은?

① 모공이 크고 여드름이 잘 생긴다.

② 유분이 적어 각질이 잘 일어난다.

③ 조그만 자극에도 피부가 예민하게 반응한다.

④ 세안 후 피부가 쉽게 붉어지고 당김이 심하다.

06. 민감성피부에 대한 설명으로 가장 적합한 것은?

① 피지의 분비가 적어서 거친 피부

② 어떤 물질에 큰 반응을 일으키는 피부

③ 땀이 많이 나는 피부

④ 멜라닌 색소가 많은 피부

07. 얼굴에 있어 T존 부위는 번들거리고, 볼 부위는 당기는 피부 유형은?

① 건성피부 ② 정상(중성)피부

③ 지성피부 ④ 복합성피부

08. 피부가 두터워 보이고 모공이 크며 화장이 쉽게 지워지는 피부 타입은?

① 건성피부 ② 중성피부 ③ 지성피부 ④ 민감성피부

연 습 문 제

03. 정상피부의 각질층의 수분함유량은 15~30%이며, 건성 피부의 각질층 수분은 10% 이하로 부족하다.

건성피부

- 피부가 얇고 피부결이 섬세해 보인다.
- 피지와 땀 분비가 적다.
- 피부건조, 잔주름, 노화가 빠르다.
- 각질층 수분은 10% 이하로 부족하다.

04. 피부의 당김이 진피에서 느껴지는 것은 진피 수분 부족 피부의 특징이다.

05. 지성피부는 피지분비량이 많고, 모공이 크고 확장되어있으며, 피부가 두껍고, 피부결이 곱지 못하다.

06. 민감성피부는 자극에 강한 반응을 일으키는 피부로, 피부가 얇고 섬세하며 탄력성이 떨어지고 잔주름이 발생하기 쉽다.

07. 복합성피부는 2가지 성질의 피부가 한 얼굴에 존재하는 것

08. 지성피부는 피지분비량이 많고, 모공이 잘 막히고 노화된 각질이 두껍게 쌓여 있어 여드름이나 뾰루지가 잘 생긴다.

정답

01. ② 02. ③ 03. ① 04. ③ 05. ①
06. ② 07. ④ 08. ③

CHAPTER 6

피부와 영 양

1. 영양소의 종류와 작용
2. 피부와 영양
3. 체형과 영양

CHAPTER 6 피부와 영양

피부영양이란? 내부 및 외부적 환경에서 오는 여러 가지 자극에 대하여 저항력을 키워 피부를 건강하게 유지하는 것이다. 영양은 **"사람이 음식물을 먹고 건강을 유지하는 상태"**이고 사람이 섭취하는 다양한 음식물이 체내의 경로를 거치면서 생명과 건강을 유지하고 성장을 촉진시키는 물질을 영양소라 한다.

1. 영양소의 종류와 작용

영양소란? 사람이 필요로 하는 영양소는 약 50종이 있으며 이것들을 비슷한 특성을 가진 것끼리 크게 나누면 6가지로 **물, 탄수화물, 단백질, 지질, 무기질, 비타민**으로 나누어 질수 있다. 탄수화물, 단백질, 지질은 섭취량이 많다는 점에서 3대 영양소 또는 주영양소(macronutrients)라고도 한다. 그리고 비타민, 무기염류는 에너지원으로 사용되지는 않지만 적은 양으로 물질대사나 생리작용을 조절하므로 이를 부영양소(micronutrients, 미량원소)라고 한다.

깨끗하고 아름다운 피부에 대한 기대와 욕구를 충족시키기 위해서는 화장품의 사용이나 피부관리의 형태만으로는 만족하기 어렵다. 피부의 건강은 신체의 건강 상태를 반영하므로 균형 있는 영양섭취와 올바른 식습관을 바탕으로 건강을 유지해야 한다. 따라서 영양소가 우리 몸에서 하는 일과 각 **5대 영양소**(탄수화물, 단백질, 지방, 무기질, 비타민)에 대한 역할과 작용에 대해서 알아보자.

영양소는 우리 몸안에서 세가지 큰 역할을 한다.

1. 몸을 구성하는 물질을 공급한다. 신체의 구조를 만들어 주는 영양소가 물, 단백질 그리고 무기질이다.
2. 몸에 에너지를 공급해준다. 탄수화물과 단백질, 그리고 지방 영양소 공급한다.
3. 신체내에서 생리적 기능을 조절하는 역할을 한다. 단백질, 무기질 , 비타민이다.

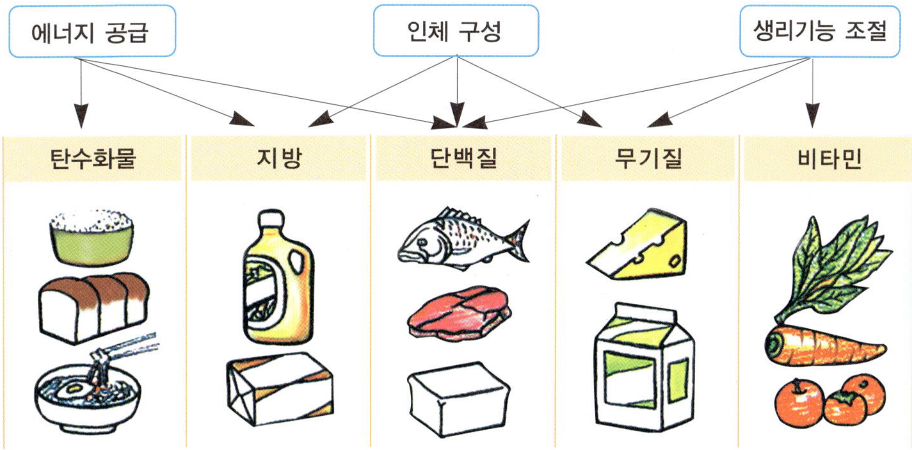

[그림6-1] 영양소의 종류와 역할

〈표 6-1] 영양소의 역할과 기능

	역할 과 기능	식품종류
단백질	근육, 피부 등 몸의 조직을 구성하는 역할을 한다. 결핍시: 체중감소,저항력감소,빈혈 과잉시: 비만, 고혈압, 피로	쇠고기, 돼지고기, 닭고기, 콩, 두부, 계란, 참치등
탄수화물	활동을 하는데 필요한 에너지를 공급한다. 체온을 유지하는 데 필요한 열을 낸다. 과잉시: 비만과 당뇨의 원인이 된다.	쌀, 잡곡, 빵, 감자, 설탕 등
지방(지질)	가장 많은 에너지를 공급한다. 체온을 유지시키고 에너지를 공급한다. 결핍시: 체중감소, 성장저하, 피부염발생 과잉시: 비만, 동맥경화	참기름, 잣, 콩기름, 아이스크림, 버터 등
무기질	몸의 조직을 구성, 생리 작용 조절하는 기능을 한다. 다른 영양소의 흡수를 돕는다.	우유, 깻잎, 배추, 김, 다시마 등
비타민	대사기능, 몸의 기능을 조절한다. 생리 작용을 조절하는 기능을 한다.	채소류와 과일류에 많이 들어 있다.
물	물은 인체의 약50~60%를 차지한다. 수분및 염기의 균형조절, 체온조절에 역할을 한다.	

1) 단백질(Protein)

단백질(protein)은 모든 생명체의 기본성분으로 '생명유지에 으뜸가는 것(proteios)' 이라는 어원을 가지며 20종의 아미노산이 연결된 고분자 화합물이다. 단백질은 체조직을 구성하고 인체의 성장을 주도하며, 근육과 머리카락, 혈액, 손톱, 결합조직 등의 구성성분이 된다. 또한 인체의 에너지원으로서 1g당 4kcal의 열량을 낸다. 육류, 콩, 생선 등에 많이 들어 있는 영양소이다.

각질층과 모발 · 손톱 주성분은 케라틴(keratin) 단백질이다. 케라틴 단백질은 약18가지의 아미노산으로 결합되어있다.

> ▶ 필수아미노산이란?
>
> 인체에서 전혀 합성되지 못하거나 충분히 합성되지 않는 아미노산으로서, 체단백질 합성에 필수적이어서 반드시 식품으로 섭취해야 하는 아미노산이다. 반면 불필수 아미노산은 체내에서 합성될 수 있는 아미노산이다.

단백질의 체내 · 외 교체작용을 살펴보면 다음과 같다.

단백질은 신체 조직의 구성 요소로 조직 단백질의 합성을 위해 아미노산을 공급하고 생물체의 정상적인 성장, 유지 및 기능에 필수적인 질소화합물을 공급해준다. 단백질 섭취의 적정량이 다소 초과되면 여분의 단백질은 에너지원으로 전환되거나 남으면 당질 혹은 지질로 변환되어 체내에 저장된다. 하지만 단백질 섭취가 필요량보다 많을 경우에는 알칼리성 장액(腸液)의 분비가 증가되어 분변이 알칼리성이 되어 변비를 일으키기도 한다.

반면 단백질 섭취가 적을 경우에는 신체를 구성하는 요소가 부족하므로 단백질이 많이 요구되는 임신기, 수유기 및 성장기 어린이에게 단백질의 섭취가 부족할 경우 성장이 느려지며 심하면 성장이 멈출 수도 있다.

(1) 단백질의 기능

단백질은 우리 몸에 꼭 필요한 영양소 중 하나이다. 단백질의 다양한 기능들이 있지만, 특히 단백질은 인체의 거의 모든 기능에 참여한다. 단백질을 구성하는 기본 단위인 20여 종의 아미노산을 사용하여, 단백질은 우리 몸이 대부분의 인체조직 구조의 기본으로 사용되고 대사를 조절하는데 필수적이며 또한 에너지원으로 사용된다. 단백질의 체내 구성성분으로 중요한 영양소이다. 단백질은 식이단백질로부터 소화 · 흡수 된 아미노산은 에너지가 충분히 공급된 상태에서, 운반 단백질, 면역체 조절인자, 효소, 체구성 성분등으로 합성되어 기능을 수행한다. 또한, 에너지가 공급되지 않은 상태에서는 에너지원으로 기능을 가진다.

① 인체구성 요소

단백질은 신체의 구성 기능과 에너지를 내는 기능을 가지며, 체내에 주요 조직을 만들거나 운반한다. 특히 모발이나 손톱, 발톱의 성장, 피부, 뼈와 결합 조직, 그리고 혈액의 유지를 위해서도 반드시 필요하다. 또한 단백질은 일정한 주기로 여러 조직에서 새로운 단백질로 교체된다.

② 호르몬 · 효소 및 항체의 형성

인체는 단백질로 된 조절물질로서 호르몬, 효소, 항체가 있다. 호르몬은 여러 가지 기본적인 인체 대사과정을 조절해주며, 소화와 대사에 필요한 효소들도 단백질로 만들어진다.

항체(antibody)는 병원균이나 세균성 이물질 등 여러 가지의 항원(antigens)이 체내에 들어왔을 때 이들로부터 신체를 방어해준다. 단백질이 부족하면 항체형성의 저하로 저항력이 떨어져 감염성 질환에 잘 걸리게 된다.

효 소	몸안의 화학반응이 빨리 일어나게 촉매하는 물질이다.
호르몬	몸안의 반응 조절하기 위한 메시지를 전달하는 물질이다.
항 체	면역체계에서 외부의 침입물질에 대항해 활동하는 방어 물질이다.

③ 체액의 균형

혈액 단백질은 분자량이 커서 혈관을 빠져나가지 못하여 혈관 내 삼투압이 조직보다 높게 유지되므로 대부분의 수분이 혈관에 머무르게 된다. 단백질은 물을 확보하고 보유하도록 하여 인체 내의 체액의 균형을 유지시킨다.
혈액 속 단백질은 알부민(albumin)과 글로불린(globulin)이다.

④ 산 · 염기의 균형

단백질은 분자 내에 양이온과 음이온을 가지고 있는 양성물질이다. 체액이 산성이 되면 알칼리성으로 알칼리성이 되면 산성으로 작용하는 완충작용을 하여 체액의 pH가 항상 정상 값으로 유지되도록 해준다. 산과 염기 사이의 pH는 0~14까지이며, 0은 가장 산성이고 7은 중성이고 14는 가장 알칼리성이다.

일반적인 물질의 pH 값의 예는 아래와 같다.

pH2	위산
pH4	토마토 주스
pH5	블랙커피
pH7.4	사람의 혈액
pH10	마그네시아유(milk of magnesia)
pH12	비눗물

⑤ 영양소의 운반

다른 영양소들과 결합하여 영양소들이 세포내 필요로 하는 곳까지 운반되도록 도와주며, 운반을 도와주는 단백질의 기능이 없다면 몇몇 영양소는 세포로까지 운반되지 못하게 된다.

⑥ 열량 공급

체내에서 연소되는 단백질은 먼저 탄수화물이나 지방을 연소하고 필요한 열량이 부족 시 단백질을 열량원으로 쓰게 된다. 체내에서 연소되지 않는 질소부분이 떨어져 나가 콩팥을 통해 체외로 배출된다. 단백질 1g당 4kcal의 에너지를 낸다.

(2) 단백질 결핍과 과잉섭취

콰시오카(kwashiorkor)는 저개발국의 1~4세 성장기 어린이에게 흔히 나타나는 극심한 단백질 결핍증으로 성장부진, 감염에 대한 저항력이 떨어져 설사, 구토, 탈수 등의 증상이 나타난다. 마라스무스(marasmus)는 단백질과 에너지가 모두 부족한 극심한 기아상태로 전신쇠약, 소모증으로 피하지방이 감소하여 심하게 마른다.

▶ 과잉섭취

필요량 이상의 여분의 질소를 요소의 형태로 배설하기 위해 간과 콩팥에 부담을 준다. 동물성 단백질이 많은 식사는 요를 통한 칼슘배설량이 증가한다는 연구보고가 있다. 단백질 식품은 지방을 많이 함유하는 경우가 있으므로 과잉섭취시 비만과 관련이 있을 수 있다. 핵산 함유량이 높아 통풍 유발이 우려된다.

(3) 단백질의 섭취기준

권장섭취량	19~29세 남자 55g/일, 여자 50g/일
1일 에너지 섭취량	에너지 적정 비율은 1일 에너지 섭취량의 7~20%

총 단백질 섭취량의 1/3 이상을 동물성 단백질로 섭취할 것을 권장하며 매 끼니마다 계란, 우유, 생선, 육류, 두부, 콩, 된장, 치즈 등을 적당량 씩 챙겨 먹도록 한다.

(4) 단백질의 분류

단백질은 완전 단백질, 부분적 완전 단백질, 불완전 단백질로 분류된다.

① 완전 단백질(Complete protein)

완전 단백질은 생명체의 성장과 유지에 필요한 필수 아미노산을 모두 그리고 충분히 가지고 있는 단백질로서 젤라틴(gelatin)을 제외한 대부분의 동물성 단백질인 육류, 달걀, 우유 및 생선 등이 이에 속한다.

② 부분적 완전 단백질(Partially complete protein)

부분적 완전 단백질은 필수 아미노산을 모두 가지고는 있으나, 그 양이 충분치가 않거나 각 필수 아미노산들이 균형있게 들어있지 않은 단백질을 말한다. 이런 단백질은 생명 유지는 되나 성장은 되지 않으며, 견과류, 대두 단백질 등이 있다.

대두 단백질

콩에서 단백질 부분만 분리하여 제품화한 것으로서 탄수화물 및 지방이 대부분 제거되어 영양학적으로 완벽한 식물성 단백질원이며, 식품제조 시 사용범위가 매우 넓다.

③ 불완전 단백질(Incomplete protein)

불완전 단백질은 생명유지나 성장에 충분한 양의 필수 아미노산을 갖지 못한 단백질로, 두유 단백질 등이 여기에 속한다. 불완전 단백질을 섭취해서는 동물의 성장과 유지가 어렵다.

2) 탄수화물(Carbohydrate)

탄수화물은 지방, 단백질과 함께 에너지를 공급하는 3대 영양소 중 하나이다. 탄수화물은 소화작용을 통해 포도당으로 분해되고, 이것은 에너지 생성을 위해 사용되거나 글리코겐으로 전환되어 간과 근육에 저장되며 대부분 체내 지방으로 축적된다. 탄수화물에는 기본 단위가 되는 단당류인 포도당, 단당류 2개가 결합된 이당류인 과당(설탕), 포도당이 여러 개 결합된 다당류인 녹말과 글리코겐 등이 있다.

(1) 단순당질

콜라, 설탕, 케이크, 생과자, 아이스크림 등은 소화과정이 복잡하지 않아 바로 흡수될 수 있는 형태의 당질로 빨리 소화되는 만큼 인슐린 분비를 촉진시키게 되는 현상이 오래 진행되면 호르몬의 불균형을 가져와 탈모에 영향을 줄 수 있다.

(2) 복합당질

단순당질과 달리 천천히 대사되어 흡수되므로 갑작스러운 인슐린의 분비를 촉진하지 않는다. 전분과 식이섬유가 이에 속하며 토마토, 옥수수, 시금치, 쑥갓, 버섯, 미나리, 참깨, 파 등의 채소와 사과, 포도, 복숭아, 오렌지 등이 이에 속한다. 이는 탈모예방에 좋은 효과를 준다.

(3) 탄수화물의 기능

① 에너지 공급

1g당 4kcal의 열량을 낸다. 신체 활동을 위해서는 에너지가 요구되는데, 중추신경계는 에너지 공급원으로 오직 포도당만을 사용하므로 중추신경계의 원활한 작용을 위해서는 반드시 필요하다. 탄수화물은 지방이 에너지로 쓰일 때 그 과정에서 중간대사 산물인 케톤체(ketone bodies)가 지나치게 쌓여 일어나게 되는 비정상적인 상태인 케톤뇨를 예방해준다.

② 단백질 절약 작용(Protein sparing action)

단백질은 에너지를 내는 일 외에 단백질 고유의 중요하고도 필수적인 기능이 있다. 탄수화물이나 지방이 부족하면 단백질은 이 고유기능을 못하고 에너지를 내는데 쓰이게 된다. 그러므로 탄수화물과 지방은 단백질이 에너지원이 되는 것보다 단백질의 고유기능을 하도록 단백질을 절약시켜주는 작용을 한다.

③ 장내 운동성

식이섬유질(dietary fiber)은 셀룰로스, 헤미셀룰로스, 리그닌, 펙틴질, 검(gum) 등으로 장내에서 물을 흡수하여 부드러운 덩어리를 만들고, 이것이 소화기관 근육의 수축을 자극하여 장내 연동 운동을 돕는 역할을 한다.

④ 인체 구성 성분

인체 내에서 중요 화합물을 형성하는데 주로 윤활물질이나 손톱, 뼈, 연골 및 피부 등의 구성 요소가 되고 있다. 그 외에 단당이면서 5탄당인 리보스는 DNA와 RNA의 중요한 구성 성분이 되며, 이당류인 유당은 칼슘의 흡수를 돕는 작용을 한다.

3) 지질(Lipids)

지질은 당질, 단백질과 같이 주요 생체 구성 성분이며, 영양상 중요한 물질이다. 지질도 당질처럼 탄소(C), 수소(H), 산소(O)로 구성되어 있으며 1g당 9kcal 에너지를 공급하는 칼로리가 가장 높은 영양소이다. 지질은 물에 녹지 않으며, 에테르나 아세톤, 클로로포름 등 비극성 용매에 잘 녹으며, 지용성 비타민의 용매 역할로 체내 흡수를 도와준다.

지질의 기능은 다음과 같다.

(1) 신체 구조 형성

신경막을 포함한 거의 모든 세포막의 구조는 부분적으로 콜레스테롤과 인지질로 구성되어 있다. 지방 조직에서 구조를 형성하는 지방 축적은 체온을 방어하며, 다양한 기관을 충격으로부터 보호해준다.

(2) 대사 조절

콜레스테롤은 다양한 호르몬의 구성 물질로 대사 조절에 다양한 영향을 준다. 인체의 콜레스테롤의 대부분은 간에서 담즙염을 생산에 사용하며 담즙염은 지방 소화에 사용된다. 또한 인지질은 혈액 응고에 필요하다.

(3) 에너지원

인체 대부분 중성지질 기능은 대사 과정을 진행하기 위한 에너지로 사용되며, 대부분의 중성지질은 인체 지방조직에 저장되어 있다. 이들은 유리지방산(FFA)과 글리세롤로 분해되어 혈액으로 유출되며, 유리지방산은 조직으로 글리세롤은 간으로 이송되어 산소계를 통해 에너지를 생산하게 된다. 글리세롤은 간에서 다른 지질과 글루코스를 생산하기 위해 사용된다.

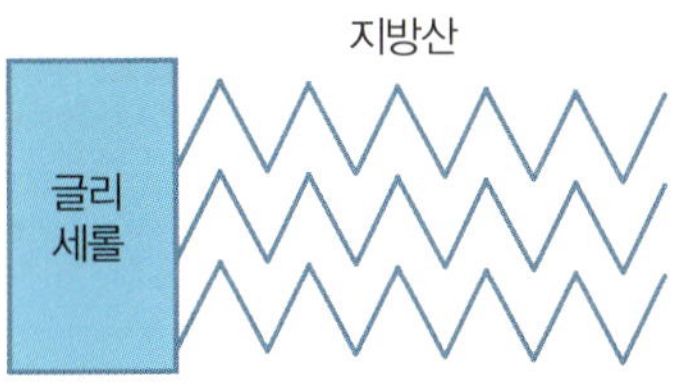

[그림6-2] 중성 지방의 구조

중성지방은 1분자의 글리세롤에 3분자의 지방산이 결합된 화합물이다.

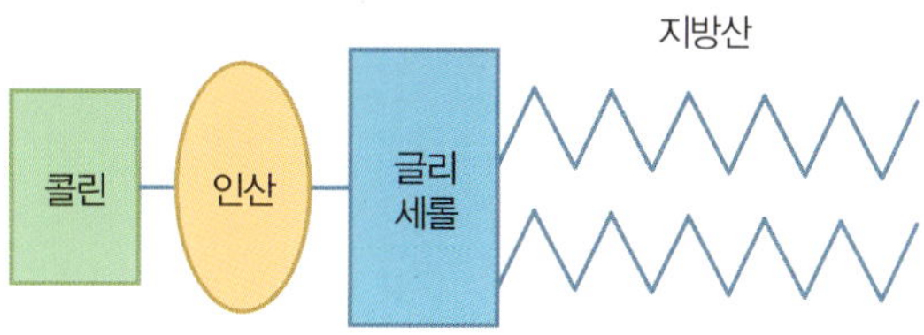

[그림6-3] 인지질의 구조

중성지방에서 1분자의 지방산이 인산기를 포함한 화합물로 바뀐 지질이다.

4) 무기질(Mineral)

에너지원은 아니지만 몸의 구성 성분이 생리 기능을 조절하여 물질대사가 원활하게 일어날 수 있도록 하는 물질로써 인체에서 없어서는 안 되는 중요한 성분이다. 무기질은 혈액의 삼투압을 조절하는데 중요한 역할을 하며 체내의 수분량을 일정하게 유지하는 데도 깊은 관계가 있다. 물에 용해된 상태로 흡수되며, 체내 무기염류의 양을 조절하기 위해 오줌과 땀을 통하여 밖으로 배출되기도 한다.

무기질에는 칼슘, 인, 마그네슘, 나트륨(소디움 이라고도 함), 칼륨(포타시움 이라고도 함), 염소, 황, 철분, 요오드, 구리, 불소, 망간, 아연, 셀레늄, 몰리브덴, 크롬, 코발트 등이 있다.

- 효소 및 호르몬의 구성성분으로 체액의 산 · 알칼리의 평형 조절에 관여한다.
- 신경 자극을 전달하고 신체 골격 및 치아 형성에 관여한다.

- 체내에서 합성되지 않으므로 반드시 음식물을 통해 섭취한다.
- 체중의 0.01% 이상을 차지하는 다량원소와 체중의 0.01% 이하를 차지하는 미량원소로 나뉜다.

〈표6-2〉 무기질의 종류와 기능

명 칭	생리작용
철분(Fe)	· 혈액에 산소를 공급하고 피부의 혈색과 밀접한 관계있다. · 인체에서 가장 많이 함유하고 있는 무기질이다. · 산소운반 작용, 면역기능, 혈색을 좋게 하는 기능을한다. 결핍시: 빈혈, 적혈구 수 감소
칼슘(Ca)	· 골격과 치아의 주성분이며 체내 대사에 관여 한다. 결핍시: 구루병, 골다공증, 충치, 신경과민증 등
인(P)	· 칼슘과 같이 골격과 치아의 형성에 중요한 역할을 한다.
요오드(I)	· 갑상선의 기능과 관계있으며 모세혈관 기능을 정상화한다. · 갑상선 및 부신의 기능 촉진한다. · 피부를 건강하게 해준다.
마그네슘(Mg)	· 혈액응고 및 뼈의 형성에 관여한다.
나트륨(Na)	· 근육 및 신경의 자극 전도, 삼투압을 조절한다. 결핍시: 피로감과 노동력의 저하 등을 일으킨다.
칼륨(K)	· 칼륨은 근육 및 신경의 기능조절에 필요하다.
유황(S)	· 인체의 모발, 손톱, 피부를 구성하는 단백질인 케라틴 합성한다.
아연(Zn)	· 염증억제 작용, 남성호르몬 생성억제, 인슐린 합성에 관여한다.
구리(Cu)	· 체내 생화학반응의 촉매제 역할을 한다.

5) 비타민(Vitamin)

비타민은 단백질, 지질, 탄수화물과 함께 체내에서 필요한 것으로 적은 양으로 동물의 영양을 지배하지만 부족하게 되면 결핍증을 일으키는 유기 화합물이다. 효소로서의 역할과 동물의 정상적인 성장과 발육유지, 생식 등에 필요로 한다.

또한 비타민은 용해도에 따라 지용성(A, D, E, K)과 수용성(C, B_1, B_2, B_6, B_{12}, 나이아신(niacin), 판토텐산(pantothenic acid), 비오틴(biotin), 엽산(folacin), 콜린(choline), 피트산(insitol) 비타민으로 나누어진다.

비타민 자체만으로는 에너지를 발생하거나 세포를 구성하는 물질은 아니나 체내에서 합성되지 않으므로 균형 잡힌 식사를 통해 공급해주어야 한다. 비타민은 라틴어의 vita(생명)와 amin(질소를 함유한 복합체)라는 의미로서 신진대사에서 비록 미량이지만 효소의 보인자(cofactor)로 작용하는 필수불가결한 유기 물질로서, 식품 속에 미량 함유되어 있다.

비타민D는 피부에서 일부 합성되며 비타민K와 비오틴(Biotin)은 장내 세균에 의하여 일부 합성되기도 한다.

〈표6-3〉 지용성 비타민 와 수용성 비타민 비교

지용성 비타민	수용성 비타민
기름과 유기용매에 용해된다.	물에 용해된다.
체내 축적이 용이하며, 간, 지방조직에 저장된다.	일정량을 흡수하고 남은 여분은 체외 배출된다.
결핍증세가 서서히 나타난다.	결핍증세가 빨리 나타난다.
필요량을 매일 공급할 필요가 없다.	필요량을 매일 공급해야한다.
전구체가 존재한다.	전구체가 없다.

■ 지용성 비타민

물에 녹지 않고 지방에 녹는 성질을 가진 것을 지용성 비타민이라고 한다. 지용성 비타민에는 비타민 A, D, E, K등이 있다.

명칭	생리작용	결핍증	주된급원
비타민A (Retinoids, Carotinoids)	• 발육을 촉진한다. • 상피세포(피부,점막)의 분화 촉진 작용을 한다. • 모발의 건조하고 부서지는 작용 방지	• 피지 분비가 감소, 땀샘의 작용이 약해지며 각질층이 두꺼워진다. • 피부의 윤기가 없다. • 모발은 건성으로 변하며, 부서지거나 빠지기가 쉽다. [결핍시] 시각장애, 상피각질	녹황색 야채 (시금치, 당근, 호박 등), 간, 난황, 장어, 성게 등 
비타민D (Calciferol, Ergocalciferol)	• 소장에서 칼슘, 인 재흡수 • 골 생성을 촉진시킨다. • 신세뇨관에서 칼슘, 인, 재흡수 촉진	• 소아에서는 구루병, 성인에서는 골연화증이 된다. • 충치가 생기기 쉽다. • 근육이 처져 배가나온다.	간류, 간장,난황, 버터, 푸른생선 
비타민E (Tocopherols, Tocotrienols)	• 호르몬의 평형 순환기 작용 • 근육의 위축방지	• 말초순환기 장애의 원인 [과잉시] 위장장애	소맥, 면실류, 난황, 버터, 콩류 
비타민K (Phylloquinone, Menaquinone)	• 혈액응고에 필요 • 포도당 등의 연소에 관계한다.	• 혈액응고 감소. • 출혈이 쉬워진다.	양배추, 시금치, 간, 토마토, 배추 

필수 지방산이란?

체내에 꼭 필요하나 체내에서 합성되지 않거나 합성되는 양이 부족하여 식사를 통해 섭취되어야 하는 지방산이다. 리놀산, 리놀렌산, 아라키돈산 등 식물성 식품에 많이 함유되어 있다.

■ 수용성 비타민

항산화제로 잘 알려진 비타민 C와 비타민 B 복합체에 속하는 비타민들은 수용성 비타민으로 탄수화물, 지질, 단백질 대사에 관여하는 보조효소로 작용한다. 수용성 비타민은 체외로 쉽게 배출되므로 매일 충분히 섭취한다.

명칭	생리작용	결핍증	주된급원
비타민B1 (Thiamin)	• 수화물을 에너지화 대사 촉진 • 뇌의 중추신경, 수족 등 말초 신경에 적용	• 각기병, 소화불량, 운동장애 • 투열에 열이 생기면서 각질층이 헐면 비듬이 생김	밀배아, 콩, 마른새우, 샐러리, 효모, 표고버섯, 돼지고기, 현미 등 
비타민B2 (Riboflavin)	• 눈, 피부, 입안의 점막 발육을 도와주고, 정상화 시켜준다.	• 피부를 건조하고 딱딱하게 함 • 모공이 확대되고 모발이 빠짐 • 지방흡수가 저하한다.	간, 알, 치즈, 분유 
비타민B6 (Pyridoxine)	• 체내의 단백질이나 필수 지방산의 이용에 관계한다. • 아미노산 대사조절 작용 • 만성결핍증은 수산염뇨를 일으켜 콩팥결석을 가져온다.	• 피지분비가 많아지고, 지루성 탈모의 원인이 된다. • 피부염을 일으키며 충치가 되기 쉽다.	간, 탈지분유, 육류, 생선, 대두, 콩류 
비타민B12 (Cobalamine)	• 적혈구의 생성을 촉진 • 단백질의 대사를 돕는다.	• 빈혈을 일으킨다. • 적혈구는 커지지만 수는 적어진다.	간, 조개류, 탈지분유, 치즈, 육류, 난황 
비타민C (Ascorbicacid)	• 항산화 작용을 한다. • 인체내의 산화형 물질을 환원형으로 되돌려 산화를 방지 • 콜라젠 생성을 촉진하여, 골절, 상처부위 수술후 빠른회복 • 산화형멜라닌 합성을 저지시키고 철분의 흡수를 촉진한다. • 정신적인 쇼크와 스트레스에 효과적이다.	• 괴혈병, 호흡곤란증, 관절통, 색소침착, 잇몸출혈 부종등	야채류, 엽채류, 피망, 과일, 딸기(특), 감자 

06
피부 와 영양

(1) 비타민의 필요성

비타민은 유기 화합물로 사람과 동물의 정상적 성장과 기능 유지에 필요하며, 13가지의 비타민 중 한 가지만 부족하여도 성장기에 성장 부진이나 영양 부족으로 인한 질병에 걸리게 된다. 동물은 공기 중에서 동화작용이 불가능하여 체내에서 합성이 되지 않는다. 비타민은 에너지 원료나 조직 구성 요소는 아니지만, 에너지의 전달 과정과 조직 대사를 위한 필수 물질로 미량이 필요하다. 현재까지 알려진 바로 비타민이나 그 전구 물질은 식물에서 발견되며 세포에서 특수한 기능을 수행하며, 결국 식물이 동물에게 비타민을 제공하는 것이다.

(2) 지용성 · 수용성 비타민

지용성에는 비타민 A, D, E, K가 속한다. 지용성 비타민은 기름에 의해 추출되고 지방조직인 우유나 마가린, 시리얼 등 일상 식품에 공통적으로 함유되어 있으나 빛이나 공기 또는 식품 공정 중의 어떤 조건에 의해 쉽게 파괴될 수 있다. 따라서 지용성 비타민을 첨가할 때는 반드시 안전한 형태로 만드는 것이 중요하다. 수용성 비타민에는 아스코르브산(ascorbic acid)과 비타민 B군(vitaminB complex)을 들 수 있다. 비타민 B군은 체내에 효소작용을 나타내며, 수용성이라 부르는 이유는 물에 잘 녹기 때문이다. 수용성 비타민을 과다 섭취하면 세포에 어느 정도 저장되고 나머지는 요로 배설된다.

6) 물

물은 생물이 살아가는데 필요하며 사람 역시 물이 있어야 생명을 유지할 수 있다. 물은 체중의 약 65%를 차지하고 있으며 하루 권장 섭취량은 성인 2~3ℓ 이다.

물의 기능은 영양소를 각 조직에 운반, 대사과정에서 생성된 노폐물을 체외로 배출시키는 일을 돕는다. 체온유지 · 조절, 수분의 탄력성은 내장기관을 외부의 충격에서 보호하는 역할을 한다.

7) 항산화작용과 영양

지구상의 모든 생명체는 공기 중의 산소를 호흡하며, 호흡한 산소를 산화시켜 얻어지는 에너지로 생명을 유지한다. **항산화란?** 우리 몸에 쌓인 활성산소의 작용으로 인하여 생긴 몸의 독소 및 노폐물을 몸밖으로 쉽게 배출하는 과정이다. 항산화 효과에 대해 알아보기 전에 활성산소에 대해 먼저 알아두어야 한다.

(1) 활성산소(Reactive oxygen species)

산소는 인간 생존에 꼭 필요한 물질로서, 우리 몸에서 산소의 비율은 약 65%를 차지한다. 산소는 이처럼 우리에게 아주 중요한 원소지만, 모든 산소가 우리의 몸에 이로운 것은 아니다. 우리 몸에 해를 줄 수 있는 산소가 바로 활성산소이다. 원인은 환경오염과 화학물질, 자외선, 혈액순환장애, 스트레스 등으로 산소가 과잉생산된 것이다. 이렇게 생성된 활성산소는 피부표면은 물론, 피부 세포, 콜라겐, 엘라스틴 등에 치명적인 손상을 입힌다.

- 피부조직이 약해지고, 각질이 두꺼워진다.
- 피부가 건조해지고, 면역기능이 저하된다.
- 잡티가 생기고, 탄력이 떨어져 결국 주름이 생기게 된다.

그러나 활성산소가 나쁜 영향을 주는 것만은 아니다. 병원체나 이물질을 제거하기 위한 생체방어 과정에서 산소, 과산화수소와 같은 활성산소가 많이 발생하는데, 이들의 강한 살균작용으로 체내에 침입해온 세균, 바이러스, 곰팡이, 니코틴 등 병원체로부터 인체를 보호하기도 한다.

(2) 항산화작용

항산화란? 필요한 물질의 산화를 억제하는 작용을 말한다. 세포의 노화과정과 그에 대한 예방을 설명할 때 주로 등장하는 개념으로 세포의 노화는 곧 세포의 산화를 의미한다. 즉, 활성산소를 제거하는 것이 세포의 산화작용이라 할 수 있다.

(3) SOD(Super Oxide Dismutaze)

SOD란 우리 몸에서 자연스럽게 형성되는 활성산소 발생억제 효소이다. 활성산소를 제거하는 효소로 몸 안에 필요 이상의 활성산소가 생겼을 때 이것을 중화하는 작용을 하는 물이다. 우리 몸에서 생성되는 SOD는 500만개 이상으로 글루타티온, 트랜스페린 같은 물질이고, 카탈라아제 같은 효소의 도움을 받아 항산화 기능을 수행한다.

(4) 피토케미컬(Phytochemical)

피토케미컬(phytochemical)은 식물을 뜻하는 영어 피토(phyto)와 화학을 뜻하는 케미컬(chemical)의 합성어이다. 식물 속에 들어 있는 화학물질로 식물 자체에서는 경쟁 식물의 생장을 방해하거나, 각종 미생물 · 해충 등으로부터 자신을 보호하는 역할을 한다. 피토케미컬은 각종 과일과 채소에는 플라보노이드, 녹황색 채소에는 카로티노이드, 마늘과 양파에는 황화합물의 일종인 알리신 등이 들어 있는 것으로 밝혀졌다. 특히 채소나 과일의 피토케미컬은 화려하고 짙은 색소에 많이 들어 있는데, 색깔별로는 붉은색, 주황색, 노란색, 보라색, 녹색에 많이 들어 있다. 그 밖에 흰색을 띠는 마늘류, 버섯류, 검은색을 띠는 콩류, 곡물류에도 들어 있다. 색이 짙을수록 자외선을 차단하는 힘이 강해 피토케미컬을 많이 함유한다고 한다.

① 카로티노이드(Carotenoids)

카로티노이드는 비타민 A의 전구체로 주로 녹황색, 오렌지색, 붉은색 등을 나타내는 식물의 색소이며, 당근에 들어 있는 베타카로틴(β-carotin), 시금치에 들어있는 루테인(lutein), 토마토에 들어있는 리코펜(lycopene) 등의 성분이 이에 속한다. 항산화제로 시력 감퇴, 암으로부터 신체를 보호하고 노화를 억제하는 기능이 있다.

② 플라보노이드(Flavonoid)

플라보노이드는 식물이 자신을 기생충이나 박테리아 등에서 보호하기 위해 만드는 물질로 과일, 야채, 향료, 씨, 견과류, 꽃 등에 풍부하다.

특히 포도나 포도주에 들어 있는 레스베라트롤(resveratrol), 딸기나 포도 등에 들어있는 안토시아닌(anthocyanins), 양파나 마늘에 들어있는 케르세틴(quercetin) 감귤류, 오렌지 등에 들어있는 헤스페리딘(hesperidins) 등의 성분이 이에 속한다. 혈관 벽에 플라크가 형성되는 것을 방지하고, HDL의 혈중 농도를 증가시키며, DNA 손상을 감소시킬 수 있어 항암작용을 한다.

③ 페놀 화합물(Phenolic compounds)

페놀 화합물은 딸기, 자두, 키위, 포도 등의 과일과 카레 향신료에 들어 있는 커큐민(curcumin), 녹차에 함유된 카테킨(catechin), 채소나 감귤류에 함유되어 있는 큐마린(curmarine) 등이 있다. 커큐민은 산화에 의한 DNA 손상과 지질과산화를 억제하고, 항산화 작용을 한다. 카테킨은 체내 노폐물 흡착 제거, 피부노화 방지, 항암 작용이 있으며, 큐마린은 항산화 기능, 항암효과, 콜레스테롤 수치를 낮추는 기능이 있다.

④ 아이소플라본(Isoflavon)

대두에 다량 함유되어 있으며, 제니스테인(genistein), 다이제인(daidzein) 등이 속한다. 아이소플라본은 폐경기 증상을 완화하고, 유방암, 골다공증 예방 효과가 있어 식물성 에스트로겐이라 부른다. 두부, 된장, 콩나물 등에 함유되어 있다.

⑤ 인돌(Indole)

브로콜리, 케일, 콜리플라워, 양배추, 순무 등 십자과 채소에 함유되어 있으며 유방암 예방, 건강한 세포상태를 유지한다.

⑥ 설포라판(Sulforaphane)

대장암 및 유방암의 억제기능, 표피 박리증 및 피부암 발생을 효과적으로 억제한다. 인돌과 마찬가지로 브로컬리, 컬리플라워, 케일, 양배추, 배추 등에 함유되어 있다.

⑦ 리그난(Lignan)

아마씨, 건조된 콩류, 곡류 껍질, 해초류 등에 함유되어 있다. 아이소플라본과 같이 에스트로겐과 구조가 유사하며, 에스트로겐의 작용을 조절하여 유방암을 예방한다.

⑧ 사포닌(Saponin)

인삼, 콩류, 대부분의 전곡류에 함유되어 있으며, 사과, 딸기, 포도, 녹차, 홍차 및 적포도주 등에 소량 존재한다. 사포닌은 면역계를 강화하고, 항암작용을 한다.

빨강	리코펜	토마토 수박 그레이프프루트(홍육종)	캡산틴	고추 파프리카
주황	프로비타민A 제아잔틴			당근 단호박 귤 멜론(적육종)
노랑	루테인	옥수수 골드키위 국화꽃	플라보노이드	양파 레몬
녹색	클로로필			몰로키아 신선초 쑥갓 브로콜리
보라	안토시아닌			가지 딸기류 검정콩 트래비소 붉은 차조기
검정	클로로겐산	우엉 야콘 감자 바나나	카테킨	차
하양	아소티오시아네이트	무 양배추 새싹채소류	유화이릴	마늘 파

2. 피부와 영양

피부는 모세혈관을 통해 영양을 공급 받는데 음식물을 통해 영양공급이 좋으면 정상적인 기능을 하나 과잉되거나 결핍의 경우 이상의 증상이 일어날 수 있다.

(1) 기초 대사량

기초 대사량이란? 식후 12 ~ 16시간 경과되어 정신적, 육체적으로 아무것도 하지 않고 가장 안락한 자세로 조용히 누워있을 때 생명을 유지하는 데 소요되는 최소한의 열량을 말한다. 일반 성인기준의 기초 칼로리는 1,600~1,800kcal이다.
피부미용에 영향을 주는 질병은 간염, 변비, 위장병 및 호르몬 장애 등이 있다.

〈표5-3〉 호르몬 장애로인한 피부

에스트로겐(estrogen)	여성호르몬으로 결핍 시 폐경기 이후에 에스트로겐(estrogen)의 분비량이 감소하면 뼈가 손실되면서 골다공증의 발병 위험이 증가한다.
안드로겐(androgen)	남성 호르몬으로 피부에 작용하면 표피의 각질층이 두꺼워져 피지가 증가하므로, 사춘기의 청소년들에게 발생하는 여드름의 원인이 되기도 한다.
인슐린(insulin)	췌장의 랑게르한스섬에서 분비, 대사조절에 중요한 역할을 한다.
티록신(thyroxine)	물질대사의 촉진작용을 한다.

3. 체형과 영양

건강한 피부와 균형 있는 체형을 유지하기 위해서는 충분한 영양 섭취와 원활한 신진대사, 운동이 이루어져야 한다. 화장품이나 약에 의존하는 것은 일시적인 효과이며, 약은 건강을 위해서도 피하는 것이 좋다.

(1) 비만체형

비만관리의 필요성을 세계보건기구(WHO)에서는 1996년 5월16일 비만을 "치료가 필요한 병"이라고 경고하였다. 비만은 고혈압, 동맥경화, 지방간, 고지혈증, 불임증, 암등의 질병을 유발시키며, 사망률 증가의 결정적 원인이 된다.

(2) 비만의 원인

유전적인 요인, 생활 습관적 요인, 식이성 요인, 내분비 및 중추신경계 이상요인, 심리적 요인 등이 있으며, 단순비만(과식, 운동부족이 원인)과 증후성비만(중추신경, 내분비 이상이 원인)으로 나뉜다.

비만도(%): [(측정체중-표준체중) / 표준체중] × 100

(3) 식이요법

- 균형 잡힌 식사계획(당질 50%, 단백질 20%, 지방 30%)을 하도록 한다.
- 열량이 적은 해초류, 야채류, 과일류 등을 섭취한다.
- 자신의 식습관을 점검하고 소량으로 나누어 자주 먹는 것이 효과적이다.
- 물을 충분히 섭취하고, 간식은 피한다.

◈ 흡연이 인체에 미치는 영향

1. 구강암, 식도암 등의 원인이 된다.
2. 흡연은 암을 유발할 수 있다.
3. 흡연은 피부의 표피를 얇아지게 해서 피부의 잔주름 생성을 증가시킨다.
4. 흡연은 비타민C를 파괴한다.
5. 치아변색, 구취 등이 심해진다.
6. 니코틴은 혈관을 수축시켜 혈색을 나쁘게 한다.

◈ 음주가 인체에 미치는 영향

1. 음주자는 항이뇨 호르몬의 억제작용으로 소변량을 증가시킨다.
2. 음주자는 폐렴, 결핵, 성병 등 전염병에 잘 이환된다.
3. 음주자는 신장, 심장, 동맥의 퇴행성 변화를 초래하기 쉽다.
4. 음주는 내장비만을 유도하므로 제한한다.

연 습 문 제

01. 다음 중 탄수화물, 지방, 단백질의 3가지를 지칭하는 것은?

① 구성영양소 ② 열량영양소
③ 조절영양소 ④ 구조영양소

02. 영양소의 3대 작용으로 틀린 것은?

① 신체의 생리기능 조절 ② 에너지 열량 감소
③ 신체의 조직 구성 ④ 열량공급 작용

03. 다음 중 필수아미노산에 속하지 않는 것은?

① 아르기닌 ② 리신
③ 히스티딘 ④ 글리신

04. 다음 중 필수지방산에 속하지 않는 것은?

① 리놀산(linolin acid)
② 리놀렌산(linolenic acid)
③ 아라키돈산(arachidonic acid)
④ 타르타르산(tartaric acid)

05. 다음 영양소 중 인체의 생리적 조절작용에 관여하는 조절 영양소는?

① 단백질 ② 비타민 ③ 지방질 ④ 탄수화물

06. 다음 중 비타민(Vitamin)과 그 결핍증과의 연결이 틀린 것은?

① VitaminB2 – 구순염 ② VitaminD – 구루병
③ VitaminA – 야맹증 ④ VitaminC – 각기병

07. 비타민이 결핍되었을 때 발생하는 질병의 연결이 틀린 것은?

① 비타민B1 – 각기증 ② 비타민D –괴혈병
③ 비타민A – 야맹증 ④ 비타민E – 불임증

08. 각 비타민의 효능에 대한 설명 중 옳은 것은?

---

01. 탄수화물, 지방, 단백질을 3대 열량영양소라고 한다.

02. 영양소의 3대 작용은 열량공급(에너지 공급), 신체의 생리기능 조절, 신체의 조직 구성이다. 에너지 공급: 탄수화물, 단백질, 지방 신체의 생리기능 조절: 단백질과 무기질, 비타민 신체의 조직 구성: 지방, 단백질, 무기질

03. 필수아미노산으로는 트립토판, 페닐알라닌, 이소루이신, 루이신, 메치오닌, 발린, 트레오닌, 리신, 히스티딘, 아르기닌이 있다. ④ 글리신은 비필수아미노산이다.

04. 필수지방산은 비타민F라고도 하며 리놀산(리놀레산), 아라키돈산이 이에 해당된다.

05. 비타민은 열량원은 아니지만 생리적 기능 조절에 작용을 하고 있어 부족하면 여러 가지 결핍 증상을 나타낸다.

06. 각기병은 VitaminB 결핍에 의하여 발생하며, VitaminC가 부족한 경우에는 괴혈병이 걸린다.

07. 비타민D는 뼈의 생성이 관여하는 비타민으로 결핍 시 구루병을 유발하고, 괴혈증은 철분 흡수를 촉진하는 비타민인 비타민C의 결핍 시 발생한다.

08. 아스코르빈산의 유도체로 사용되는 것은 비타민C 이다.

09. 비타민A는 체내에서 합성되지 않으므로 주로 음식물을 통해 섭취해야 한다.

10. 비타민B는 수용성 비타민이다.
*지용성비타민: A, D, E, K

11. 황산화 비타민은 비타민A, 비타민C, 비타민E이다. 비타민D는 호르몬 작용과 면역력을 높여주고 구루병을 예방해준다.

① 비타민E: 아스코르빈산의 유도체로 사용되며 미백제로 이용된다.

② 비타민A: 혈액순환 촉진과 피부 청정효과가 우수하다.

③ 비타민P: 바이오플라보노이드(bioflavonoid)라고도 하며 모세혈관을 강화하는 효과가 있다.

④ 비타민B: 세포 및 결합조직의 조기노화를 예방한다.

09. 다음 비타민에 대한 설명 중 틀린 것은?

① 비타민A가 결핍되면 피부가 건조해지고 거칠어진다.

② 비타민C는 교원질 형성에 중요한 역할을 한다.

③ 레티노이드는 비타민A를 통칭하는 용어이다.

④ 비타민A는 많은 양이 피부에서 합성된다.

10. 지용성 비타민이 아닌 것은?

① VitaminD ② VitaminA ③ VitaminE ④ VitaminB

11. 황산화 비타민과 관계가 가장 적은 것은?

① 비타민A ② 비타민C ③ 비타민D ④ 비타민E

12. 다음 중 뼈와 치아의 주성분이며, 결핍되면 혈액의 응고현상이 나타나는 영양소는?

① 인(P) ② 요오드(I) ③ 칼슘(Ca) ④ 철분(Fe)

13. 흡연이 인체에 미치는 영향으로 가장 적합한 것은?

① 구강암, 식도암 등의 원인이 된다.

② 피부혈관을 이완시켜서 피부온도를 상승시킨다.

③ 소화촉진, 식욕증진 등에 영향을 미친다.

④ 폐기종에는 영향이 없다.

14. 식후 12~16시간 경과되어 정신적, 육체적으로 아무것도 하지 않고 가장 안락한 자세로 조용히 누워있을 때 생명을 유지하는데 소요되는 최소한의 열량을 의미하는 것은?

① 순환대사량 ② 기초대사량 ③ 활동대사량 ④ 상대대사량

12. 무기질

- 인(P)은 골격과 치아의 형성에 관여한다.
- 칼슘(Ca)은 뼈와 치아의 주성분, 체내 대사에 관여한다.
- 철(Fe)은 헤모글로빈의 주성분으로서 산소와 결합 한다.
- 마그네슘(Mg)은 뼈와 치아 및 효소의 구성성분, 신경과 심근에 작용한다.
- 나트륨(Na)은 삼투압을 조절한다.
- 칼륨(K)은 근육 및 신경의 기능조절에 필요하다.
- 요오드(I)은 모세혈관기능을 정상화시킨다.
- 유황(S)은 인체의 모발, 손톱, 피부를 구성하는 단백질인 케라틴 합성
- 아연(Zn)은 염증억제 작용, 남성호르몬 생성억제, 인슐린 합성에 관여
- 구리(Cu) 체내 생화학반응의 촉매제 역할

13. 흡연시 암, 당뇨병, 결장암, 방광암, 자궁암 등에 걸릴 위험이 크다.

14. 기초대사량은 기본적인 생명활동을 유지하는데 필요한 최소한의 에너지를 말한다. 수면, 체온, 환경, 운동, 흡연 등은 기초대사량의 변화에 영향을 준다

정답

01. ② 02. ② 03. ④ 04. ④ 05. ②
06. ④ 07. ② 08. ③ 09. ④ 10. ④
11. ③ 12. ③ 13. ④ 14. ②

CHAPTER 7

피부와 광선

1. 태양 광선
2. 자외선
3. 적외선

CHAPTER 7 피부와 광선

1. 태양 광선

태양광선은 인간을 비롯하여 모든 생물의 신진대사를 가능하게 하는 에너지의 원천으로 지구상의 생체계를 유지시키는데 필요하다. 태양광선을 프리즘으로 분리하면 눈으로 볼 수 있는 가시광선과 눈으로 보이지 않는 적외선, 자외선으로 나뉜다. 가시광선은 대략 380~780nm(나노미터, 10억분의 1m)의 파장을 갖는 빛이다. 적외선은 열선이라고 불리며 살균, 사우나, 찜질 등 일상생활에 유용하게 사용되나 장시간 노출 시 자외선 손상과 유사한 증상을 초래한다.

태양의 전자파 중 지구에 도달할 수 있는 것은 290nm~4000nm의 광선으로 태양광선 중 생물학적 반응을 일으키는 것은 290nm 이상의 자외선과 가시광선이다. 자외선은 피부에 도달하여 홍반 유발, 색소침착을 일으키며 이 파장 부분은 태양광선의 0.2%에 해당된다. 자외선 중에서도 파장이 약 260nm인 자외선은 가장 강한 살균작용을 가지고 있지만 자연적으로 지상에 도달하지 않는다.

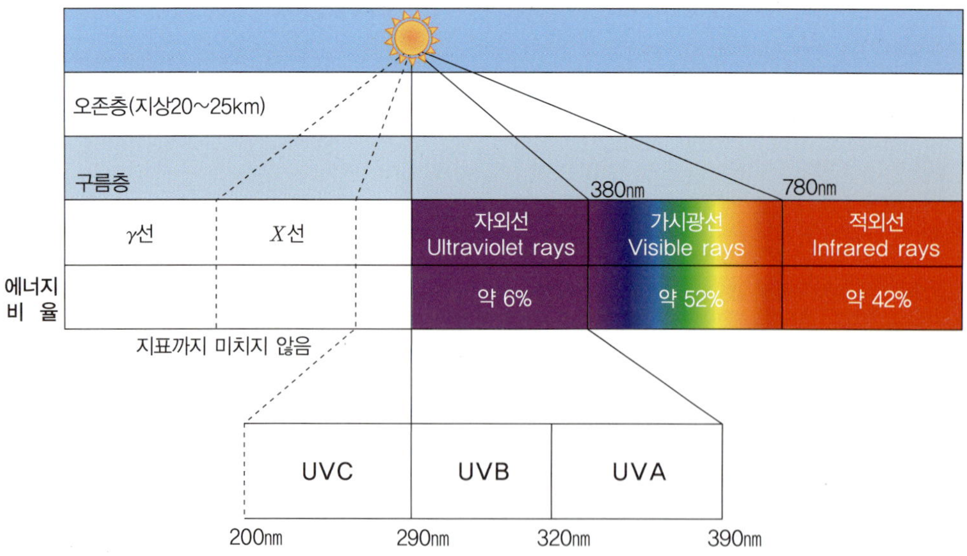

[그림7-1] 태양광선

〈표7-1〉 파장별 전자파 구분

종 류	파 장	도달범위
자외선(ultraviolet rays)	380㎚이하	6.1%
가시광선(visible rays)	380~780㎚	51.8%
적외선(infrared rays)	780~10000㎚이상	42.1%

2. 자외선 Ultraviolet rays

자외선은 파장이 가시광선보다 짧고, X선보다 긴 전자파로 눈으로 볼 수 없으며 태양광선과 수은등 등에 들어 있다. 자외선은 종류에 따라 비타민D 생성, 살균작용 등 유익한 작용을 가지고 있는 반면 피부층에 직접적으로 영향을 미쳐 과도한 노출 시 색소침착, 노화촉진, 피부암의 원인이 되는 등 유해하기도 하다.

1) 자외선의 종류와 영향

(1) 장파장(UVA)

자외선 중에서 장파장인 UVA는 약 320~400㎚의 길이로 태양광선 중 약 1%에 해당된다. 이 자외선은 진피층의 탄력섬유와 교원섬유의 변성으로 피부탄력성을 감소시키고, 피부위축, 피부건조화, 색소침착, 주름 등을 형성시킨다. 또한 오존층에 흡수되지 않으며 기저층부터 진피층까지 도달하여 멜라노사이트의 활동을 활발하게 만든다. 멜라노사이트는 멜라닌을 형성하여 피부색을 검게 하고 세포를 손상시키며 색소침착 및 광 알레르기 반응을 일으켜 피부 노화를 촉진하는 물질이다.

(2) 중파장(UVB)

파장의 길이가 약 290~320㎚ 사이의 자외선으로 표피의 기저층, 또는 진피 상부까지 도달하며 비타민D 합성을 유도하는 중요한 역할을 한다. UVA에 비해 피부에 자극이 강하고 홍반을 유발하며 피부색을 검게 만든다. 장시간 햇빛에 노출되면 수포나 가벼운 열상을 동반하는 일광화상을 유발하고, 진피층의 콜라겐, 엘라스틴을 증가, 변성시킨다. 또한 세포 내의 DNA에 손상을 주어 피부암을 유발하기도 한다. 유리를 이용해 차단할 수 있다.

(3) 단파장(UVC)

태양광선 중 파장이 약 200~280nm로 짧은 단파장이며 대기 중의 오존층에 흡수되기 때문에 지표에 도달하는 일은 거의 없다. 살균 능력이 가장 강한 자외선 파장이다. (대략 260nm) UVC는 254nm 부근 파장에서 살균성이 강하다고 알려져 박테리아, 바이러스 등의 단세포성 조직을 죽이는 등 피부의 살균 작용을 한다. 실생활에서 쓰이는 자외선 소독기는 바로 이 UVC를 이용하여 살균하는 기계이다.

〈표7-2〉 파장별 특징

구 분(파장범위)	특 징
장파장UV-A 320~400nm	· **유리를 통과한다.** 피부에 제일 깊게 진피상부까지 침투한다. · 잔주름을 유발하며 피부색소 침착 · 콜라겐 및 엘라스틴 파괴 · 변형 → 광노화 현상 · 인공선탠 기기의 램프로 사용
중파장UV-B 290~320nm	· **유리에 의해 차단** 기저층 및 진피까지 침투 한다. · 피부암 발생의 원인, 비타민D를 활성화 · 홍반 발생능력이 자외선A의 1,000배이다.
단파장UV-C 200~280nm	· **오존층에 의해 차단** 표피의 각질층까지 침투한다. · 단파장이며 가장 강한 자외선, 살균 작용

2) 자외선 양의 변화

자외선의 양은 기후와 계절에 따라 다르며 흐린 날은 쾌청한 날의 50~60%, 비 오는 날은 30% 전후이다. 겨울에 적고 여름에 많으며 정오에 강하다.

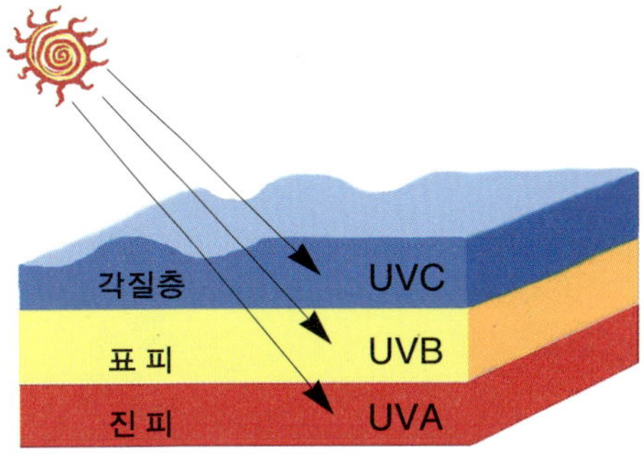

작 용	UVA	UVB
검게 그을림	★	★★★
홍반 및 수포	★	★★★
피부노화	★★★	★★
면역내성약화	★★★	★★

[그림7-2] 자외선이 피부에 미치는 영향

- 3월 부터 증가하여 4~8월에 이르면 최고조에 달하며 10월 무렵까지 계속된다.
- 특히 오전 10시부터 오후 2시까지의 시간대가 자외선이 강하다.
- 해발 1km 상승 시 자외선은 20% 증가한다.
- 흐린 날, 장마철에는 맑은 날에 비해 약 1/2 가량 자외선의 양이 감소한다.

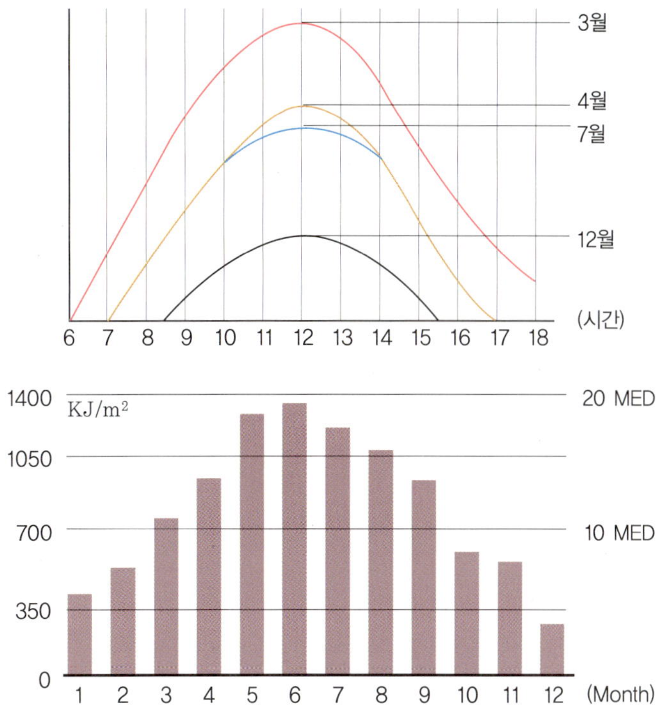

[그림7-3] 시간-월별대 자외선 양

3) 자외선이 피부에 미치는 영향

290nm이하 파장의 자외선은 피부에 도달하지 않으나 290~320nm의 자외선(UV-B)은 피부층의 경계에서 직접 **반사**되거나 조직 내에서 **산란 · 흡수 · 투과**되는 4가지 경로를 거친다. 이렇게 피부로 흡수된 자외선은 비타민D를 형성하여 구루병을 예방하고 면역력을 강화하며, 살균 작용 및 소독 효과, 혈액 순환 촉진 및 강장 효과를 가진다. 그러나 동시에 광화학 반응을 일으켜 피부 병변을 일으키는 경우도 있다. 자외선이 피부에 미치는 병변으로는 홍반, 부종, 동통 등의 염증증상과 멜라닌(melanin) 색소 침착이 증가하여 기미, 주근깨의 원인이 된다.

만성질환으로 일광탄력섬유증(solar elastosis), 일광변성(solar degeneration), 일광각화증(solar keratosis), 편평상피세포암, 기저세포암, 흑색종(melanoma)과 같은 피부암이 있다. 피부는 자외선에 노출된 지 8~24시간 후에 각질형성세포가 활성화되면서 일광화상세포가 생성되어 랑게르한스세포가 손상되거나 수가 감소하여 저항력이 저하되고 지연성 과민증이나 종양이 발생하기도 한다.

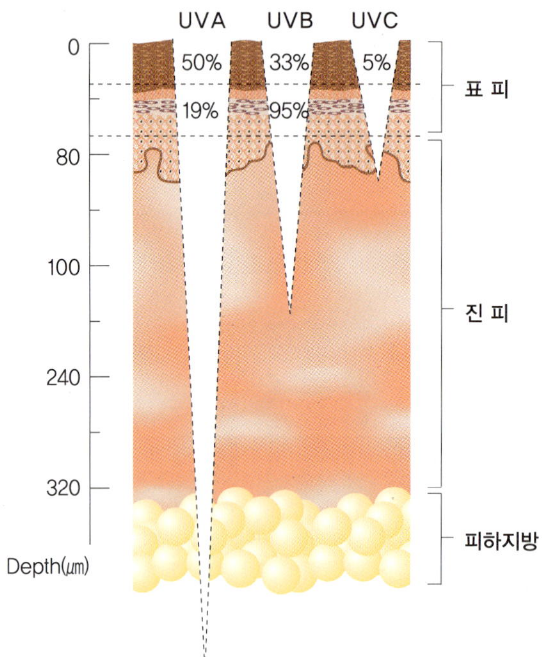

[그림7-4] 자외선 파장별 피부 투과성

〈표7-3〉 자외선의 영향

긍정적 영향(이로운 점)	부정적 영향(해로운 점)
비타민D의 형성 살균, 소독 작용 혈액순환촉진, 신진대사 촉진	홍반반응, 색소침착, 피부탄력 저하, 주름생성, 멜라닌 색소가 증가, 기미, 주근깨 등 발생

(1) 홍반

홍반은 피부가 자외선에 의해 빨갛게 되는 현상으로 즉시홍반과 지연홍반으로 나뉜다. 즉시홍반은 각질형성세포에서 분비되는 히스타민 등에 의해 혈관이 확장되고 혈관 벽이 증가하는 일시적인 것이다. 지연홍반은 자외선 조사 시 30분에서 4~5시간이 지난 뒤 나타나 1~2일간 지속되는 것이다.

07
피부 와 광선

(2) 광과민증

일광, 특히 자외선을 받으면 피부가 빨갛게 부어 따끔거리며 습진처럼 피부가 가려워지는 현상이 나타난다. 일광은 얼굴에 비스듬하게 닿으므로 노출된 피부 표면에서 이마, 코, 볼, 턱에 나비 모양으로 붉어지며 아랫입술만 붓는 경우도 있다.

(3) 일광 화상

일광 화상은 표피층에서 발생하며 폭로 2~3시간 후 피부가 빨갛게 부풀어 올라 화끈거리고 따가움을 느낀다. 심해지면 작은 물집이 생기기도 하는데 폭로 10시간 정도에 최고조에 달한다. 일광화상은 조기 피부노화의 원인이 될 수도 있다.

(4) 일광접촉피부염

피부에 바르는 것만으로는 문제가 없지만 일광에 닿으면 문제를 유발하는 내복약이나 외용약 또는 화장품으로 인해 생기는 피부염을 말한다. 햇볕에 타지 않기 위해 사용한 화장품이 오히려 문제를 유발하는 원인이 되는 셈이다.

(5) 색소침착

색소침착이란 자외선이 멜라닌의 양을 증가시켜 일광을 받은 부위의 피부 색깔이 검게 되는 것으로 기미와 주근깨의 원인이 되며 즉시색소침착과 지연색소침착으로 나뉜다. 즉시색소침착은 자외선 A가 주원인이나 자외선 B, 가시광선에 의해서도 영향을 받게 된다. 자외선에 노출된 후 바로 색소침착이 나타나서 1~2시간 후에 최고조에 달하며 노출시간이 짧으면 빨리 사라진다. 지연색소침착은 자외선 A, B, C에 의해 발생되나 주된 작용은 자외선 B에 의한 영향이 크다. 즉시색소침착에 비해 늦게 발생하며 자외선 조사 후에 갈색이나 검은색의 색소침착을 일으킨다.

4) 자외선 차단제

자외선으로부터 피부를 보호하는 차단제로 자외선을 산란시켜 물리적으로 차단하는 자외선산란제(sunblock)와 화학적으로 자외선을 흡수시켜 에너지로 방출하는 자외선흡수제(sunscreen)로 나눌 수 있다.

(1) 자외선산란제(Sunblock)

자외선산란제는 피부에 흡수되는 것이 아니라 표면에 막을 형성하고 있다가 자외선을 반사시키는 원리이다. 피부 자극이 거의 없고 바르는 즉시 효과를 볼 수 있지만 화학적으로 흡수시키지 못해 다소 무거운 느낌을 줄 수 있고 하얀 반사판 알갱이로 인해 **'백탁현상'** 이 발생한다.

(2) 자외선흡수제(sunscreen)

자외선흡수제는 자외선 자체를 흡수하여 화학적으로 열에너지로 전환시켜 피부 내에 침투하지 못하도록 방출시키는 화학적 자외선 차단제이다. 즉 일단 피부 안에 자외선이 들어가지만 안에서 멜라닌이 생기지 않게 하는 원리이다. 자외선흡수제는 사용감이 좋고 피부가 하얗게 뜨는 백탁현상이 적지만, 시간이 지날수록 효과가 떨어진다는 단점이 있다.

자외선차단제는 주요 성분을 잘 파악하고 자신의 피부타입과 TPO에 맞게 사용하는 것이 바람직하다. 예를 들면, 야외활동을 할 때는 자외선흡수제를 사용하고 그 외에는 피부에 부담이 적은 자외선산란제를 사용하는 것이 좋다. 주요 성분은 〈표7-4〉 참고 하고 산란제에 **산화아연**(zinc oxide, 징크옥사이드)과 **이산화티타늄**(titanium dioxide, 티타늄디옥사이드)의 2가지 정도 기억해두면 도움이된다.

〈표7-4〉 자외선 산란제와 흡수제의 특징

구분	자외선 흡수제(sunscreen)	자외선 산란제(sunblock)
차이	화학적 자외선차단제	물리적 자외선차단제
성분	유기자외선차단제	무기자외선차단제
원리	피부에 자외선 흡수하여 햇빛을 열로 바꾸어 자외선 차단 한다.	피부 표면에 보호막을 형성하여 햇빛을 반사시켜 자외선 차단한다.
장점	백탁현상 없음, 발림성 우수함	피부트러블이 적음
단점	피부 트러블이 높음	백탁현상 있음, 밀착감이 떨어짐
성분	UVA 차단성분 아보벤존(avobenzone, 부틸메톡시디벤조일메탄) 멘틸안트라닐레이트(menthylanthranilate) 벤조페논(benzophenone) UVB 차단성분 옥틸메독시신나메이트(octyl methoxycinnamate) 파라아미노안식향산(para aminobenzoic acid, PABA) 에칠헥실살리실레이트(ethylhexyl salicylate) 옥틸디메칠파바(octyl dimethyl PABA) 옥시벤존(oxybenzone) 디옥시벤존(dioxybenzone)	징크옥사이드(zinc oxide, 산화아연) 티타늄디옥사이드(titanium dioxide, 이산화티타늄) 규산염(silicate) 탈크(talc)

5) 자외선 차단제의 자외선 차단기능

우리나라에서 자외선 차단제의 자외선 차단기능은 SPF 지수와 PA 등급으로 표시하고 있다.

(1) 자외선B 차단지수(SPF)

자외선 차단지수(SPF, Sun Protection Factor)는 자외선 차단제가 UVB를 차단할 때의 효과를 표시한 지수이다. 우리나라에서 SPF 지수는 50 까지 표시할 수 있으며, SPF 50 이상의 제품은 50+로 표시하고 SPF 수치가 높을수록 자외선B 차단효과가 높은 제품이다.

자외선차단지수(SPF)는 자외선 차단제를 바른 피부와 바르지 않은 피부에 자외선B를 조사하였을 때 나타나는 피부의 최소홍반량(MED, Minimum Erythema Dose)의 비로 측정한 것이다.

$$\text{SPF값} = \frac{\text{자외선 차단 제품을 사용한 피부의 MED}}{\text{자외선 차단 제품을 사용하지 않은 피부의 MED}}$$

최소홍반량(MED)은 자외선B를 사람의 피부에 조사한 후 16~24시간에서, 조사피부의 거의 대부분에 홍반을 나타낼 수 있는 최소한의 자외선조사량을 말한다.

(2) 자외선A 차단등급(PA)

자외선A 차단등급 PA(Protection grade of UVA)은 자외선 차단제가 자외선A를 차단하는 정도를 나타낸 것이다.

자외선A 차단등급 PA는 자외선A 차단지수(PFA, Protection Factor of UVA)에 따라 정해지며, 자외선A 차단지수는 제품을 바른 피부와 바르지 않은 피부에 자외선A를 조사한 후 나타나는 최소지속형즉시흑화량(MPPD, Minimal Persistent Pigment Darkening Dose)의 비로 측정한다.

$$PFA = \frac{\text{제품을 사용한 피부의 최소지속형즉시흑화량(MPPD)}}{\text{제품을 사용하지 않은 피부의 최소지속형즉시흑화량(MPPD)}}$$

최소지속형즉시흑화량은 자외선A를 사람의 피부에 조사한 후 2~4시간에 조사영역의 전 영역에 희미한 흑화가 인식되는 최소자외선 조사량을 말한다.

〈표7-5〉 PA와 PFA의 관계

PFA 지수	2이상~4미만	4이상~8미만	8이상
PA 등급	PA+	PA++	PA+++
자외선A 차단 효과	있음	많이 있음	매우 많이 있음

우리나라에서는 PA등급을 PA+, PA++, PA+++의 3단계로 표시하며, +기호가 많을수록 자외선A 차단효과가 큰 제품이다.

3. 적외선

적외선이란? 적외선은 빨간색 바깥쪽의 빛이라는 뜻으로, 우리가 볼 수 있는 범위보다 주파수가 낮아 눈에는 보이지 않으며, 따뜻한 열작용을 한다.
800nm~1,000,000nm의 광선으로 신체의 신진대사를 활발하게 하고, 피부에 생성물이 흡수되도록 돕는 역할을 한다.

적외선의 영향

- 병에 대한 저항력을 높여 노화를 늦춘다.
- 피부에 열을 가하여 피부를 이완시키는 역할을 한다.
- 혈류의 증가를 촉진시킨다. 혈관을 확장시켜 순환에 영향을 미친다.
- 피부에 생성물이 흡수되도록 돕는 역할을 한다. 식균작용에 영향을 미친다.

연습문제

01. 자외선A(장파장 320~400nm)
자외선B(중파장 290~320nm)
자외선C(단파장 200~290nm)

03. A는 자외선의 세기가 자외선 B의 1/1,000에 불과하기 때문에 자외선이 피부에 조사될 때 자외선B와 동일한 홍반을 나타내기 위해서는 대략 1,000배의 조사량이 필요하다.

04. 자외선A: 330~400nm, 오존층에 흡수되지 않음, 자외선B: 290~320nm, 대부분 오존층에 흡수, 자외선C: 200~280nm, 오존층에서 완전히 흡수, 건강선(도너선): 240~320nm, 살균작용에 사용됨

05. 인공 선탠은 UV-A만으로 이루어진다.

06. UV-A는 피부 깊숙이 침투하여 체내에 축척되는데, 이를 이용하여 인공선탠 기기의 램프에 사용한다.

07. 자외선의 긍정적 영향: 신진대사 촉진, 살균 및 소독기능, 노폐물 제거, 비타민 D 합성 자외선의 부정적 영향: 일광화상, 홍반반응, 색소침착(기미), 광노화, 피부암

01. 자외선에 대한 설명으로 틀린 것은?

① 자외선 C는 오존층에 의해 차단될 수 있다.
② 자외선 A의 파장은 320~400㎚이다.
③ 자외선 B는 유리에 의하여 차단할 수 있다.
④ 피부에 제일 깊게 침투하는 것은 자외선 B이다.

02. 다음 태양광선 중 파장이 가장 짧은 것은?

① UV-A ② UV-B ③ UV-C ④ 가시광선

03. 자외선B는 자외선A보다 홍반 발생 능력이 몇 배 정도인가?

① 10배 ② 100배 ③ 1000배 ④ 10000배

04. 다음 중 자외선B(UV-B)의 파장 범위는?

① 100~190nm ② 200~280nm
③ 290~320nm ④ 330~400nm

05. 파장이 가장 길고 인공 선탠 시 활용하는 광선은?

① UV-A ② UV-B ③ UV-C ④ r 선

06. 즉시 색소 침착작용을 하는 광선으로 인공 선탠에 사용되는 것은?

① UV-A ② UV-B ③ UV-C ④ UV-D

07. 다음 중 자외선이 피부에 미치는 영향이 아닌 것은?

① 색소침착 ② 살균효과
③ 홍반형성 ④ 비타민A합성

08. 강한 자외선에 노출될 때 생길 수 있는 현상과 가장 거리가 먼 것은?

① 아토피 피부염 ② 비타민D합성
③ 홍반반응 ④ 색소침착

09. 자외선의 인체에 대한 작용으로 관계가 없는 것은?

① 비타민D 형성 ② 멜라닌 색소 침착
③ 체온상승 ④ 피부암 유발

10. 피부에서 땀과 함께 분비되는 천연 자외선 흡수제는?

① 우로칸산 ② 글리콜산 ③ 글루탐산 ④ 레틴산

11. 적외선이 피부에 미치는 작용이 아닌 것은?

① 온열 작용 ② 비타민D형성 작용
③ 세포증식 작용 ④ 모세혈관 확장 작용

12. 다음 중 적외선에 관한 설명으로 옳지 않은 것은?

① 혈류의 증가를 촉진시킨다.
② 피부에 생성물을 흡수되도록 돕는 역할을 한다.
③ 노화를 촉진시킨다.
④ 피부에 열을 가하여 피부를 이완시키는 역할을 한다.

13. 적외선을 피부에 조사시킬 때 나타나는 생리적 영향의 설명으로 틀린 것은?

① 신진대사에 영향을 미친다.
② 혈관을 확장시켜 순환에 영향을 미친다.
③ 전신의 체온저하에 영향을 미친다.
④ 식균 작용에 영향을 미친다.

14. 적외선이 피부에 미치는 영향으로 가장 거리가 먼 것은?

① 온열효과가 있다.
② 혈액순환 개선에 도움을 준다.
③ 피부건조화, 주름 형성, 피부탄력 감소를 유발한다.
④ 피지선과 한선의 기능을 활성화하여 피부 노폐물 배출에 도움을 준다.

09. 자외선을 과다노출 시 홍반, 기미, 노화현상 촉진, 모세혈관확장, 각질의 두께가 두꺼워지는 현상이 나타난다. 체온상승과는 거리가 멀다.

10. 땀에는 우로칸산 성분이 함유되어 있어 자외선을 흡수하므로 피부를 자외선으로부터 어느 정도 보호해 줄 수 있다.

11. 비타민D는 자외선을 받으면 생긴다. 적외선이 미치는 영향
- 병에 대한 저항력을 높여 노화를 늦춘다.
- 혈류의 증가를 촉진, 확장시켜 순환에 영향을 미친다.
- 피부에 생성물이 흡수되도록 돕는 역할을 한다.
- 혈관을 확장시켜 순환에 영향을 미친다.
- 식균 작용에 영향을 미친다.

14. ③ 피부건조화, 주름 형성, 피부탄력 감소를 유발하는 것은 자외선의 부정적 영향이다.

정답

01. ④ 02. ③ 03. ③ 04. ③ 05. ①
06. ① 07. ④ 08. ④ 09. ③ 10. ①
11. ② 12. ③ 13. ③ 14. ③

DERMATOLOGY

CHAPTER 8

피부 면역

1. 면역의 종류와 작용

CHAPTER 8 피부 면역

면역은 생체의 내부 환경이 외부 인자에 대하여 방어하는 현상으로 이 말의 어원은 라틴어의 'immunitas' 이다. 의학에서는 질병을 면한다는 의미로 한번 걸린 특정 병을 극복하면 체내에 특정 항체가 생겨 같은 항원으로는 두 번 다시 걸리지 않는다는 뜻이다.

1. 면역의 종류와 작용

인체가 외부로부터 들어오는 이물질에 대해 방어하는 능력을 면역이라 한다. 외부에서 인체로 들어오는 병원소나 독소를 항원이라 하고 이에 대한 방어력을 가진 인체의 것을 항체라 한다.

항 원	외부 인자 총칭, 병원미생물 또는 그 생성물, 음식물, 화학물질, 약, 꽃가루 등
항 체	혈청 속에 있으며 생체의 일정한 조직이 어떤 항원과 접촉했을 때 이것에 대응하여 생기는 것

면역에 관여하는 것은 혈액 내의 백혈구로 이물질이나 외부로부터의 세균, 바이러스 등에 대한 인체 방어 시스템을 말한다. 면역력은 크게 선천적인 면역과 후천적인 면역으로 나눌 수 있다.

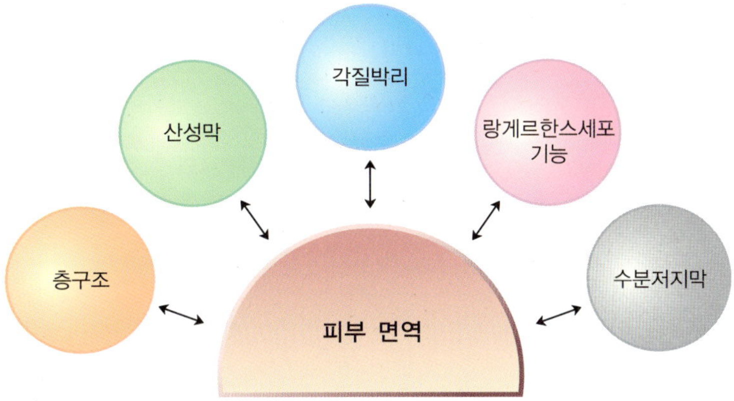

[그림8-1] 1차 방어

1) 면역의 종류

면역은 크게 태어날 때부터 지니고 있는 선천적 면역(자연면역)과 후천적으로 생활 등에 적응되어 얻어지는 후천적 면역(획득면역)으로 구분된다.

(1) 선천적 면역(Natural immunity: 자연면역)

어떤 종류의 병원체에 대하여 태어나면서 부터 갖고 있는 저항력으로 종족, 인종, 개인차가 있다. 선천적인 면역은 우리 몸이 갖고 태어나는 방어 시스템으로 피부, 점액조직, 위산, 혈액속의 보체(complement), 대식세포(macrophage),항체 등이 있다.

(2) 후천적 면역(Acquired immunity: 획득면역)

후천적 자연면역은 소아마비나 천연두 같은 병에 걸린 후에 같은 병에는 다시 걸리지 않는 것이다. 백신주사를 통한 면역은 백신을 주사하여 체내에서 항원-항체의 1차 반응을 미리 시킴으로서, 병에 걸리는 것을 막거나 약하게 앓고 지나가게 하는 방법이다.

2) 면역세포의 종류

우리 몸의 면역체계를 담당하는 세포에는 T세포와 B세포가 있는데, T세포는 흉선(thymus)에서 나오며 B세포는 골수(bone marrow)에서 유래되어 앞 글자를 따서 이름을 붙였다.

세균을 공격하는 수지상세포와 NK세포(자연살해세포), 병균의 정보를 B세포에게 전달해주는 T세포, 항체를 만들어 내는 B세포가 있다. 이 중 하나라도 제 역할을 못하면 병에 걸린다.

B세포가 담당하는 **체액성면역**과 T세포와 NK세포가 담당하는 **세포성면역**이 있다.

〈표8-1〉 B림프구와 T림프구의 기능과 특징

B림프구(B-Cell)	T 림프구(T-Cell)
· 체액성(humoral)면역에 관여한다.	· 세포(cell)성 면역에 관여한다.
· B림프구가 항원을 인지한다.	· T림프구에 의해 일어나는 면역반응이다.
· 골수(Bone)에서 생성된 림프구이다.	· 흉선(Thymus)에서 생성된 림프구이다.
· 혈액내 림프구의 20~30%를 차지한다.	· 혈액내 림프구의60~70%를 차지한다.
· 항체 매개 면역반응이라고도 한다.	· 세포성 면역은 세포가 탐식작용을 한다.
· 항체를 생성하여 방어(감염된 세균을 제거)한다.	· 항원을 인지하여 직접 감염된 세포를 죽인다.
· 면역글로불린 항체를 생성한다.	· B세포가 항체를 생산할 수 있도록 도와주고 면역기능을 조절하는 역할을 한다.

■ NK(자연살해)세포

B세포와 T세포는 골수와 흉선에서 만들어지는 것이지만 NK세포는 태어날 때부터 갖고 있는것이기 때문에 내추럴 킬러(natural killer)라고 부른다. 외부의 적이 침입했을 때에 재빨리 대응하여 T세포와 B세포가 투입되기를 기다린다.

(1) 체액성 면역(Humoral immunity)

체액성 면역은 항원의 자극으로 B림프구가 형질세포(항체 생산세포)로 변화하여 항체(면역 글로부린)를 생산하고, 이 항체가 항원과 반응하는 면역반응이 체액성 면역이다. 즉 체액성 면역은 항원(병원체, 이물질)이 체내에 들어왔을 때 그 항원을 분해, 제거하기 위해 항체를 만들어내는 것이다.

면역글로불린(immunoglogulin) B림프구 표면에 존재하는 면역글로불린은 5가지로 분류하는데, **IgG, IgM, IgA, IgD, IgE** 등이 있으며, 각각 독특한 기능을 수행하며 일부 기능이 중복되기도 한다.

IgG	면역글로불린 중 수가 가장 많으며 바이러스, 세균을 없애는 일을 한다.
IgM	IgG와 같은 구실을 하는데, IgG보다 더 빨리 생산된다.
IgA	침이나 기관지의 분비물 중에 많이 포함되어 있다.
IgD	임파구 표면에 많이 있다.
IgE	편도선, 기관지, 소화관 등의 점막에 많다.

(2) 세포성 면역(Cell-mediated immunity)

세포성 면역은 T림프구가 항원을 인지하여 림포카인(lymphokine)을 분비하거나 직접 감염된 세포를 죽이는 역할을 한다. 분비된 림포카인은 대식세포를 활성화시켜 식균작용(phagocytosis)을 돕기도 한다.
이와 같은 세포성 면역은 주로 바이러스 또는 세포 내에서 자랄 수 있는 세균에 감염된 세포를 제거하는 기능을 수행한다.

3) 피부면역과 랑게르한스

- 살균 작용, 물리적인 보호막 기능, 항균 물질 생성 등이 있다.
- 피부는 여러 층으로 이루어져 있어 외부의 이물질 침입을 막는다.
- 표면이 건조한 편이라 미생물이 안착하기에는 용이하지 않다.
- 표피층에 미생물이 있다하여도 각질이 떨어져 나가는 작용에 의하여 탈락된다.
- 표피에 존재하는 각질형성세포는 면역조절에 작용한다.

랑게르한스 세포(langerhans cell)

랑게르한스세포는 기능과 면역학적으로 대식세포와 같은 계통으로 항원을 탐지하는 면역체계의 '최전방 수비수'로 묘사되며, 피부의 면역작용에 있어서 결정적인 역할을 한다. 랑게르한스세포는 항원인식 기능을 림프구로 전달해서 세포성 면역을 유발시킨다.

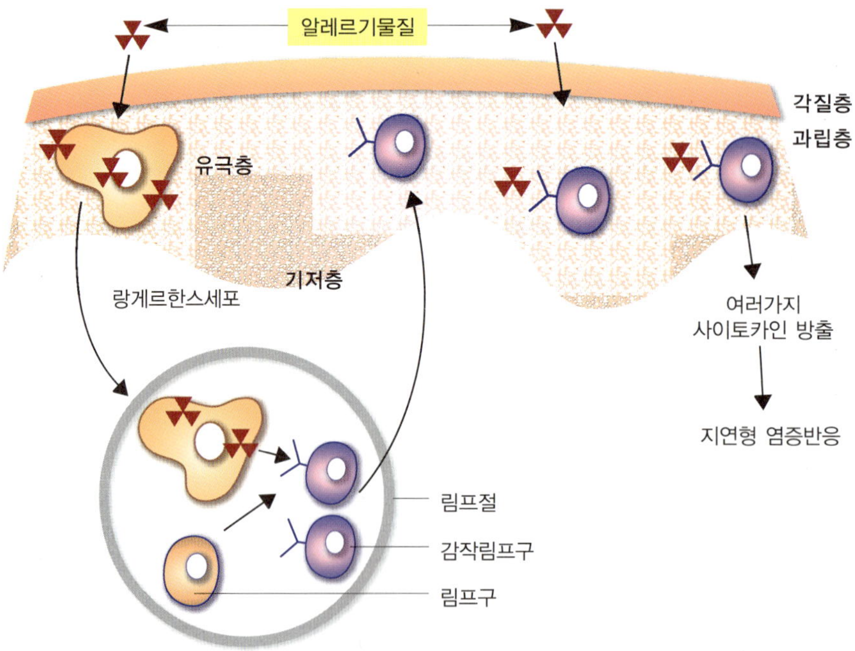

[그림8-2] 표피층에서 랑게르한스세포 작용

01. 피부의 면역에 관한 설명으로 옳은 것은?

① 세포성 면역에는 보체, 항체 등이 있다.

② T 림프구는 항원전달세포에 해당한다.

③ B 림프구는 면역글로불린이라고 불리는 항체를 생성한다.

④ 표피에 존재하는 각질형성세포는 면역조절에 작용하지 않는다.

02. B림프구의 특징으로 틀린 것은?

① 세포 사멸을 유도한다.

② 체액성 면역에 관여한다.

③ 림프구의 20~30%를 차지한다.

④ 골수에서 생성되며 비장과 림프절로 이동한다.

03. 다음 중 피부의 면역기능에 관계하는 것은?

① 각질형성 세포 ② 랑게르한스 세포

③ 말피기 세포 ④ 머켈 세포

04. 림프액의 기능과 가장 관계가 없는 것은?

① 동맥기능의 보호 ② 항원 반응

③ 면역 반응 ④ 체액 이동

05. 다음 중 면역세포의 종류가 아닌 것은?

① N.K 세포 ② T 세포

③ B 세포 ④ K 세포

06. 피부면역 작용에 대한 설명한 것으로 틀린 것은?

① 면역 작용으로는 살균 작용, 물리적인 보호막 기능, 항균 물질 생성 등이 있다.

② 피부표면이 습윤한 편이라 미생물이 안착하기에 용이하다.

③ 표피에 존재하는 각질형성세포는 면역조절에 작용한다.

④ 랑게르한스 세포는 세포성 면역을 유발시킨다.

연 습 문 제

01. ① 세포성 면역은 세포대 세포의 접촉을 통해 직접 항원을 공격하며, 체액성 면역이 항체를 생성한다. ② T림프구는 항원전달세포에 해당하지 않는다. 항원전달세포에는 수상세포와 대식세포, B세포, 간의 쿠퍼세포, 흉선상피세포 등이 속한다.
④ 각질형성세포(keratinocyte, 케라티노사이트)는 면역조절 작용을 한다.

02. 림프구에는 T림프구와 B림프구가 있다. 이 중 T림프구는 세포성 면역이라 하여 항원을 인지하여 림포카인이라는 물질을 분비하거나 직접 감염된 세포를 죽이는 역할을 한다. B림프구는 항원을 인지한 후 항체를 분비해서 주로 감염된 세균을 제거하는 기능을 한다. 세포 사멸을 유도하는 것은 T림프구이다.

03. 각질형성세포는 표피의 80%를 차지하며, 기저층과 유극층의 각질형성세포는 핵이 존재하고 있으므로 말피기 세포라고도 한다. 또한 머켈 세포는 촉각을 감지하는 세포이다.

04. 림프는 항원·항체반응을 통한 면역반응, 체액의 이동, 노폐물 제거 등의 기능을 한다.

05. 면역세포에는 세균을 공격하는 수지상 세포와 N.K세포(자연살해세푸), 병균의 정보를 B세포에게 전달해주는 T세포, 항체를 만들어내는 B세포가 있다.

06. 건조한 편이라 미생물이 안착하기에는 용이하지 않다.

정답

01. ③ 02. ① 03. ② 04. ① 05. ④ 06. ②

CHAPTER 9

피부의 노화

1. 피부 노화의 원인
2. 피부 노화의 일반적 변화
3. 노화 피부의 기능적 변화
4. 노화 피부의 조직적 변화
5. 노화 피부 미용관리

CHAPTER 9

피부의 노화

나이가 들어가면서 피부에 나타나게 되는 유형과 무형상의 변화를 통틀어 피부 노화라고 한다. 피부는 여러 가지 생리기능을 가진 보호막이면서 동시에 타인으로부터 미용적 호감을 얻는데 중요한 기관이기도 하다. 노화된 피부는 외관상 보이는 변화와 함께 여러 가지 피부의 기능적 장애를 동반하고 있다.

피부의 노화는 세포의 회복 기능의 저하로 나이가 들어가면서 진행되는 자연스러운 현상이다. 누구나 노인이 되어가듯, 누구도 피부가 노화되는 것을 피할 수 없다. 즉 건강하고 탄력 있는 피부에서 건조해지고, 칙칙하고, 기미, 주름진 피부로 변해가는 것이「피부의 노화」이다.

▣ 피부 노화의 이론

1. 프리 래디컬 이론

프리래디컬은 활성산소라 하며, 세포막의 파괴속도가 세포 재생속도보다 빠를 때 노화가 일어난다.

2. 노화의 프로그램설

몸속 세포의 유전자는 태어날 때부터 이미 프로그램되어 정해진 수의 세포분열을 한 후 더 이상 분열하지 않고 정지되면서 세포가 노화되는 것이다.

3. 텔로미디어 학설

염색체 분열을 거듭할 때 마다 텔로미디어가 떨어져 나가 짧아지며 자기방어를 위해 더 이상 짧아지지 않으면 노화가 일어난다.

1. 피부 노화의 원인

피부 노화는 크게 두 종류로 나눌 수 있다. 세월의 흐름에 따라 노화가 진행된다는 **내인성 노화**(Intrinsic aging)와 **광 노화**(Photoaging)로 구분된다.

- 세포나 개체의 노화 유전자와 세포 노화가 원인이다.
- 몸 안에서 발생하는 활성산소가 노화를 촉진한다.
- 유전자에 의한 노화현상으로 텔로미어(telomere) 단축이다.
- 수분부족(탄력, 주름), 비타민 부족, 흡연이나 음주(혈관들을 수축) 등이 있다.
- 외부인자로 건조함, 자외선(색소침착, 잡티, 주름 등), 활성산소가 있다.
- 담배연기에 있는 알데하이드는 태양빛과 마찬가지로 피부를 노화시킨다.

Tip

■ **활성산소(Free radical)**

자외선이나 환경오염에 의해 세포 속의 산소활동이 활발해지면 불안정한 활성산소가 형성되어 세포의 구성 물질인 인지질과 불포화지방산을 산화시키고 세포의 기능을 저하시켜 노화를 촉진한다.

09 피부의 노화

(1) 내인성 노화(Intrinsic aging)

내인성 노화는 세월의 흐름에 따라 자연적으로 발생하는 거스를 수 없는 노화현상을 말하는데, 잔주름, 피부 건조증, 탄력감소 등을 볼 수 있다.

- 나이가 들면서 피부가 노화되는 현상이다.
- 각질층의 두께, 피지선의 크기가 증가한다.
- 피부가 건조해지고 잔주름이 늘어난다.
- 랑게르한스 세포가 감소, 멜라닌 세포감소, 땀 분비 감소 등
- 표피 및 진피의 두께가 얇아진다.

(2) 광노화(Photoaging)

광노화(photoaging)는 장기간에 걸친 자외선 노출로 인해 임상적 조직학적인 피부변화를 말하며 연중 거의 태양광선에 노출되는 직업을 가진 어부나 농부들의 목, 얼굴, 손에 나타나는 검고 뻣뻣한 주름에서 볼 수 있다.

- 햇빛, 바람, 추위, 공해 등에 피부가 노화되는 현상이다.
- 피부가 건조해지고 거칠어짐, 피부두께가 두꺼워진다.
- 진피 내의 모세혈관 확장, 멜라닌 세포의 수 증가, 점다당질이 증가한다.
- 콜라겐의 변성 및 파괴가 일어남 , 섬유아세포 수의 감소한다.
- 스트레스, 흡연, 알코올 섭취 등의 영향을 받는다.
- 광노화는 굵은 주름, 과색소 침착증, 피부암이 발생되기도 한다.

〈표9-1〉 자연노화 와 광노화의 비교

	자연노화(내인성 노화)	광노화(외인성 노화)
특징	잔주름이 깊어진다.	굵고 깊은 주름이 발생한다.
두께	표피와 진피의 두께가 얇아진다.	표피의 두께가 증가한다.
세포 수	멜라닌 세포 감소	멜라닌 세포 증가
콜라겐	구조불변, 다발감소	섬유속과 섬유가 급속히 감소함
탄력섬유	양과 직경감소	비정상 탄력섬유
혈액순환	순환감소 모세혈관 터져 멍	빈번한 혈관확장

(3) 자외선에 의한 피부 노화

자외선은 비타민D 생성, 살균작용 등 피부에 유익한 작용을 하나 과도하게 노출될 경우 색소 침착을 일으키고, 세포에 상처를 주거나 노화를 촉진시키며 심한 경우에는 피부암의 원인이 되는 등 유해하기도 하다.

피부는 외부의 자극으로부터 신체를 보호해 준다. 이렇게 신체를 보호하고 건강상태를 나타내는 피부는 일생동안 외부 환경으로부터 손상과 변형을 겪게 된다.

(4) 그 밖의 요인들

피부 노화를 유발하는 가장 대표적인 외적 요인은 햇빛이지만 이 외에도 적외선, 흡연, 약물복용, 폐경 등 기타 많은 요인이 연관되어 있다.

① 환경자극

추위, 건조함, 습도, 바람, 오염, 미세먼지 등은 피부를 변화시킨다. 피부가 건조해지면 한선의 수분과 피지선의 피지분비가 감소하고 과도한 바람과 지나친 열, 잦은 사우나 등에 노출될 경우 피부 건조현상으로 인해 주름의 형성을 촉진시킨다.

② 흡연

흡연은 피부주름과 밀접한 관계가 있으며 피부 각질층의 수분함량을 저하시키고, 표피가 얇아져 탄력을 잃게 만든다. 니코틴으로 인해 모세혈관이 수축되고 원활한 혈액순환 저하로 피부가 창백해지며 담갈색의 기미 생성 및 노화를 촉진시켜 피부톤이 어두워진다. 흡연은 특히 여성 피부의 노화를 촉진시킨다. 여성호르몬인 에스트로겐의 작용에 영향을 미쳐 피부가 위축되고 건조해진다. 흡연자의 피부조직은 주로 상부진피층에 국한된 변성을 보이는 일광 손상과 달리 하부 진피층까지 광범위한 탄력섬유의 변성을 나타나는 것이 특징이다.

③ 영양요인

육식과 가공식품, 인스턴트 위주의 식생활은 즐겨하고, 반면에 채식 위주의 비타민, 미네랄 섭취가 부족하여, 한쪽에서는 영양과잉, 영양부족의 현상으로 노화의 원인이 된다. 과식을 하거나, 밤 늦게 야식을 먹는 것은 몸의 소화기관이 쉬지 못하는 결과를 낳아서, 몸의 재생에너지가 피부나 다른 장기기관에 힘을 쓰지 못하고 소화에만 힘을 쓰게 되어 노화의 원인이 된다.

2. 피부 노화의 일반적 변화

(1) 피부 주름

피부 노화에 동반하여 피부는 탄력이 저하되고 주름이 늘어간다. 피부탄력의 감소로 주름이 발생하며 장시간의 자외선 노출로 깊고 굵은 주름을 형성한다. 피부조직을 구성하고 있는 콜라겐과 엘라스틴, 히알루론산 등의 저하로 피부에 탄력이 저하되고 이완되어 피부에 굴곡진 결이 나타나는 현상이다. 주름 원인의 대부분은 표피건조와 자외선에 의한 표피의 세포간 기질이나 교원섬유, 탄력섬유의 감소, 조성변화, 변성 등에 의한 것이다. 그 외에 피하지방의 위축이나 하수, 표정근의 수축이나 이완 등에 의해 피부가 늘어져 생기기도 한다.

〈표9-2〉 주름의 종류와 특징

종 류	특 징
건조 주름	표피의 건조에 의해 일시적으로 생기는 주름은 보습으로 개선된다.
표정 주름	얼굴의 표정을 짓는데 쓰이는 표정근에 의한 주름이다.
표피성 주름	눈 아래에 주름으로 깊이가 표피층까지 진행된다.
진피성 주름	주름 깊이가 진피층까지 진행된 주름이다.
잔 주름	일반노화나 광노화로 생기며 눈꼬리나 이마 등의 주름이다.
노인성 주름	눈이나 입 주위, 얼굴 윤곽 등의 큰 주름으로 진행된 주름이다.

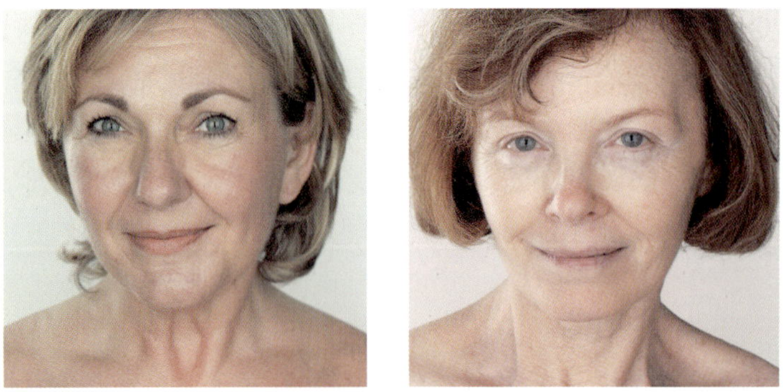

[그림9-1] 노인성 주름

(2) 건성 피부

피지선, 한선의 기능이 저하되고 피부표면의 유분이 감소하여 피부가 건조해진다. 피뷰가 거칠어지며 겨울철에 좀 더 심하게 나타난다. 외부로부터의 자극을 받기 쉽고, 찬바람에 노출되거나 합성섬유 속옷을 입으면 자극되어 가려움이 생긴다.

(3) 탄력저하

피부의 처짐은 피부에 탄력을 제공하는 결합 조직인 엘라스틴과 콜라겐의 변화 때문이다. 진피의 결합조직은 당겨지는 탄성과 복구능력을 상실하여 피부가 약해지고 처지게 되는 것이다.

(4) 색소변화

노년에 들어서서 생기는 기미는 노인성 색소반이라 불리며 자주 노출되는 손이나 얼굴에 많이 발생한다. 흰 반점 등의 노인성 백반도 발생하며 피부 대사의 저하로 피부 전체가 노르스름해진다.

(5) 혈관의 변화

혈관은 콜라겐이나 엘라스틴 등의 섬유성 단백질로 이뤄지는데 노화가 진행되면 혈관을 구성하는 콜라겐 섬유 등이 질적, 양적으로 변화하면서 혈관벽이 굳어진다. 이 때문에 신축성이나 탄력성이 떨어지게 되고 결국 혈압의 상승까지 겪게 된다.

(6) 피부 무름

피부의 탄력성이 소실되며 외부의 자극에 의해 피부가 손상되기 쉬워진다. 또 피부 혈관도 물러지므로 타박을 받으면 피부가 출혈하기 쉽다. 이를 노인성 자반(紫斑)이라 하며 얼룩 모양으로 보이는 일이 많다.

3. 노화 피부의 기능적 변화

(1) 세포분열 및 표피재생의 감소

노인 피부는 젊은 사람과 달리 표피 세포의 분열 및 표피 재생속도가 저하되는데, 50대 이후가 되면 급격하게 감소하며 젊은 사람에 비해 약 두 배 정도 감소한다.

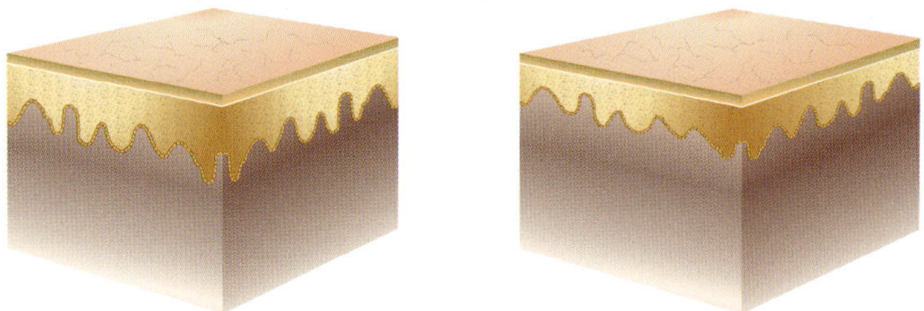

[젊은 피부 _ 표피와 진피 경계선]　　[노화 피부 _ 표피와 진피 경계선]

[그림9-2] 젊은 피부와 노화피부의 차이

(2) 상처 치유 능력의 저하

젊은 시절에 비하여 노화된 피부에서는 표피세포의 분열속도와 재생속도가 약 절반 정도로 감소되고, 변화는 점진적인 것이 아니라 50세를 기점으로 급격히 발생한다. 나이가 들어 상처를 입으면 회복 속도가 느리게된다.

(3) 랑게르한스세포와 멜라닌세포 감소

표피 내 랑게르한스세포의 수는 내인성 노화가 일어난 피부에서 젊은 사람 피부보다 감소되어 있으며 광노화가 일어난 피부는 더욱 더 감소가 심하다. 자외선의 영향과 함께 노화된 피부에서 멜라닌 세포, 랑게르한스세포의 수적 감소와 기능저하, 또한 항원 전달 기능과 림프구 분열촉진 능력도 감소하게 된다.

(4) 비타민D 합성능력 저하

표피 내에 있다가 자외선을 받으면 previtaminD3로 전환되는, vitaminD 전구물질인 7-dehydro-cholesterol의 양이 나이와 함께 감소되므로 칼슘 대사에 이상이 생기거나 골다공증이 악화될 수 있다.

(5) 항산화 기능 저하

피부는 정상적인 체내 대사와 외부환경 노출로부터 생성된 반응성 산소라디칼에 의하여 지속적인 손상을 받고 있어 이를 보호하기 위한 체내 방어시스템을 유지하고 있다. 그러나 노화가 계속되면 피부의 항산화 시스템의 기능이 저하되어 피부에 산화손상이 점점 더 증가하게 된다.

(6) 스트레스를 받지 않도록 한다.

과도한 스트레스는 피부의 주름유발과 안색이 창백해지는 등 다양한 노화 신호가 오게 되므로 스트레스는 바로 해소하도록 한다.

4. 노화 피부의 조직적 변화

(1) 표피의 변화

내인성 노화가 진행됨에 따라 각질형성세포의 재생이 느려져 표피의 두께가 줄어든다. 진피 경계부가 편평해져서 부착력이 약해지므로 가벼운 외상에도 쉽게 벗겨지거나 밀려나서 물집이나 자반이 잘 생기게 된다.

- 표피에서 비타민D의 합성능력도 감소된다.
- 멜라닌 세포의 수의 감소로 피부색이 전체적으로 옅어진다.
- 랑게르한스세포의 수와 기능도 감소되어 피부의 면역기능이 저하된다.

(2) 진피의 변화

노인의 진피는 두께가 약 20% 정도 줄어들며, 이때 진피의 세포 수나 혈관 수도 전반적으로 감소한다. 노화 피부에서 기질 성분의 생산은 감소하는데 반해 이들을 분해하는 효소들의 생산은 증가하여 두께가 감소한다. 광노화가 일어난 피부는 내인성 노화 피부에 비하여 진피 기질의 아교질 양이 더욱 더 감소되어 있다.

- 탄력소는 그 수와 직경이 감소하고 길이가 짧아지며 석회화가 일어난다.
- 탄력섬유성 물질(elastotic material)이 광범위하게 침착되어진다.
- 혈관의 감소로 피부색이 창백하게 보이고 피부의 표면 온도도 떨어지게 된다.
- 탄력섬유 성분이 변성되므로 모세혈관 손상에 의한 피부의 멍이 잘 든다.
- 콜라겐구조는 바뀌지 않으나 다발이 떨어진다.
- 점다당질(mucopolysaccharide)이 감소하여 피부의 긴장도가 떨어진다.

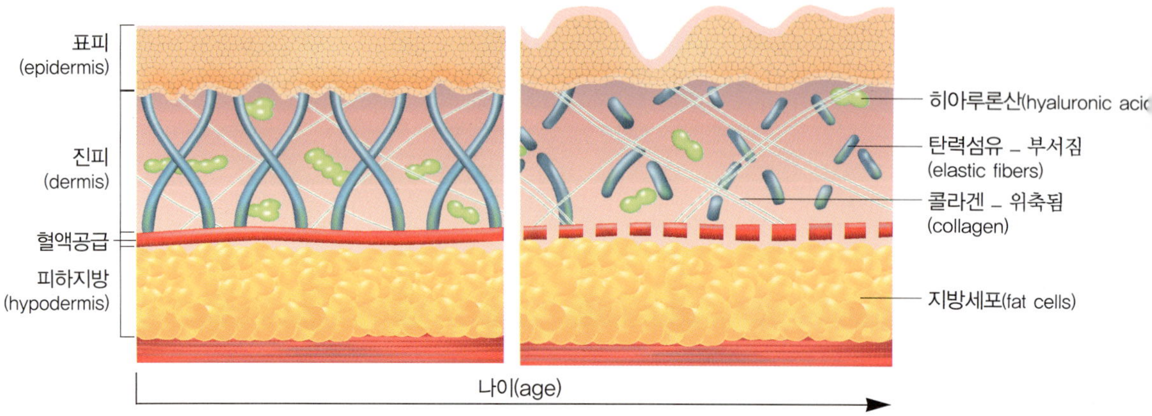

[그림9-3] 나이에 따른 진피층의 변화

(3) 피부 부속기관의 변화

모발 모근의 멜라닌 세포는 점차 소실되어 나이가 들면서 흰머리가 생기게 된다. 모낭의 위축과 섬유화가 심해져서 전체적으로 모낭의 수는 줄어들고 그중 휴지기 모낭의 비율이 증가된다.

〈표9-3〉 피부 부속기관의 변화

모 발	직경이 가늘어 지고 성장속도가 느리다.
땀 샘	에크린 땀샘은 감소하고 땀 분비량도 70% 수준까지 감소된다.
피지선	안드로겐 분비의 감소에 영향을 받아 감소한다.
손 · 발톱	두께가 얇아지거나 변형이 일어난다.
피하지방	피하지방은 감소하고 복부의 피하지방은 증가한다.

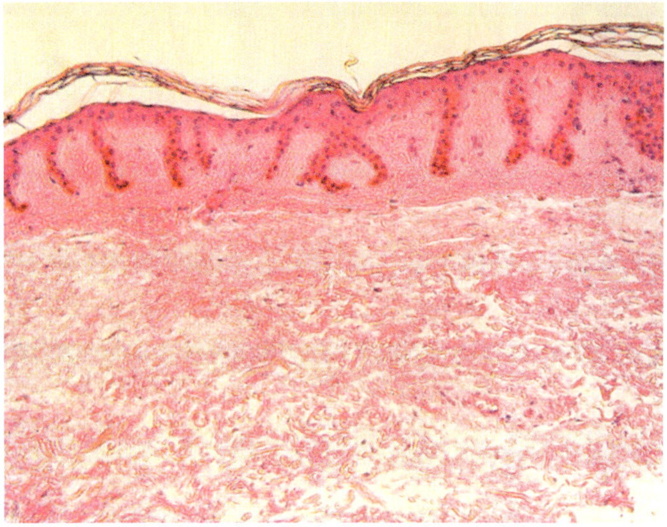

[그림9-4] 진피의 탄력섬유증과 다발성 일광흑자 생긴 조직

5. 노화 피부 미용관리

노화 피부 관리에는 피부 청결, 피부의 혈액 순환, 충분한 수면, 균형 잡힌 영양 섭취, 적당한 운동과 피부 건강관리가 중요하며 피부관리는 스스로의 피부를 알고 피부유형과 계절에 따라 올바른 관리를 해야 한다.

(1) 피부를 청결하게 관리한다.

피부관리의 첫 단계이며 가장 중요한 과정으로 생리적으로 인체에서 분비되는 피지와 땀, 먼지 등을 제거하고 화장수와 크림으로 피부를 정리하도록 한다. 세안 전에는 먼저 손을 깨끗이 씻고 세안 후에는 화장수로 피부결을 정리하여 피부의 유분과 수분을 공급해 주도록 한다.

(2) 자외선을 차단한다.

유해한 자외선에 피부가 오랜 시간 노출되면 피부 노화와 피부암을 일으키므로 자외선 차단은 무척 중요하다. 실내에서나 외출 시에도 광노화의 지연, 일광화상의 방지, 피부암의 예방 등에 효과가 있는 자외선 차단제를 바르도록 한다.

(3) 충분한 수면을 취한다.

항상 규칙적인 생활과 함께 충분한 수면을 취하도록 한다. 수면은 인체의 휴식과 에너지 축적의 가장 중요한 과정으로 수면을 취하는 사이에 새로운 세포가 형성되고, 피부에 충분한 영양이 보급되며 노폐물 처리기능이 원활해진다.

(4) 피부 노화를 예방하는 음식을 섭취한다.

충분한 수분과 함께 카테킨 성분이 함유된 녹차와, 유해산소를 억제하는 성분이 들어있는 토마토를 섭취하고 시금치, 브로콜리, 당근, 오이, 피망 등 녹황색 채소와 과일을 매일 섭취하도록 한다. 한식으로는 콩 요리를 자주 섭취하도록 하며 단백질 위주의 식단으로 영양섭취 하는 것이 더욱 좋다.

(5) 긍정적인 마음가짐으로 밝은 표정을 유지한다.

인상을 쓸 경우 표정 주름이 생기기 쉽고, 긴장감 없이 축 처진 얼굴은 실제 나이보다 늙어 보이게 된다. 항상 웃고 긴장된 표정관리로 얼굴에 탄력을 주도록 한다.

01. 피부 노화인자 중 외부인자가 아닌 것은?

① 나이 ② 자외선 ③ 산화 ④ 건조

02. 피부 노화의 이론과 가장 거리가 먼 것은?

① 셀룰라이트 형성 ② 프리래디컬 이론
③ 노화의 프로그램설 ④ 텔로미어 학설

03. 피부의 노화 원인과 가장 관련이 없는 것은?

① 노화 유전자와 세포 노화 ② 항산화제
③ 아미노산 라세미화 ④ 텔로미어(telomere) 단축

04. 피부 노화 현상으로 옳은 것은?

① 피부 노화가 진행되어도 진피의 두께는 그대로 유지된다.
② 광노화에서는 내인성 노화와 달리 표피가 얇아지는 것이 특징이다.
③ 피부 노화에는 나이에 따른 노화의 과정으로 일어나는 광노화와 누적된 햇빛노출에 의하여 야기되는 내인성 피부 노화가 있다.
④ 내인성 노화보다는 광노화에서 표피두께가 두꺼워진다.

05. 노화된 얼굴과 젊은 얼굴을 구분할 수 있는 변화가 아닌 항목은?

① 얼굴 윤곽의 변화
② 행동하고 표현할 때 생기는 얼굴과 목의 자연선이 깊게 패이고 뚜렷해진다.
③ 볼 우물
④ 피부의 이완과 눈 아래 특정적인 주름 및 처진 근육

06. 광노화로 인한 피부변화로 틀린 것은?

① 굵고 깊은 주름이 생긴다. ② 피부의 표면이 얇아진다.
③ 불규칙한 색소 침착이 생긴다. ④ 피부가 거칠고 건조해 진다.

07. 내인성 노화가 진행될 때 감소현상을 나타내는 것은?

① 각질환 두께 ② 주름
③ 피부 처짐 현상 ④ 랑게르한스세포

연 습 문 제

01. 피부 노화의 원인으로 외인성 노화(광노화)와 내인성 노화(자연노화)가 있다. 나이는 내인성 노화이다.

02. 셀룰라이트는 비만에 연관성이 있다.

03. 항산화제는 산화를 억제해 피부 노화를 방지한다.

04. 광노화는 내인성 노화보다 각질층을 두껍게 하며, 진피는 얇게 만든다.

05. 볼 우물은 노화와는 상관없다.

06. 광노화에서는 표피두께가 두꺼워진다. 색이 검어지는 것과 탄력 감소, 주름 유발, 기미 증가, 검버섯 발생, 면역감소가 있다.

07. 내인성 노화(자연노화)의 경우 피하지방세포, 멜라닌세포, 랑게르한스 세포 수, 한선의 수, 땀의 분비가 감소하게 된다.

정답

01. ① 02. ① 03. ② 04. ④ 05. ③
06. ② 07. ④

CHAPTER 10

피부장애와 질환

1. 원발진과 속발진
2. 색소질환
3. 물리적 피부질환
4. 모발 및 모발의 질환
5. 감염성 질환
6. 아토피와 아토피 관리
7. 여드름

DERMATOLOGY FOR BEAUTICIAN

CHAPTER 10 피부장애와 질환

1. 원발진과 속발진

외상, 손상, 질병으로 부터 유발된 일반적인 피부병변의 모습을 말하며, 피부병변의 발진 타입은 원발진(primary lesions)과 속발진(secondary lesions)이 있다.

원발진	반(반점), 색소반, 팽진, 구진, 수포, 농포, 낭종, 면포, 결절, 소수포, 종양
속발진	비듬, 가피, 진무름, 균열, 궤양, 미란, 위축, 반흔, 태선화, 찰상, 켈로이드

■ 피부질환

외부로부터의 자극, 병원체 접촉등의 원인으로 나타나는 질환이다.

분 류	종 류
세균성 피부질환	모낭염, 전염성 농가진
바이러스성 피부질환	사마귀, 대상포진(헤르페스), 단순포진, 수두, 풍진 등
진균성 피부질환	족부백선(무좀), 조갑백선, 두부백선
기계적 손상	굳은살, 티눈, 욕창 등
열에 의한 피부질환	화상, 한진(땀띠),열성홍반 등
피부 색소침착	과색소 침착: 기미, 주근깨, 점, 검버섯 등 저색소: 백반증

1) 원발진(Primary iesions)

피부 질환의 초기 단계에서 발생하며 반점, 홍반, 소수포, 대수포, 팽진, 구진, 농포, 결절, 낭종, 종양이 이에 속한다.

(1) 반점(Macule)

피부표면의 융기나 함몰은 없어 병변부위가 평평하며, 주변 피부와 경계 지울 수 있는 색이 다른 반점으로 주근깨, 기미, 자반, 노화반점, 오타 모반, 백반, 몽고반점 등이 이에 속한다.

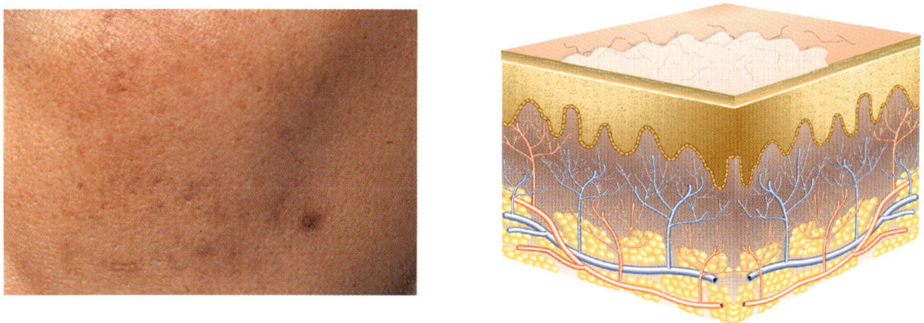

[그림10-1] 반점의 피부변화

(2) 홍반(Erythema)

홍반은 여러 가지 외적, 내적인 자극에 의해서 발생하는 가장 흔한 피부 반응 중 하나로서, 피부가 붉게 변하는 것과 혈관의 확장으로 피가 많이 고이는 것을 의미한다. 즉 작은 혈관들에 혈류가 많아지거나 그 주변 조직의 변화로 인하여 작은 혈관들이 우리 눈에 보이는 정도가 되는 것이다.

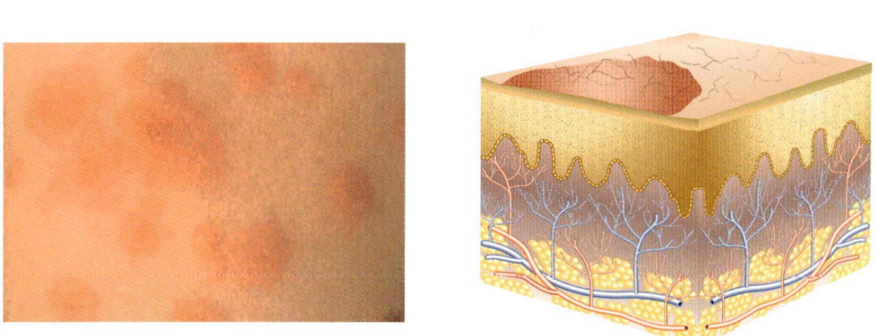

[그림10-2] 홍반의 피부변화

(3) 소수포(Vesicles)

소수포는 직경 1cm 미만의 물집으로 안에 투명한 액체를 가지고 있다. 원인이 되는 질환에 따라 집단으로 분포하기도 하며 일렬로 분포하기도 한다. 수포는 구진이나 반점에서 발전한 수포, 수포에서 발생한 농포 등 여러 가지 형태이다.

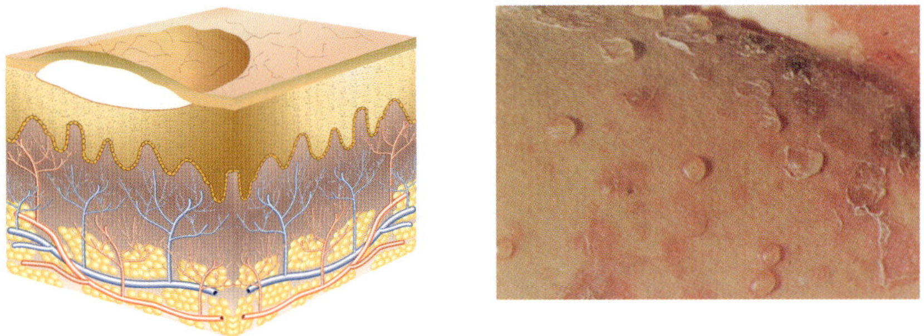

[그림10-3] 소수포의 피부변화

(4) 수포(Blister)

수포란 소수포(vesicle)보다 큰 1cm이상의 물집을 말한다. 피부의 세포 사이나 세포 안에 단백질 성분을 갖는 묽은 액체가 고여 발생한다. 주로 그 표면이 반구 모양으로 솟아오른 상태로, 여러 가지 모양으로 나타날 수 있으며, 그 표면이 팽팽하거나 흐물흐물하게 된다. 얇고 가벼운 손상에도 쉽게 터져서 삼출물과 함께 벽이 그대로 존재하기도 하며, 물집이 터져 건조되면 얇은 딱지를 형성하기도 한다.

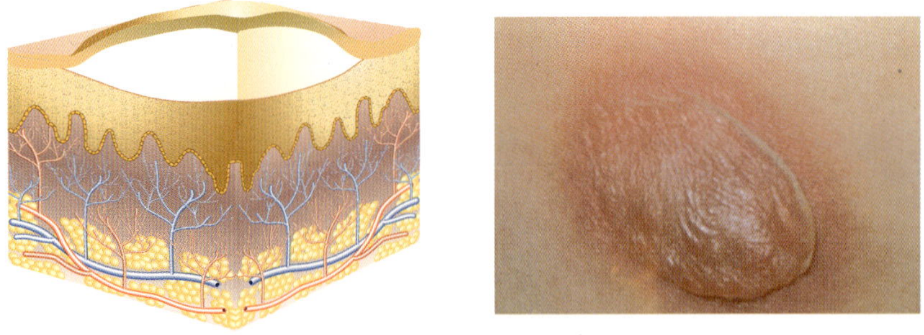

[그림10-4] 수포의 피부변화

(5) 팽진(Wheals)

가렵고 부어서 넓적하게 올라와 있는 일시적 부종으로 크기나 형태가 변하고 일시적이다. 표피는 영향 받지 않으며 진피 내 부종으로 두드러기, 곤충교상, 알레르기 반응 등이다.

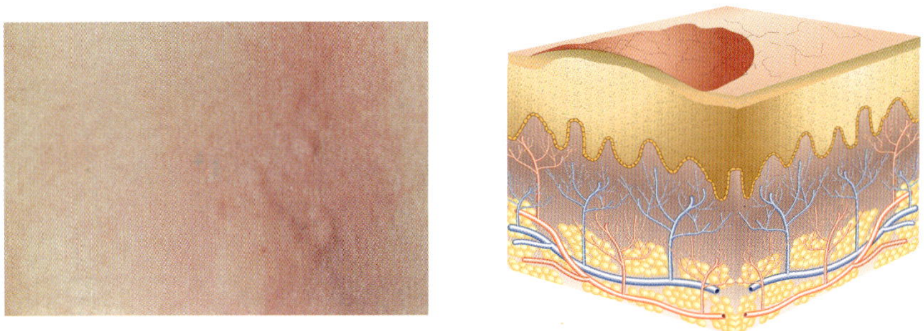

[그림10-5] 팽진의 피부변화

(6) 구진(Papules)

크기는 직경 0.5~1cm 정도로 반점과 달리 피부가 솟아올라가 있는 것을 말하며 보통 경계는 명확하다. 끝이 편평하거나 중심부가 함몰되어 배꼽 모양으로 나타나기도 하지만, 끝은 보통 뾰족하거나 둥글게 생겼다. 대부분은 피부의 표피 및 진피 상부층에 존재하고, 피지샘 주위나 땀샘 또는 털집의 입구에 생기기도 한다.

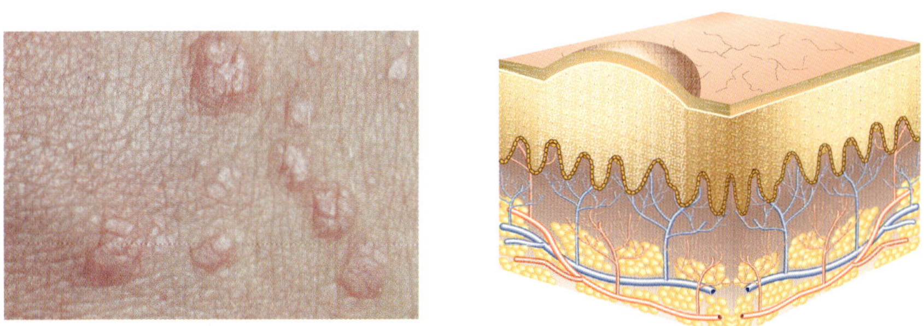

[그림10-6] 구진의 피부변화

(7) 농포(Pustules)

농포란 피부에 생기는 1cm 미만의 크기로 표면위로 돌출되어 있고 만지면 아프다. 농이 차있는 작은 융기를 말한다. 농은 고름이라고도 하며 염증 세포와 액체 물질의 혼합물로 구성된다. 농포의 모양은 잔 물집과 비슷하나 내부에 투명한 액체가 아닌 농이 차있고 대개 주위에 염증성 홍반을 동반한다.

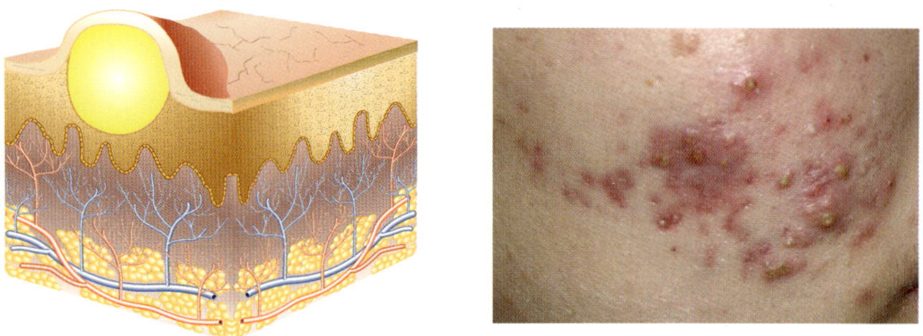

[그림10-7] 농포의 피부변화

(8) 결절(Nodules)

결절이란 피부 병변 중 구진(papule)과 같은 형태이나 진피나 피하 지방층에서 유래한다.

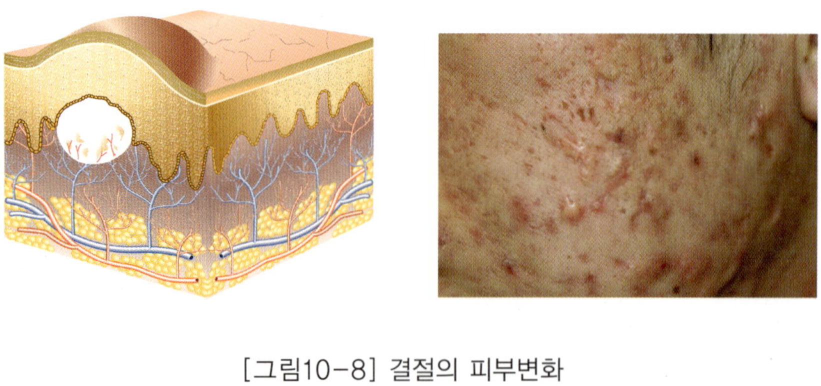

[그림10-8] 결절의 피부변화

(9) 낭종(Cysts)

액체나 반고형 물질로 인해 표면이 융기되어 있으며 표피, 진피, 피하지방층까지 침범하여 심한 통증을 유발한다. 여드름의 4단계에 생긴다.

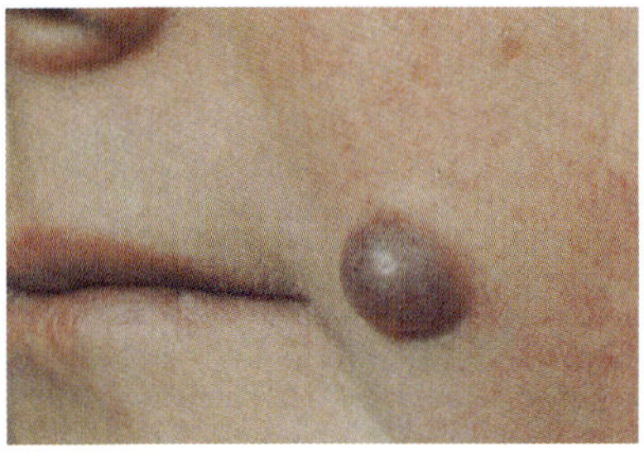
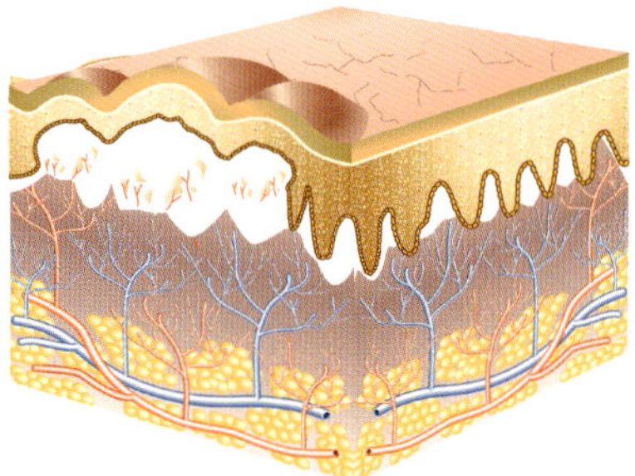

[그림10-9] 낭종의 피부변화

(10) 종양(Tumor)

직경 2cm 이상의 혹처럼 부어서 외부로 올라와 있는 결절보다 큰 몽우리로서 모양과 색상이 다양하며, 악성종양과 양성종양으로 구분된다.

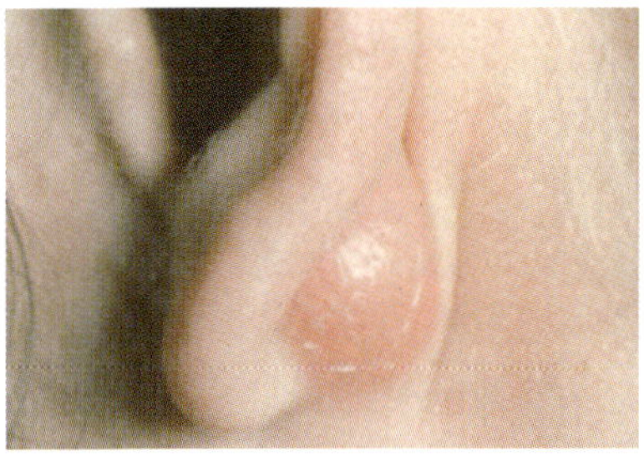
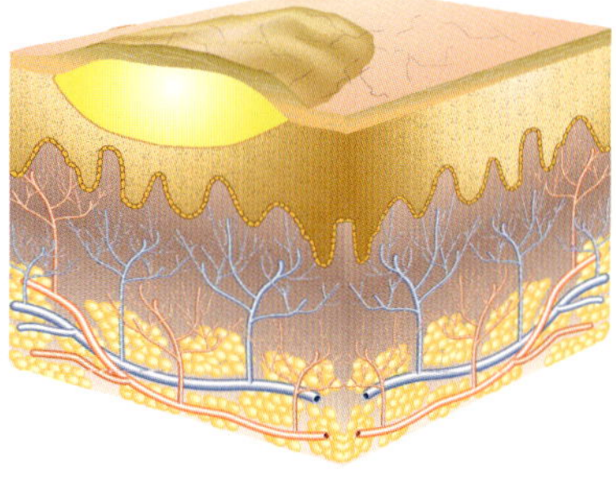

[그림10-10] 종양의 피부변화

2) 속발진(Secondary iesions)

피부질환의 후기 단계로서 원발진에서 더 진전되어 생기는 증세로 가피, 미란, 인설, 켈로이드, 태선화, 찰상, 균열, 궤양, 위축, 반흔 등이 있다.

(1) 가피(Crusts)

혈청과 농, 혈액의 축적물들이 피부표면에서 건조된 덩어리이다. 즉 상처나 염증부위에 즉시 흘러나온 조직액이 딱지로 말라붙은 상태를 말한다.

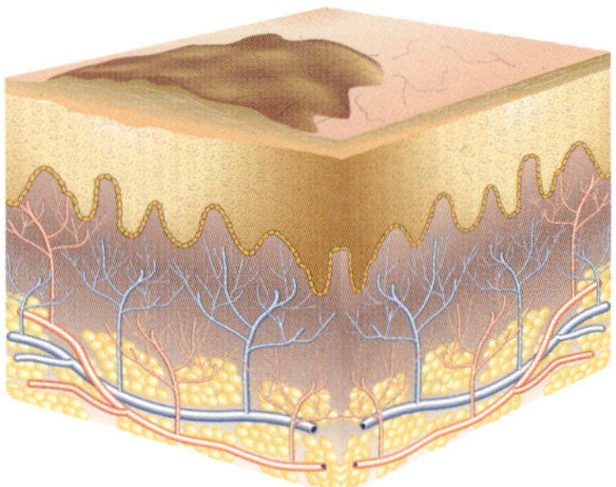
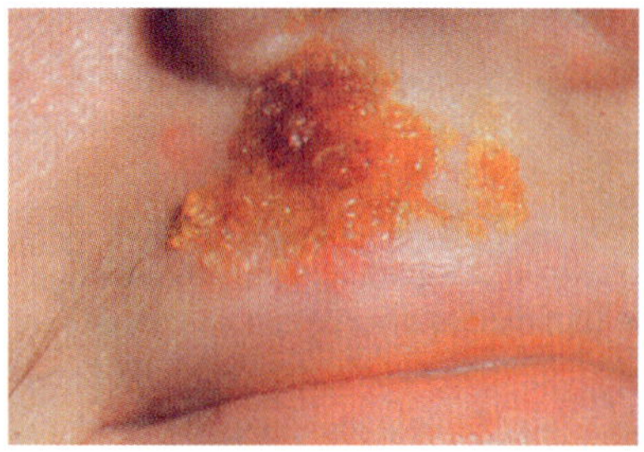

[그림10-11] 가피의 피부변화

(2) 미란(Erosions)

수포가 터진후 표피가 벗겨져 생긴 것이다. 얇은 피부 결손 상태로 출혈이 없고 흔적없이 치유된다.

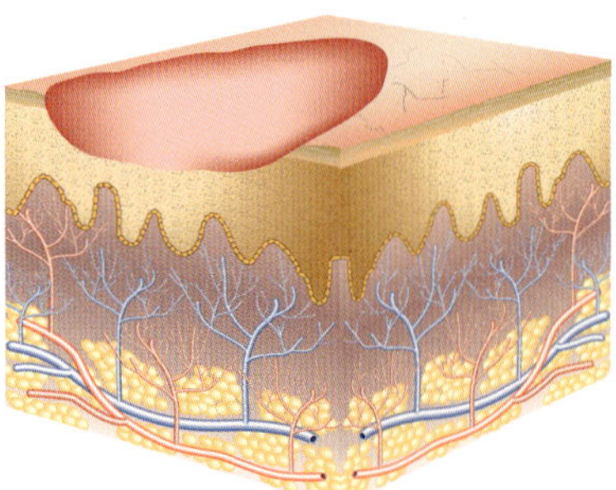
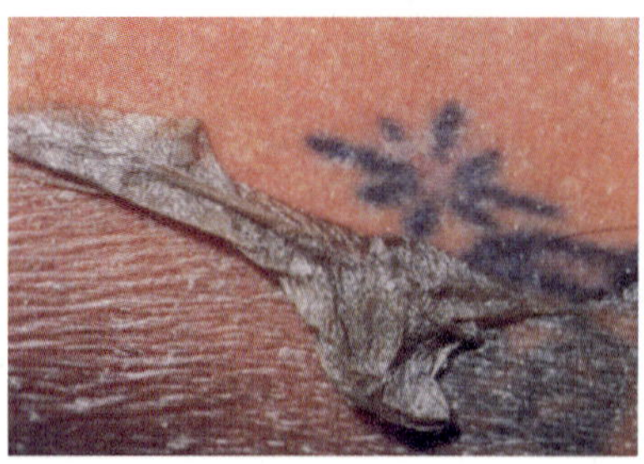

[그림10-12] 미란의 피부변화

(3) 인설(Scales)

인설은 각화과정에서 이상이 생겨 표피의 각질들이 축적된 상태로서 건조하면서 기름기가 있다. 눈에 보이게 각질세포가 가루 모양으로 떨어져 나가거나, 비듬 모양의 덩어리로 떨어져나간다.

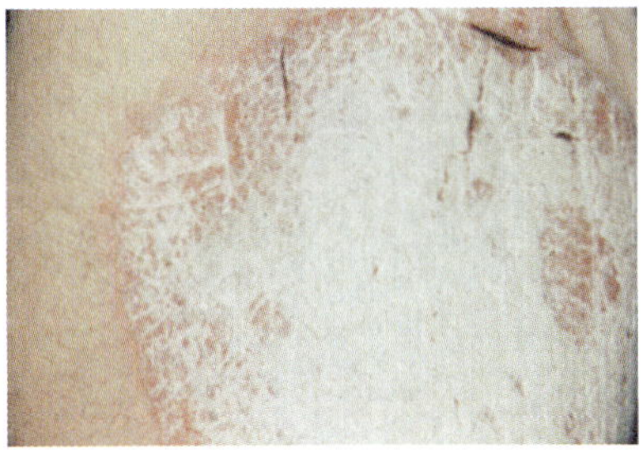
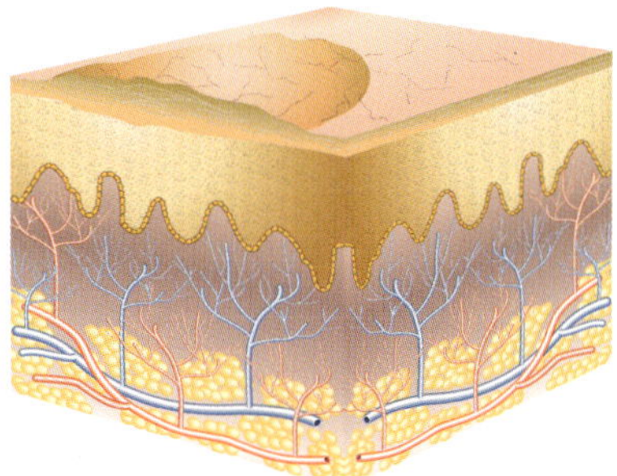

[그림10-13] 인설의 피부변화

(4) 태선화(Lichenification)

표피 전체와 진피 일부가 건조화 되고 가죽처럼 두꺼워지며 광택이 없다. 만성 소양성 질환에서 흔히 볼 수 있다.

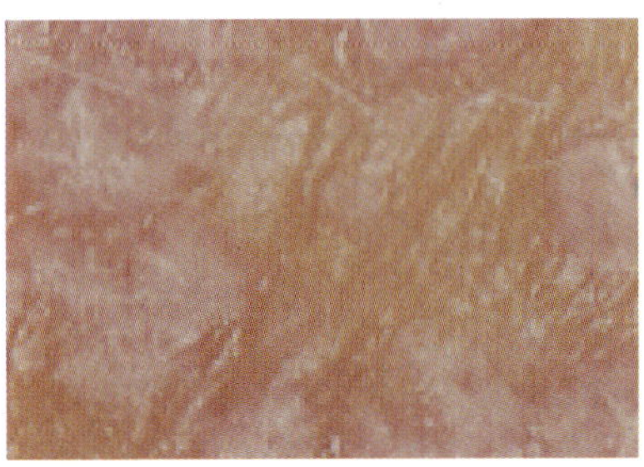
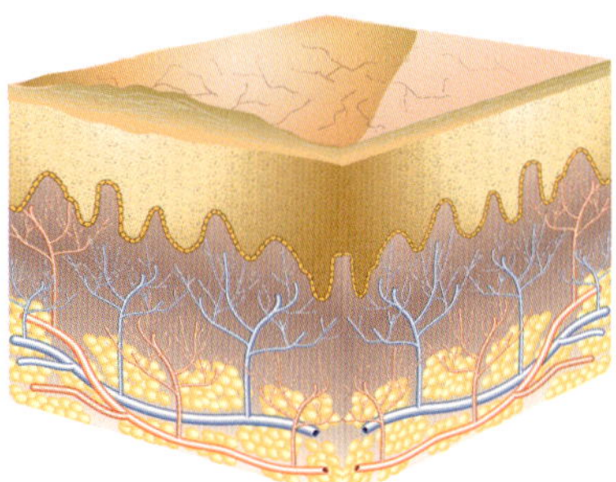

[그림10-14] 태화선의 피부변화

10 피부장애와 질환

(5) 찰상(Excoriations)

여러 소양성 질환에서 소양감을 제거하기위해 손톱으로 긁거나, 물리적 자극을 가했을 때 생긴다. 벗겨짐, 긁은상태, 옴 등이다.

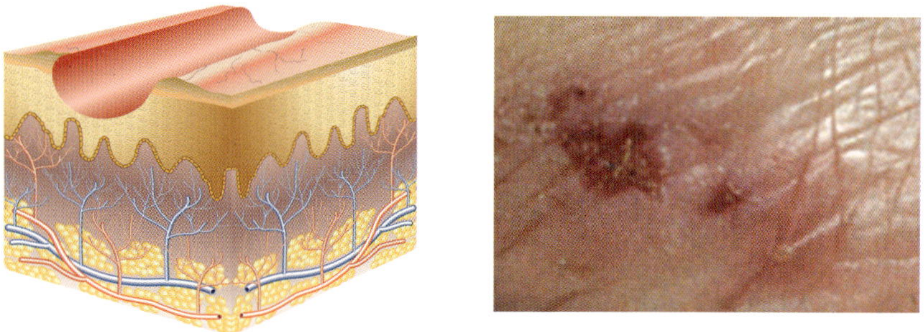

[그림10-15] 찰상의 피부변화

(6) 균열(Fissures)

질병이나 외상에 의해 피부가 갈라진 상태로, 입술가장자리에 생기는 구순염이나 무좀이 있다. 표피부터 진피까지 직선으로 생긴 틈, 건조 또는 습한 부위에 생긴다.

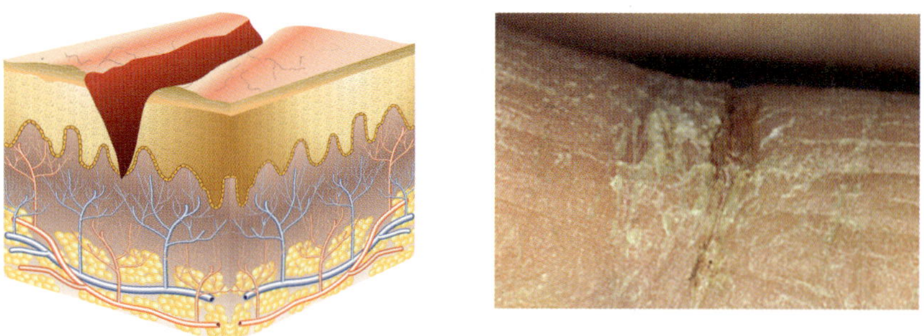

[그림10-16] 균열의 피부변화

(7) 궤양(Ulcer)

궤양은 표피나 상부진피 이상의 파괴에 의해서 생긴 피부의 구멍이다. 피부 깊숙이 생긴 결손으로 표피뿐 아니라 진피 내부까지 패인 상태로 완치 후에는 반흔이 된다.

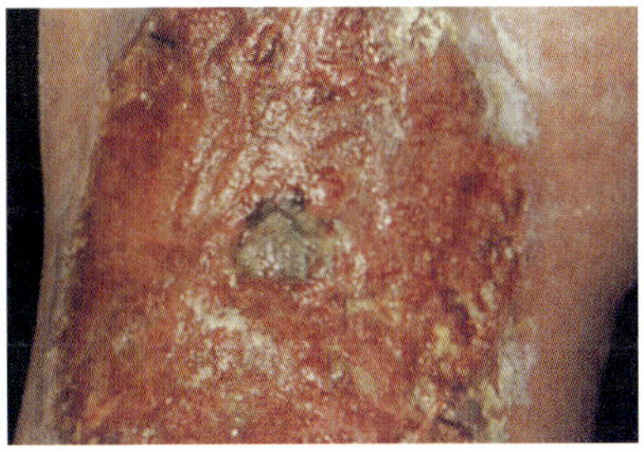

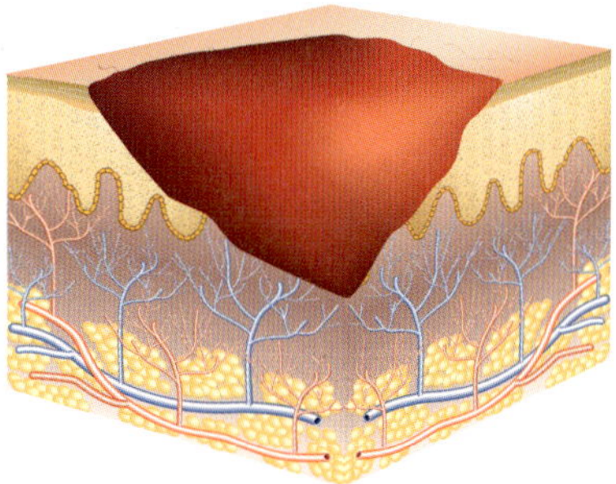

[그림10-17] 궤양의 피부변화

(8) 위축(Atrophy)

진피의 세포나 성분의 감소로 피부가 얇아진 상태이다. 피부가 탄력이 없고 주름을 형성하며, 정맥이 투시되기도 한다. 선조(striae), 노화된 피부라고도 한다.

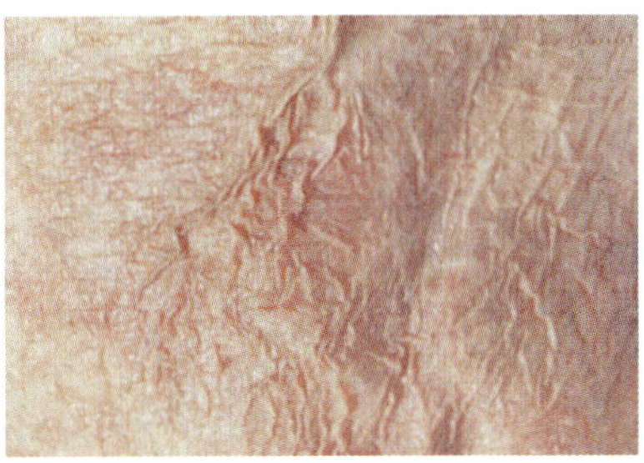

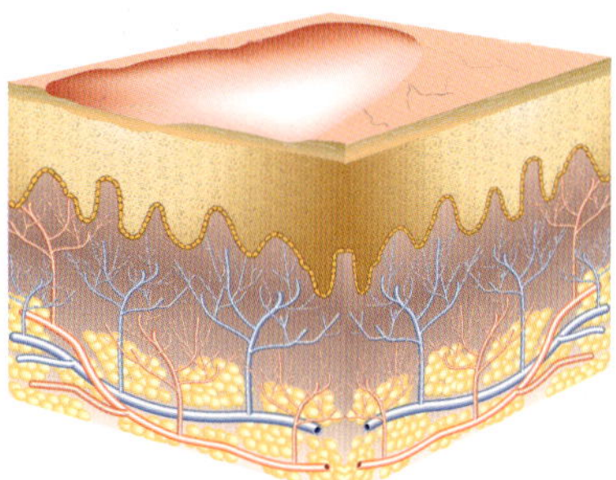

[그림10-18] 위축의 피부변화

10 피부장애와 질환

(9) 반흔(Scars, 흉터)

흉터는 상처나 궤양이 일어났던 곳에 생기고 영향을 받은 부위의 치유 양상을 반영한다. 손상된 피부의 결손을 메우기 위해 새로운 결체조직이 생성되는 정상 치유 과정이다. 위축성 반흔이 되거나, 켈로이드 경향이 있는 비대한 섬유상 병변이 섞여서 나타난다. 더는 세포재생이 되지 않으며 한선과 피지선이 없다.

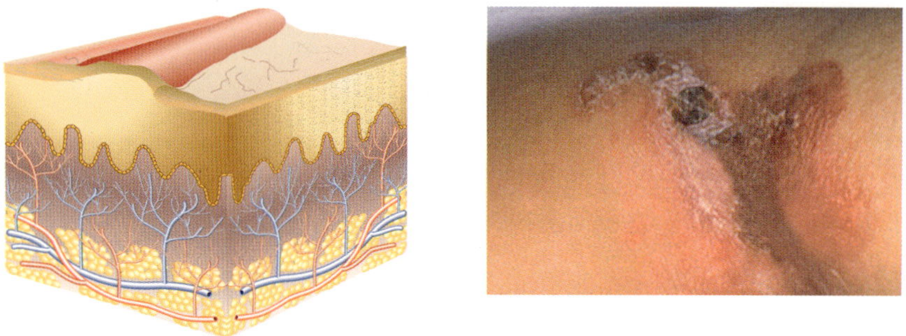

[그림10-19] 반흔의 피부변화

2. 색소질환

멜라닌이 피부 내에 증가되거나 결핍되면 피부색에 변화가 생긴다. 그 요인으로는 유전, 자외선, 내분비장애, 내장장애, 정신적 스트레스, 물리적 및 화학적 요인, 피부발진 및 염증 등이 있다. 색소질환에는 과색소침착으로 인한 기미, 주근깨, 노인성 흑자 등이 있고, 저색소 침착증으로 인한 백반증과 백색증 등이 있다.

(1) 기미(Melasma, 간반)

기미는 연한 갈색, 또는 흑 갈색, 암 갈색의 다양한 크기와 불규칙적인 형태로 주로 얼굴의 뺨, 이마, 윗입술, 턱, 코, 목부위, 일광 노출부위에 경계가 불규칙하게 주로 좌우 대칭적으로 발생하는 것이 특징이다. 자외선 과다노출, 유전적 요인(약 30% 이상이 가족적 병력을 갖는다), 임신 중 난소의 황체로부터 분비된 황체 호르몬에 의해 피부가 자외선에 과민반응을 보이거나, 이 호르몬이 멜라닌세포 자극 호르몬(MSH)을 뇌하수체로 에스트로겐 과다, 황체 호르몬 과다, 갑상선 기능 저하 난소 질환, 자궁질환, 생리불순, 폐경, 수은 및 납성분이 함유된 특정화약품과 특정약품으로 인한 부작용, 영양실조, 간질환 특히 만성 간염인 경우에 발생한다.

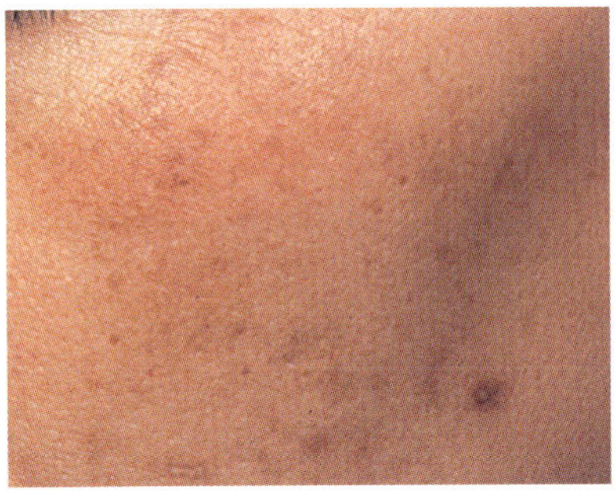

[사진10-1] 표피형기미와 오타양반점

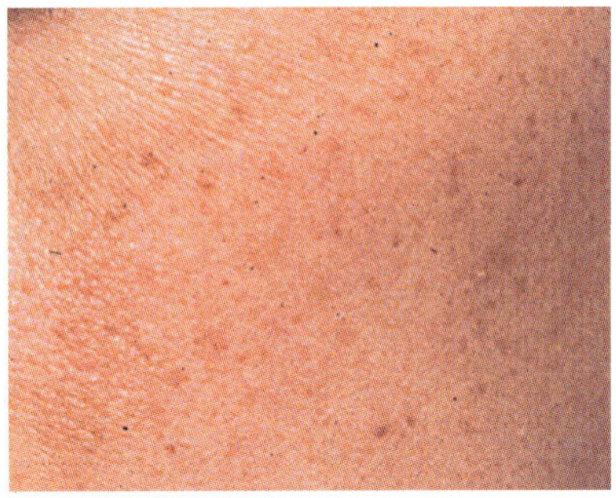

[사진10-2] 기미

(2) 주근깨(Freckles)

직경 5~6mm 이하의 불규칙적인 모양으로 주로 얼굴, 목, 어깨, 손 등 일광노출 부위에 멜라닌 색소가 침착되어 나타나는 다갈색, 암갈색의 선천성 과색소 침착증이다. 표피의 기저세포에 멜라닌 색소가 증가되어 있으며, 간기능의 저하, 혈액순환의 저하, 강한 자외선을 직접 받을 경우 수가 많아지고 색깔도 진해진다.

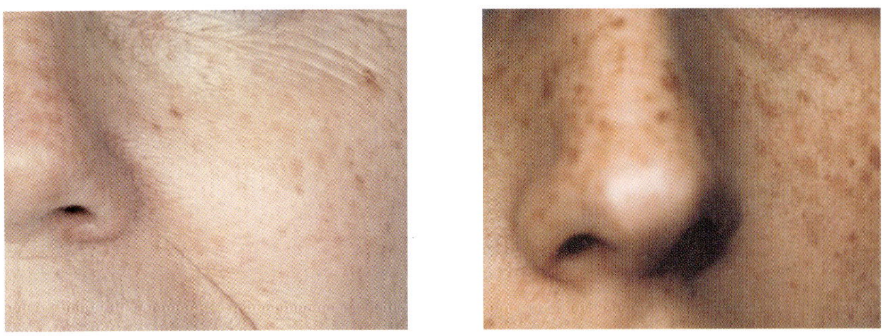

[사진10-3] 주근깨

(3) 노인성 반점(Lentigo senilis, 일광흑자)

50대 이후 나이가 들면 얼굴, 손등, 어깨 등에 걸쳐 주로 햇빛 노출부위에 불규칙적으로 갈색반점이 발생한다. 치료법으로는 레이저, 화학적 박피, 냉동요법, 전기소작법 등이 있으나 주근깨에 비해 크기가 훨씬 크고 색소가 기저층에 인접한 각질형성세포나 진피 상부 깊숙이 존재하므로 완전한 치유가 어렵다.
평소에 햇빛에 노출되지 않도록 자외선차단제를 바르고 일소방지제품을 사용한다.

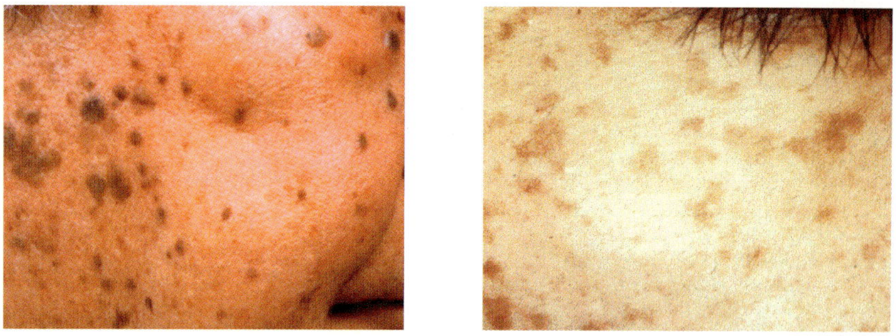

[사진10-4] 노인성 반점

(4) 지루성 각화증(Seborrheic keratosis, 검버섯)

경계가 뚜렷한 갈색 또는 흑갈색의 구진이나 판으로 사마귀 모양의 울퉁불퉁한 표면을 가지고 있다. 지루한 부위인 얼굴, 흉부, 등에 잘 발생하며 정확한 발생원인은 뚜렷하지 않고 40~50대 초반에 발생하기 시작한다. 만성적이며 자연치유가 되지 않고 나이가 들수록 병변은 점차 증가하는 경향이 있으나, 완전치료가 가능하다.

(5) 백반증(Vitiligo)

후천적으로 발생하는 저색소침착 중 가장 흔한 질환으로 멜라닌 세포의 결함으로 인하여 여러 가지 크기 및 형태의 백색반이 피부에 나타난다. 정확한 원인은 알 수 없으나, 약 30% 정도 가족력이 발견되며, 스트레스 등 정신적 장애, 화상, 동창, 반복된 외상이 보조 요인으로 작용할 수 있고, 자외선에 장시간 노출되어 멜라닌이 파괴되기도 한다.

(6) 백색증(Albinism)

백색증은 피부, 모발, 눈 등에서 멜라닌 색소가 결핍되어 나타나는 선천성 질환으로 자외선에 대한 방어능력이 약화되어 쉽게 일광화상을 입는 등 자외선에 의한 상해를 쉽게 받는다.

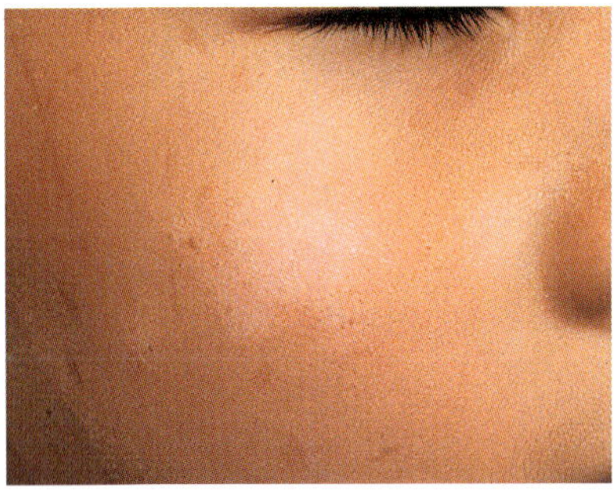

[사진10-5] 백반증

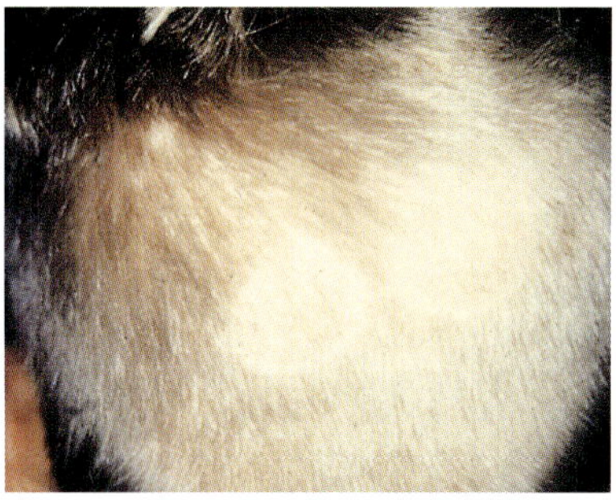

[사진10-6] 백색증

(7) 릴 안면흑피증(Riehl's melanoderma)

일광노출 부위인 얼굴의 이마, 뺨, 귀 뒤, 목의 측면 등에 넓게 나타나는 갈색 내지는 암 갈색의 색소침착으로 진피 상층부에 멜라닌이 증가한 것이다. 원인은 화장품, 향수나 약제(항생물질, 항히스타민제, 정신안정제, 혈압강하제), 감미료에 들어 있는 광감작 성분으로 인한 광과민성으로 추정된다.

(8) 베를로크 피부염(Berloque dermatitis)

향수, 오데코롱을 사용한 후 일광을 조사하면 피부 노출부위에 생기는 색소침착이다. 향수, 오데코롱에는 베르가못 오일이라는 정유가 함유되어 있는 것이 많은데, 이 오일은 광감수성을 높게 만든다.
이 때 자외선이 관여하면 색소침착이 발생한다.

3. 물리적 피부질환

물리적 피부질환으로는 굳은살, 티눈같은 기계적 손상에 의한 질환과 화상, 땀띠, 홍반등 열에 의한 피부질환이 있다.

(1) 굳은살(Callus)

압력에 의하여 발생되는 국소적인 과각화증으로 통증이 없고 압박을 제거하면 저절로 없어진다.

(2) 티눈(Corn)

원추형의 국한성 비후증으로 피부에 계속적인 압박을 받아 생기는 각질층의 증식 현상이다. 중심부에 핵심이 있으며 건성 · 연성으로 나뉘고 통증이 동반된다. 사마귀와 헷갈리기 쉬우나 사마귀는 조직 내에 혈관이 있어 자르면 피가 난다.

(3) 화상(Burn)

화상은 열, 전기 방사능, 화학물질 등 여러 가지 요인에 의해 일어나는 상처로 세포의 단백질을 변화시켜 세포를 파괴한다.

1도 화상	표피에만 화상을 입는 것으로 햇볕에 탄 피부이다.
2도 화상	진피층까지 손상되어 수포가 발생한 피부이다.
3도 화상	피하 지방층까지 손상된 피부로 반흔을 남긴다.
4도 화상	피하 지방층 아래의 근육까지 손상된 피부이다.

(4) 한진(Miliaria, 땀띠)

땀이 피부의 표피 밖으로 배출되지 못하고 표피 안쪽에 축적되어 일어나는 피부질환이다. 한선이 많이 분포되어 있는 이마, 머리 주변, 가슴, 목, 어깨에 나타난다.

(5) 홍반(Erythema)

약물이나, 자외선 및 방사선에 장기간 노출된 피부, 혹은 직접적인 피부조직의 손상 등에 의해 진피 내에 있는 작은 혈관 및 유두하 혈관층의 확장으로 인하여 피부가 발적 및 충혈을 일으키는 것이다.

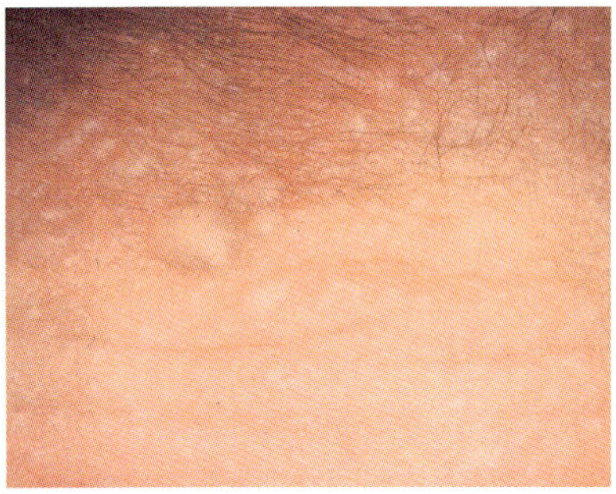

[사진10-7] 한진

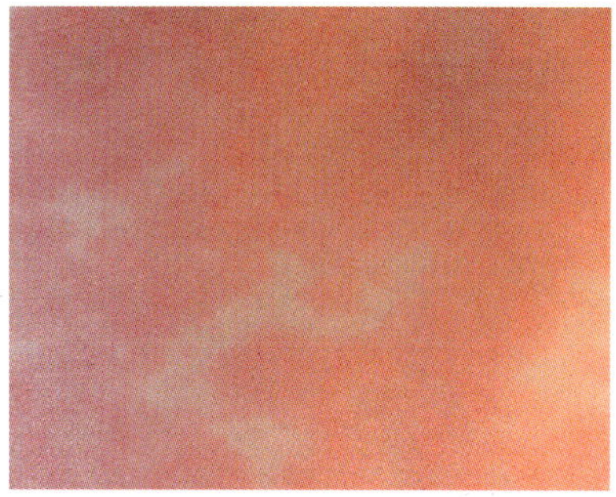

[사진10-8] 홍반

(6) 접촉성 피부염(Contact dermatitis)

외부물질 접촉에 의해 발생하는 피부염으로, 발병기전에 따라 일차 자극성 피부염과 알레르기성 피부염으로 분류된다.

10 피부장애와 질환

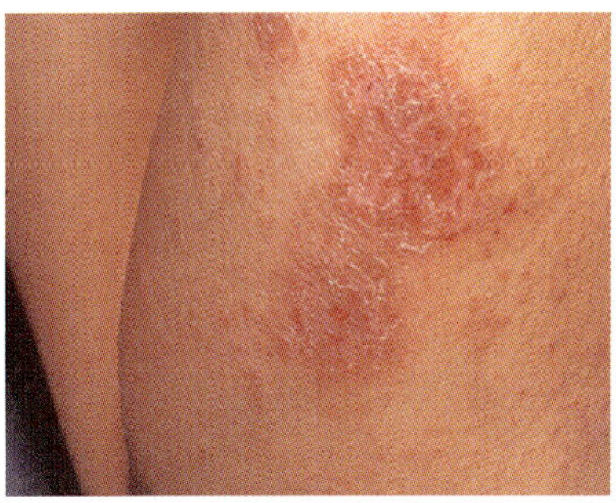

[사진10-9] 습진

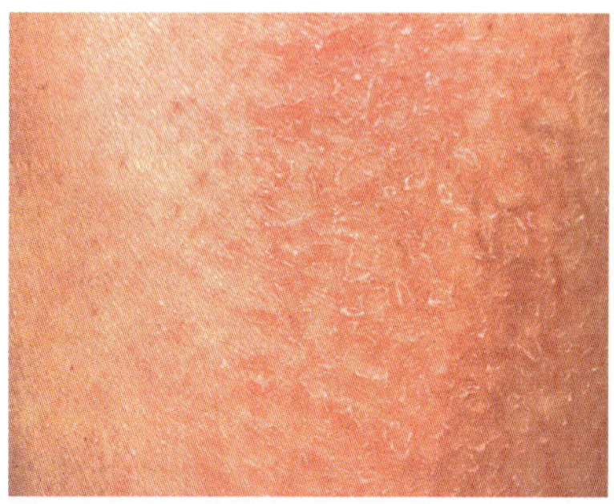

[사진10-10] 건성습진

4. 모발 및 모공의 질환

(1) 원형 탈모증(Alopecia areata)

1~5cm 직경의 동그란 동전크기 모양의 탈모가 발생하는 질환이며, 정신적 스트레스나 자가 면역 이상, 국소감염, 내분비 기관 장애 등이 원인이다.

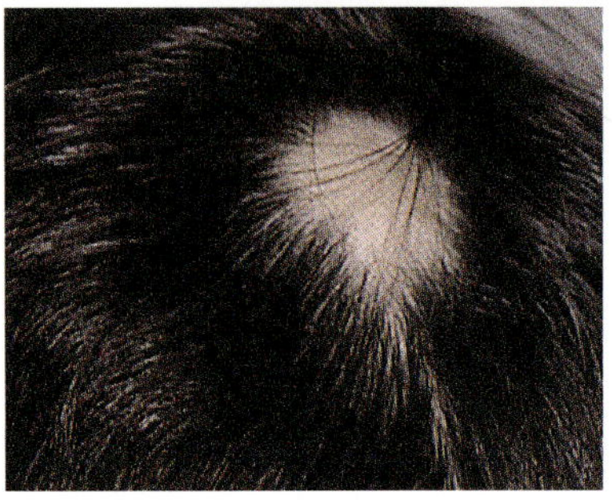

[사진10-11] 원형탈모

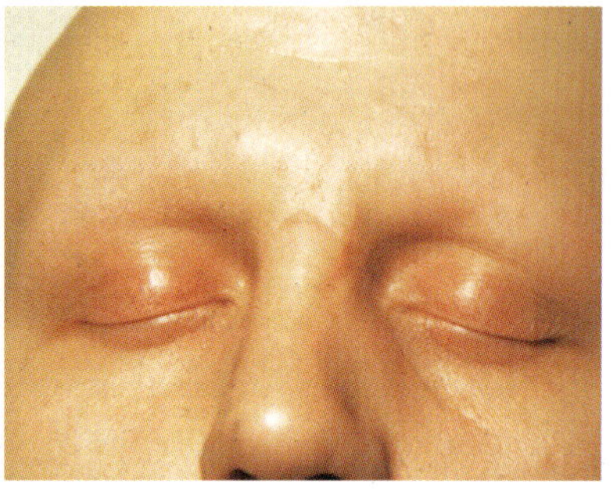

[사진10-12] 전두 원형 탈모

(2) 탈모증(Alopecia)

남성형 탈모는 20대 후반 혹은 장년 남자의 양측 전두부위와 두정부위에 탈모가 시작되어 점차적으로 확대되며, 측두부위와 후두부위의 모발은 빠지지 않고 남아있는 것이 보통이다. 유전, 남성호르몬, 두피의 지루성 피부염이 중요한 악화요인이다.

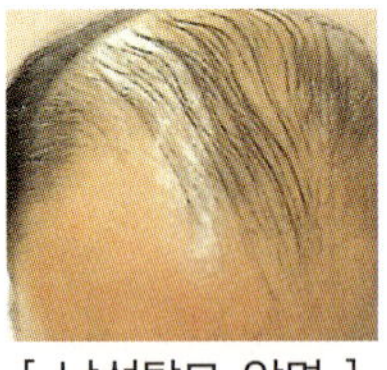

[남성탈모 앞면]

[지루성 모구]

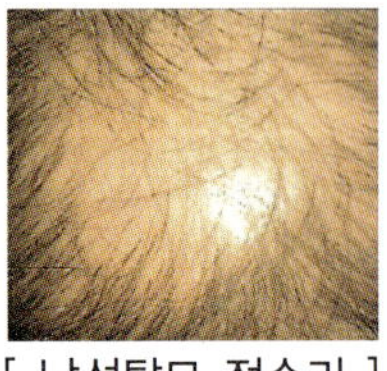

[남성탈모 정수리]

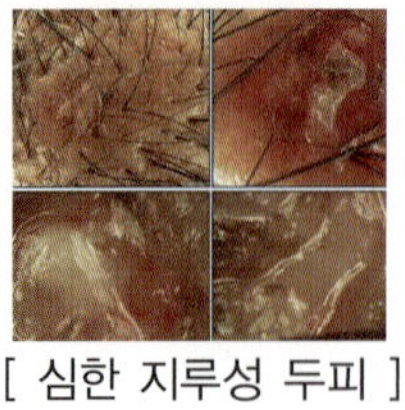

[심한 지루성 두피]

[사진10-13] 지루성 모구

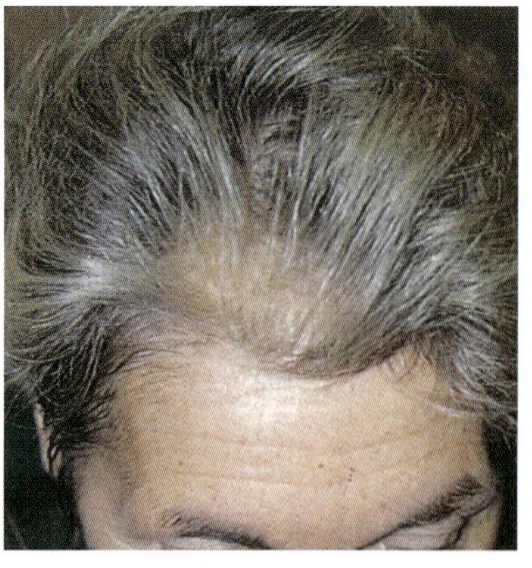

[사진10-14] 여성형 탈모

(3) 조모증(Hirsutism)

약물로 인한 의인성 조모증, 여러 색소성 모반과 만성염증 등으로 인한 국소성 조모증, 부신과 난소 및 뇌하수체 등의 질환에 의한 내분비성 조모증이 있다. 여성의 경우 미용상 혐오감이 있는 모발은 제모제 등으로 제거한다.

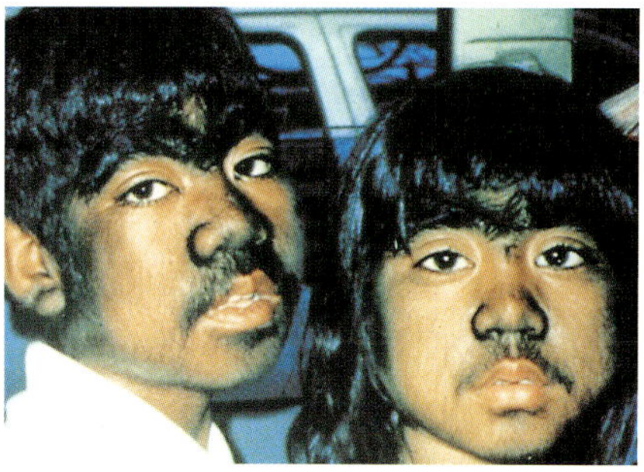

[사진10-15] 조모증

(4) 모발 모공 각화증(Trichostasis spinulosa)

모공이 부분적으로 폐쇄되어 휴지기의 모발이 빠져나가지 못하고 모낭에 솜털이 뭉쳐있는 상태이다. 코나 이마에서 주로 나타나며 어깨와 등에 나타날 때는 검은 면포처럼 보인다.

(5) 모낭염(Folliculitis)

모공 개구부 가까이에 여러 가지 원인으로 염증성 반응이 생기는 질환이다. 작은 농포가 모공 개구부 가까이에 발생하며 가렵고 통증이 있는 표재성 모낭염과 털을 뽑거나 면도할 때, 혹은 타르나 파라핀을 도포 할 때 발생하는 심재성 모낭염이 있다.

5. 감염성 질환

1) 바이러스 감염증(Viral dermatosis)

(1) 전염성 연속증(Molluscum contagiosum, 물사마귀)

사람에게 질병을 일으키는 가장 큰 바이러스로 소아에게 흔히 발생하며, 얼굴, 몸체간 부위, 항문, 성기 주위에 잘 생긴다.

(2) 단순포진(Herpes simplex)

단순포진 바이러스는 점막이나 피부를 침범하는 수포성의 질환이다.

(3) 대상포진(Hespes zoster)

수두를 앓은 후에 잠복해 있던 바이러스의 재활성화에 의해 발생한다. 침범 받은 신경을 따라 띠 모양으로 피부발진이 발생하고, 수포가 화농으로 변하면서 심한 경우 흉터가 남을 수 있다. 휴식과 안정을 취해야 하며, 2~4주 내에 치유된다.

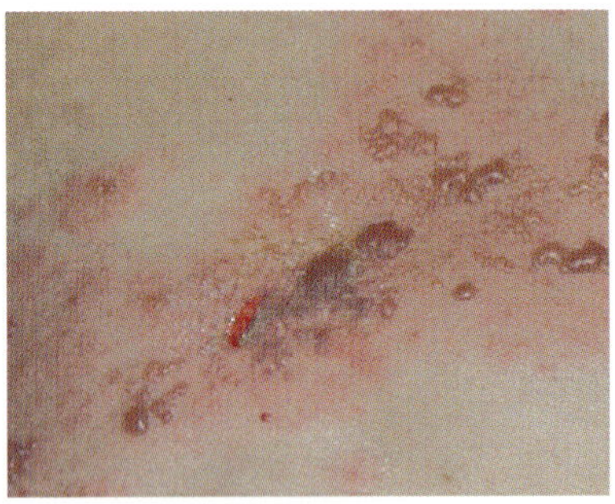

[사진10-16] 대상포진

(4) 수족구염(Hand-foot-mouth disease)

주로 늦여름에서 가을에 10세 이하의 소아에서 발생하며 손 · 발 그리고 입에 수포와 구진의 발진이 생긴다.

(5) 편평사마귀(Flat wart)

열은 갈색에서 짙은 갈색의 표면이 편평한 직경 1~3mm 정도의 작은 구진이 안면, 손등, 무릎, 손목 등에 발생하며 치료는 잘 안되므로 주의 하여야 한다.

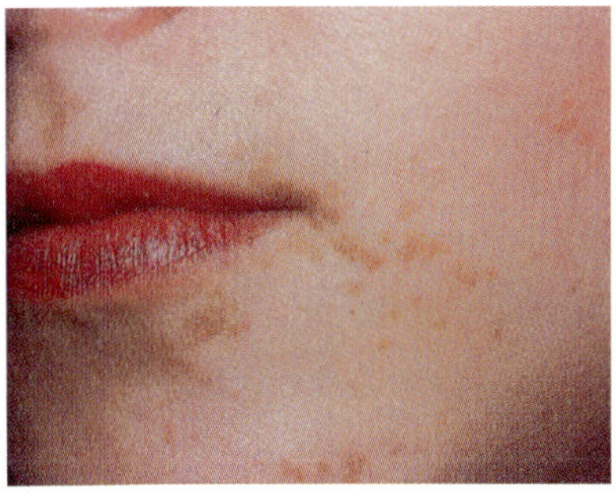

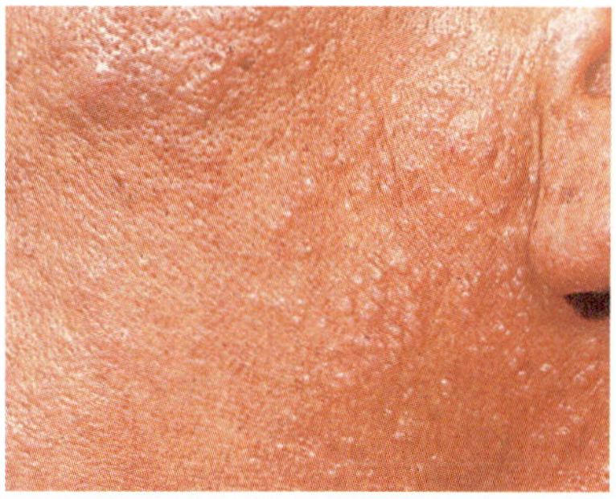

[사진10-17] 편평사마귀

(6) 수두(Varicella)

주로 소아에서 발생하며, 피부 및 점막의 전염성 수포성 질환이다. 피부발진 1일부터 6일 후까지 호흡계통을 통하여 전염되며, 가피 형성 후에 흉터 없이 치유되나 이차감염으로 인해 흉터가 남을 수 있다.

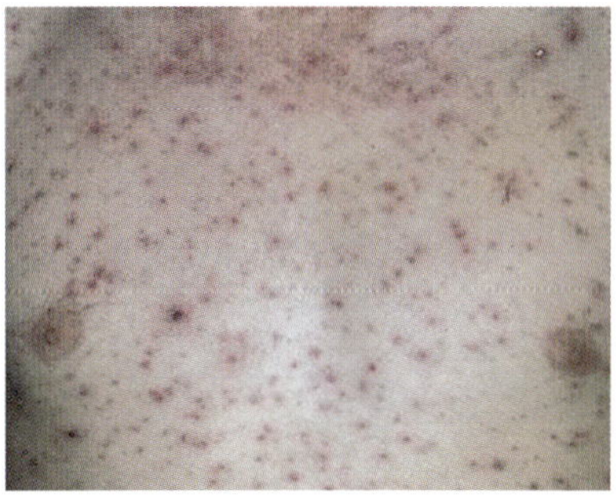

[사진10-18] 수두

(7) 홍역(Rubeola)

피부에 붉은 반점상 구진이 심하게 나타나며, 상기도 호흡기계 감염, 결막염 등이 나타나는 질환으로 소아에게 자주 나타난다. 전염성이 매우 높다.

2) 세균성 피부질환(Bacterial dermatoses, 박테리아)

(1) 농가진(Impetigo contagiosa)

주로 유, 소아에서 두피, 안면, 팔, 다리 등에 수포나 진물이 나며, 전염력이 높은 화농성 연쇄상 구균이 주 원인 균이다.

(2) 절종(Furuncle, 종기)

모낭과 그 주변 조직에 걸쳐 깊은 괴사가 일어나 화농된 것을 말한다.

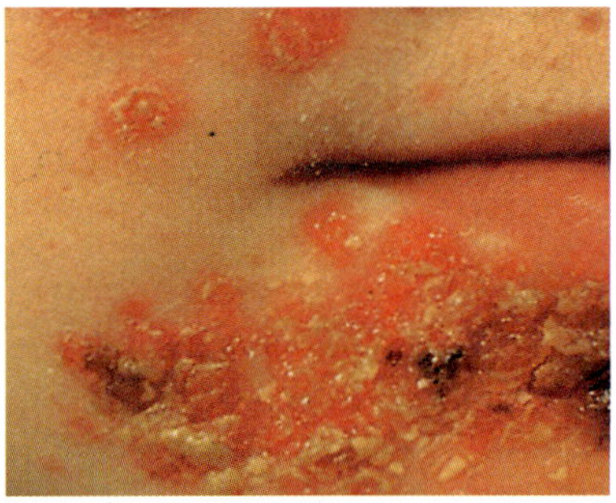

[사진10-19] 농가진

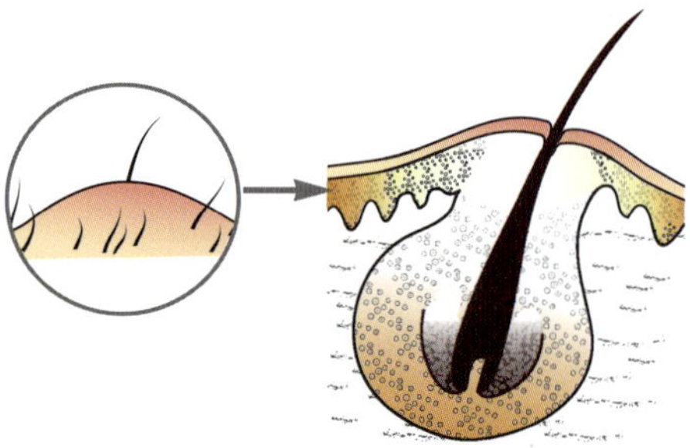

[그림10-20] 종기

(3) 봉소염(Cellulitis)

초기에는 작은 부위에 홍반, 소수포로 시작되어 점차로 큰 판을 형성하고, 심부 깊이 감염되며, 임파절 종대, 전신적인 발열이 동반된다.

(4) 진균성 피부질환(Dermatomycosis, 곰팡이)

무좀이라고 불리는 족부백선, 수부 백선, 조갑백선, 체부 백선이 이에 속하고 그 외 사타구니 습진, 캔디다증이 있다.

3) 그 외의 피부질환

(1) 비립종(Miliums)

지방 조직의 신진대사 저하로 인하여 표피의 유핵층에 발생하는 모래알 크기의 작은 황백색의 낭포이다. 주로 눈가, 뺨, 이마 등에 발생한다.

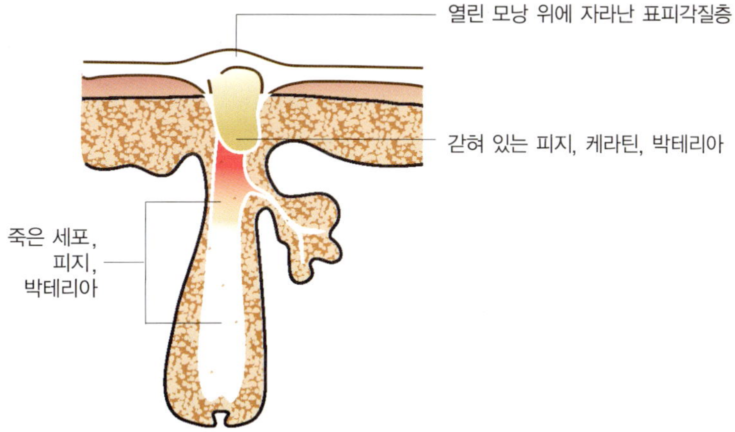

[그림10-21] 비립종

10
피부장애와 질환

(2) 한관종(Syringoma)

표피에서 약간 솟아오른 황색 또는 분홍색의 반투명성 에크린한선의 구진이다. 흔히 물사마귀라고도 한다. 눈 주위, 광대뼈 부위에 주로 발생한다.

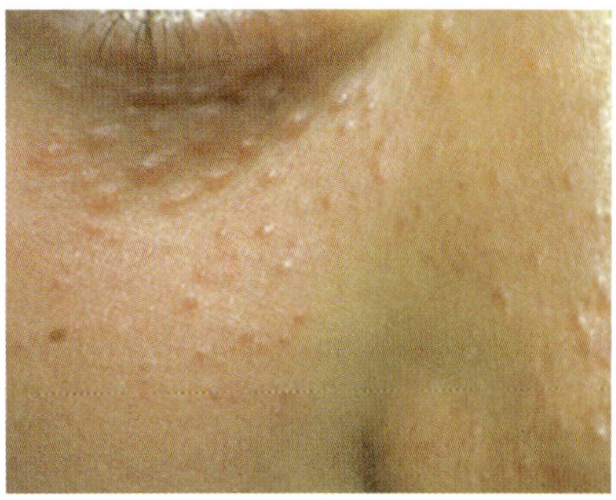

[사진10-20] 한관종

(3) 섬유종(Skin tag)

일명 쥐젖이라고도 하며 노화현상에 의해 발생한다. 목 부위나 흉부, 겨드랑이에 주로 발생한다.

(4) 지방종(Lipoma)

피하조직에 형성되는 양성종양으로 목과 겨드랑이에 발생한다.

(5) 혈관종(Hemangioma)

피부 위로 약간 돌출되는 거미줄 모양의 빨간 점을 섬망성 혈관종이라 하며, 피부 조직이 늘어나며 모세혈관의 흐름이 막혀 붉은 혈색을 갖는 것을 매상 혈관종이다.

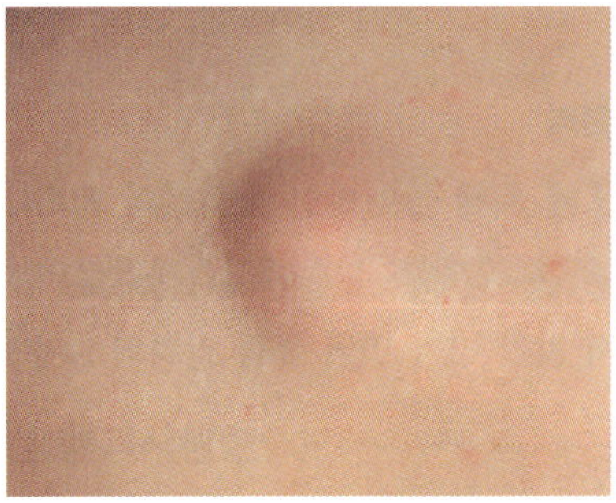

[사진10-21] 지방종

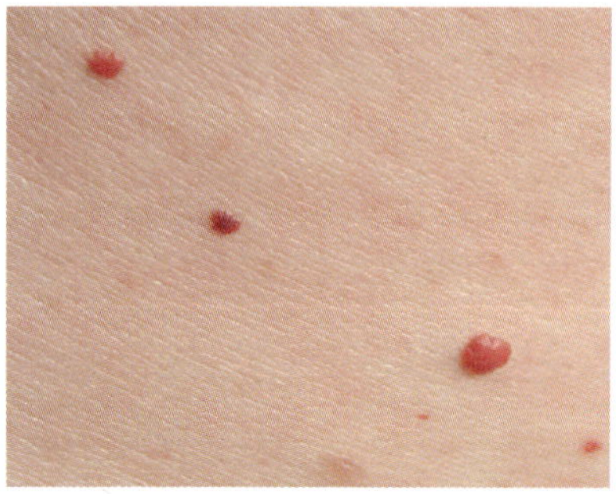

[사진10-22] 혈관종

(6) 주사(Rosacea)

혈액순환 저하로 충혈 및 모세혈관이 확장된 상태이며, 지루성 피부염에 잘 생기는 피부질환으로 구진과 농포가 코를 중심으로 양빰에 나비형태로 붉어진 증상이다.

6. 아토피와 아토피 관리

아토피(atopy)는 그리스어 'atopia' 에서 유래한 단어로 "비정상적인 반응", "기묘한", "뜻을 알 수 없다"라는 의미를 갖고 있다. '괴상한' 이란 어원 그대로 원인을 정확히 알 수 없는 이상한 병이라는 뜻이다. 1925년 미국의 A.Coca가 '선천적으로 음식물과 흡입성 물질에 대한 알레르기 반응의 결과로 피부염이나 천식, 고초열이 나타나는 경향' 이라 아토피를 기술한 이후부터 쓰이게 되었다. 그러나 아직까지 '아토피란 이것이다' 라고 단정 지은 정의는 없다.

아토피는 알레르기 피부염, 알레르기성 비염, 천식, 알레르기성 결막염, 아토피성 두드러기 등이 있으며 단독 또는 여러 질환이 동시에 나타날 수 있다. 다양한 원인이 복잡하게 뒤엉켜 발병하고 완화와 재발을 반복하므로 치료가 어렵다.

(1) 아토피성 피부염(Atopic dermatitis)원인 및 증상

아토피는 만성적으로 재발하는 심한 가려움증이 동반되는 피부습진 질환 으로, 아토피 피부염은 천식, 알레르기 비염, 만성 두드러기와 함께 대표되는 알레르기 질환의 하나라고 볼 수 있다.

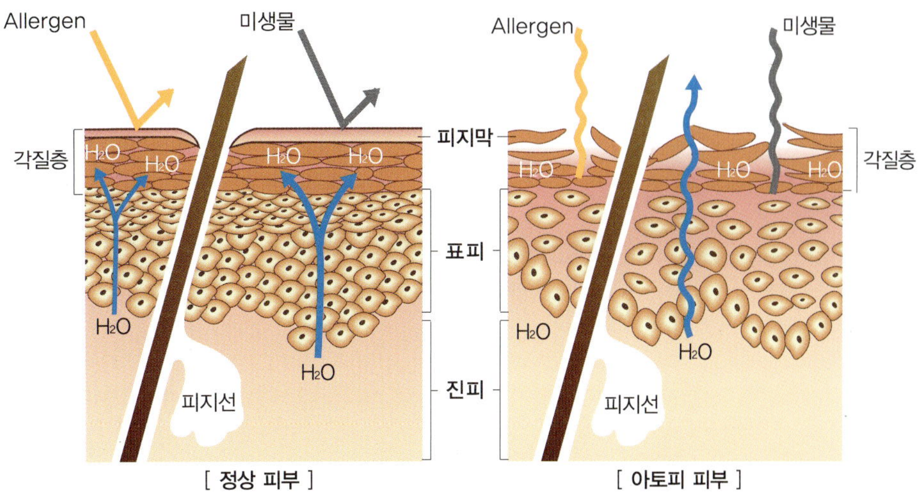

[그림10-22] 정상피부 와 아토피 피부의 비교

① 아토피의 원인

아토피성 피부염의 정확한 원인은 밝혀져 있지 않지만 지금까지 알려진 것은 크게 유전적인 요인, 환경적인 요인, 내적인 요인으로 나눌 수 있다.

유전적인 원인	천식, 알레르기성 비염, 알레르기 등의 가족력이 있는 경우이다.
환경적인 원인	공기, 집먼지, 진드기, 세균, 미생물, 꽃가루, 공해 물질 등의 원인
내적인 원인	음식 알레르기, 스트레스 등이 대표적이다.

② 아토피의 증상

아토피 피부염의 주요 증상은 심한 가려움증, 피부건조, 발진, 진물, 부스럼 딱지, 비늘 같은 껍질이 있는 피부(인비늘)등이다. 아토피 피부염은 환자의 연령에 따라 비교적 특징적인 양상을 보여 이에 따라 아래의 세가지 형태로 나눌 수 있다.

유아형	생후 2~6개월, 양볼에 가려움, 붉은 홍조, 좁쌀 같은것이 돋아난다.
소아형	2~10세 눈 주위, 목, 팔꿈치 안쪽, 무릎 뒤쪽 등 건조형 습진이 생긴다.
성인형	12세 이후 건조형 만성습진, 거칠고 딱딱하며 두꺼운 피부 상태를 보인다.

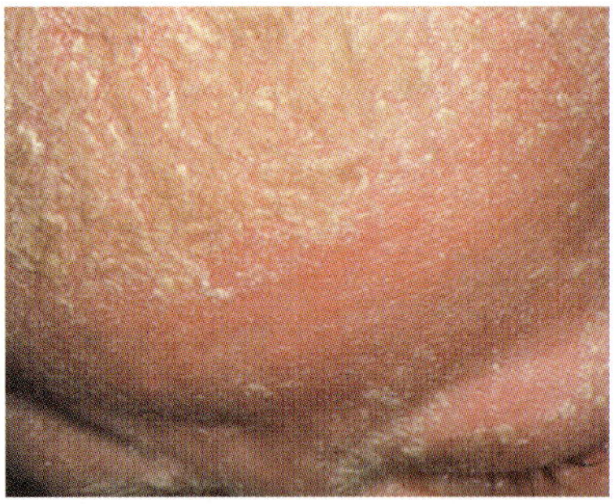

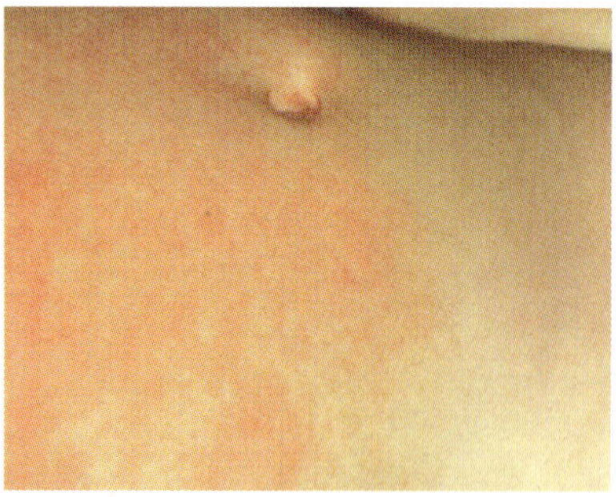

[사진10-23] 아토피 증상

(2) 아토피 피부관리

아토피성 피부염 환자의 피부는 배리어 기능이 저하되었기 때문에 사소한 것도 자극이 된다. 적절한 스킨케어로 피부를 보호하고 기능을 정상으로 유지하는 것은,

치료의 보조적 수단으로서 중요하다고 할 수 있다. 또한 최근의 연구에 의하면 피부 고유 기능인 보호막 기능(skin barrier function 장벽기능)의 이상이 아토피 피부염의 중요한 원인 중에 하나로 설명되고 있다.

① 피부를 청결하게 유지한다.

모든 피부의 관리에서 우선적으로 고려되어야 할 것은 청결이다. 피부표면에 남은 땀이나 더러움도 자극이 되며, 또 세균번식을 억제하기 위해서도 피부는 청결하게 유지해야만 한다. 생활하는 환경에는 아토피를 위협하는 요소들이 수없이 많으므로 이러한 요인들을 적절히 제거하지 않으면 손상된 피부 보호막으로 피부 내로 들어가 아토피를 유발하거나 악화시킬 수 있다. 또한 유아의 경우에는 여러 경로의 환경을 통해 알레르기 반응을 일으킬 수 있으므로 목욕, 샤워를 적절하게 한다. 목욕 후에는 보습제를 발라 피부 보습을 유지하도록 한다. 증상이 심한 경우를 제외하고는 미지근한 물로 매일 목욕하는 것이 좋다.

② 피부에 자극을 피한다.

스크럽제에 의한 세안, 필 오프 타입 팩, 보디브러시나 나일론 타월 등의 사용은 예민해져 있는 피부를 심하게 자극할 수 있으므로 피하는 게 좋다. 씻는 방법도 강한 자극을 주어 문지르지 말고 비누거품을 잘 내어 그 거품으로 어루만지듯 닦으며, 잔여물이 피부에 남지 않도록 잘 씻어낸다. 사용하는 비누, 샴푸, 기초 화장품 등도 가능하면 저자극성인 것을 선택한다.

③ 부족한 성분을 보충한다.

세정을 통해 청결하게 한 후 바르는 보습제품은 건강한 피부의 유지를 위해 매우 중요하다. 특히 세정 후 바로 보습제품을 발라 피부청결과 부족한 수분, 유분 등을 보충하여 피부에 윤기를 유지하고 상승효과를 준다. 그렇지 않을 경우에는 오히려 세정에 따른 피부의 건조를 줄 수 있다. 보습제품을 바르는 것은 아토피로 약해진 피부를 보호할 뿐만 아니라 건조함을 막아 더 이상 악화되지 않도록 해 주며, 또한 장기적으로 예방이 될 수 있도록 해 준다. 환절기나 겨울철에는 피부가 건조해지고 건조한 공기로 인해 가려움을 유발하는 주요 요인이기도 하다. 아토피 피부에서는 세라마이드(ceramide)가 부족하여 피부 보호막 기능이 저하되어 아토피가 만성적으로 생긴다. 그러므로 부족한 세라마이드 등을 보충해 주고 피부 보호막 기능을 회복시켜 줌으로서 표피 상태를 개선할 수 있다. 피부 보호막 기능을 회복시켜 주는 보습제품을 이용한 피부관리는 아토피를 개선하고 예방하기 위해 안전하고 지속적으로 사용할 수 있는 좋은 방법이다. 단 과도한 사용이나 피부에 강하게 문지르는 것은 오히려 피부에 자극이 되므로 주의한다.

③ 피부에 휴식을 준다.

메이크업을 하고 그것을 지우는 행위는 건강한 피부에 있어서도 부담이다. 하물며 습진이 있는 곳에 파운데이션을 바르면 증상이 악화되는 것은 당연하다. 직업상 메이크업을 하지 않을 수 없는 경우에는 최소한 휴일정도는 기본적인 스킨케어만 하여 피부를 쉬게 하는 것도 중요하다.

세라마이드란(ceramide)?

사람의 피부는 표피와 진피로 이루어지고 표피 중에서도 외부 공기에 직접 닿는 가장 바깥층인 각질층은 피부 최초의 방어막이라고 할 수 있을 정도로 매우 중요한 역할을 담당하고 있다. 이러한 각질층을 구성하는 지질 성분 중 50~60%를 차지하는 가장 중요한 성분이 바로 세라마이드이다. 피부를 보호하는 기름 성분은 피지막의 피지와 표피 기름 두 가지로 나뉘는데, 세라마이드는 그 중 표피 기름의 주성분이기도 하다. 즉 세라마이드는 피부의 피지층에 존재하는 기름 성분으로 얇은 방수막을 형성하여 피부의 수분을 유지시켜 피부를 촉촉하게 해주는 보습제로서의 역할을 담당한다. 세라마이드가 충분한 각질층은 본래의 방어벽 기능을 발휘하여 어떠한 환경에서도 촉촉하고 트러블 없는 피부를 유지할 수 있다. 단 아토피성 피부나 건성 피부인 경우 생산이 잘 되지 않아 각질이 일어나고 건조해지게 된다. 그러므로 건성 피부는 피지가 적은 피부보다는 세라마이드가 적은 피부를 의미한다.

7. 여드름 Acne

여드름은 피지선의 만성질환으로 피지분비가 많은 부위인 얼굴, 목, 가슴과 등에 주로 발생하는 비염증성 또는 염증성 피부질환이다. 다양한 원인에 의하여 피지의 분비량이 늘어나고 떨어져 나가지 못한 각질이 모공입구에 쌓이면서 피지가 제대로 배출이 되지 않아 발생된다. 또한 세균이 증식하면 염증성으로 진행될 수 있으며 여러 형태의 피부병변이 나타난다. 10~20대에 자주 나타나는 질환으로 일시적인 질환이 아닌 만성 질환이다. 30대 이후에는 호르몬의 변화로 인해 차츰 사라지지만 재발하는 경우도 많다.

■ 여드름의 특징과 원인

여드름 피부는 80% 이상이 유전에 의한 것으로 피지의 크기와 수에 영향을 받는다. 또한 피부 관리 소홀로 피지에 여드름 균이 번식해 군락을 이루거나 모낭 내에 염증 반응 및 각화 현상(각질이 생김)이 발생하고, 다른 원인으로는 남성 호르몬인 테스토스테론의 과다 분비와 월경 전후에 황체호르몬(progesterone)의 분비량이 증가하는 것이 있다. 그 외 경구 피임약 복용, 스트레스, 내장 질환과 잘못된 식습관, 화장품과 의약품, 직업과 환경의 영향, 기계적, 물리적 자극에 의한 여드름이 있다.

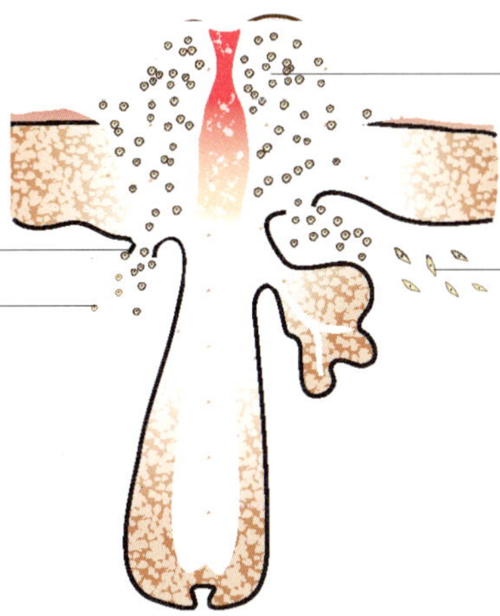

[그림10-23] 발전된 단계의 여드름

(1) 여드름의 형태 및 종류

① 비염증성 여드름

여드름 초기(micro acne)	모공이 막히기 직전의 단계
흰색 여드름(white acne)	모공이 막힌 단계
검은 여드름(black acne)	피지가 산화되어 검게 보이며, 모공이 벌어져 있는 단계

② 염증성 여드름

붉은 여드름(papule)	여드름 균에 의해 염증이 발생한 상태로 구진이라고 한다.
화농성 여드름(pustule)	염증이 악화되어 고름이 생긴 상태로 농포라고도 한다.
결절성 여드름(nodule)	모낭 아래가 파열되고, 심한 통증과 흉터가 생길 수 있다.
낭종성 여드름(cysts)	화농상태가 가장 크고 깊으며, 진피층이 손상되어 영구적인 흉터가 남는다.

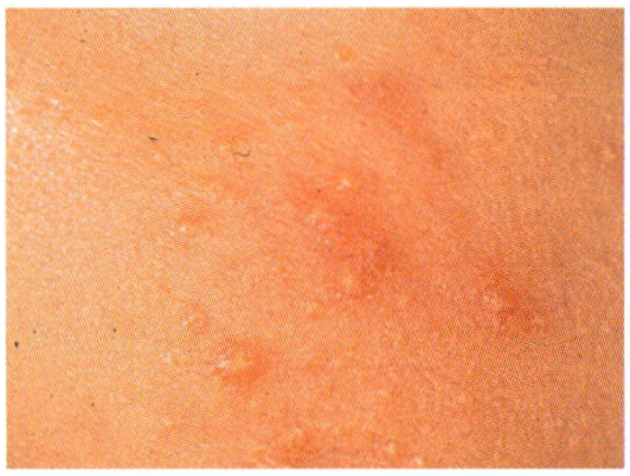

[사진10-24] 신생아 여드름

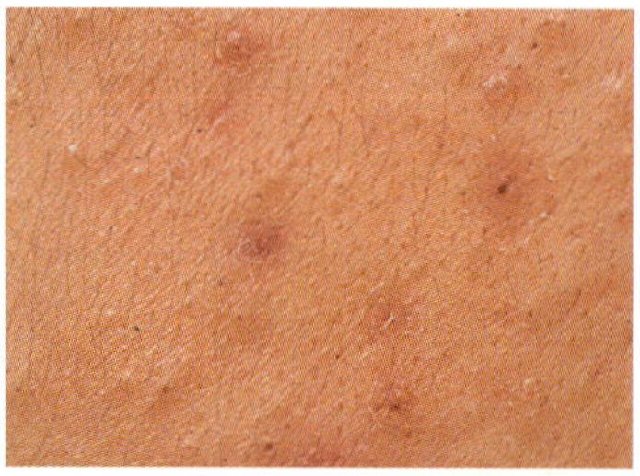

[사진10-25] 보통 여드름

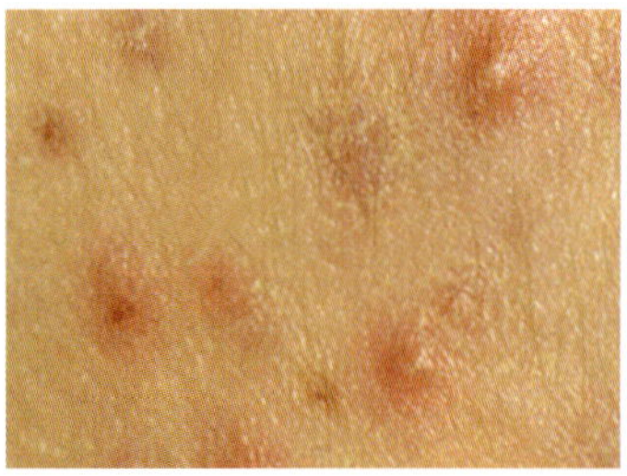

[사진10-26] 농포성 여드름

[사진10-27] 면포성 여드름

(2) 여드름의 발전단계

제1기 여드름	모낭 각화기에 나타나는 면포성의 초기 여드름이다.
제2기 여드름	면포성 여드름이 세균에 감염되면서 구진이나 농포가 발생한다.
제3기 여드름	구진과 농포가 악화된 상태로 심한 염증과 통증을 나타내며, 치유 후 흉터가 남을 수 있다.
제4기 여드름	증세가 심해지면서 결절과 낭종이 함께 나타나고, 전문적인 치료가 장기적으로 요구되며, 치료 후에도 패이거나 솟아오르는 후유증이 남는다.

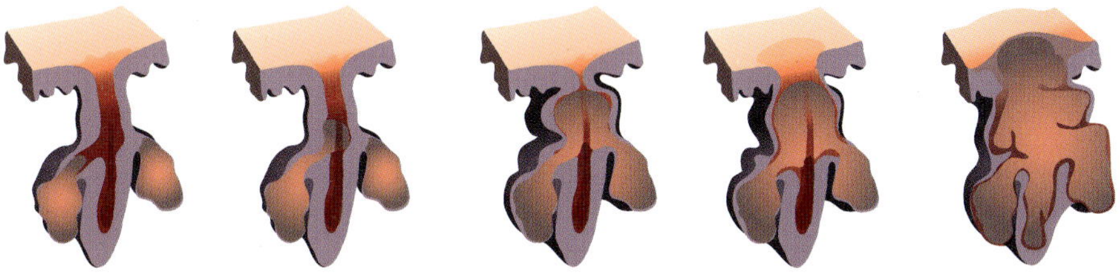

[그림10-24] 여드름 발생과정

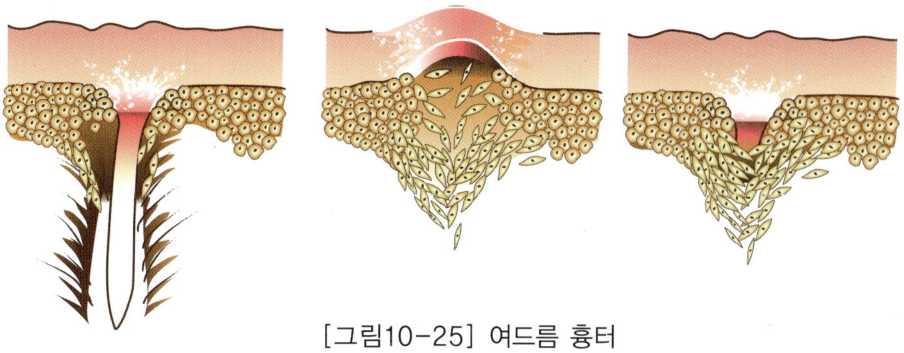

[그림10-25] 여드름 흉터

(3) 여드름 예방 방법

손을 항상 청결히 하고, 피부를 자주 만지지 않는다. 또한 모발을 청결하게 하고 피부에 닿지 않도록 한다. 피부를 항상 청결하게 하며, 딥클렌징을 정기적으로 하여 모공 속에 피지나 노폐물이 축적되지 않도록 한다.

- 스트레스와 과로를 피한다. 자외선에 과잉 노출을 하지 않는다.
- 스테로이드 호르몬제를 함부로 남용하지 않는다.
- 유분이 많이 함유된 화장품은 사용에 주의한다.
- 지성용이나 여드름 전용 제품을 사용하는 것이 좋다.

① 스트레스와 과로를 피한다.

스트레스는 만병의 근원이다. 또한 스트레스는 스트레스를 받게 되면 호르몬 작용에 의해 피지의 분비량이 증가되고, 여드름을 발생시키는 원인이다.

② 충분한 수분을 보충하라.

우리 몸의 70% 이상은 수분으로 이루어져 있다. 수분은 몸의 신진대사 활발히 하고 피부를 보호하는 피지막도 신체내부의 수분을 보호하기 위해 있는 것이다.

③ 올바른 세안 관리

여드름 피부 관리를 위해 가장쉬운 방법은 세안이다. 세안을 너무 강하게 하거나 자주하는 경우 오히려 피부가 건조해지거나 강한자극을 받아 오히려 여드름이 더 악화 될수 있다.

④ 충분한 수면을 통한 관리

수면은 피부의 재생에 도움을 준다. 충분한 수면시간을 가지지 못한다면 여드름이 더 발생하거나 더 심해질수 있기에 충분한 수면을 통해 피부재생을 돕는다.

⑤ 각질 제거를 통한 관리

피부는 매일매일 새로운 피부세포를 만들고 각질화되어 재생과 탈락을 반복한다. 이러한 각질이 과도하게 쌓여 모공을 막을 경우 여드름으로 이어지기 때문에 주 1회에서 2회정도 각질제거를 해주는 것이 여드름 피부 관리에 효과적이다.

⑥ 식이요법

지방이 많은 음식, 단 음식, 매운 음식, 콜라, 커피, 알코올 섭취를 가급적 제한하고, 저지방류, 유제품, 섬유질 식품, 비타민이 풍부한 녹황색 채소를 섭취한다. 비타민 A, 효소, 미네랄이 함유된 영양제 및 하루 2~3리터의 물을 충분히 마신다.

(4) 여드름의 관리

① 필링 또는 딥 클렌징

효소, AHA, 살리실산, 글리콜산 등을 이용한 필링 또는 디스인크러스테이션으로 각질제거와 모공 속의 노폐물을 제거한다.

② 여드름 제거

압출기구나 바늘, 면봉 등을 이용하여 여드름을 제거하고, 진공흡입기로 잔여물을 말끔히 흡입한 후 소염화장수를 이용하여 진정시킨다. 아스트린젠트로 적신 화장솜으로 손가락을 두른 후 여드름 주위를 부드럽게 눌러 준다.

③ 마사지 및 팩

노폐물 배출을 돕는 림프 드레나지나 쟈켓 마사지, 진정 및 항염을 돕는 팩이나 마스크를 1주에 2회 정기적으로 행한다.

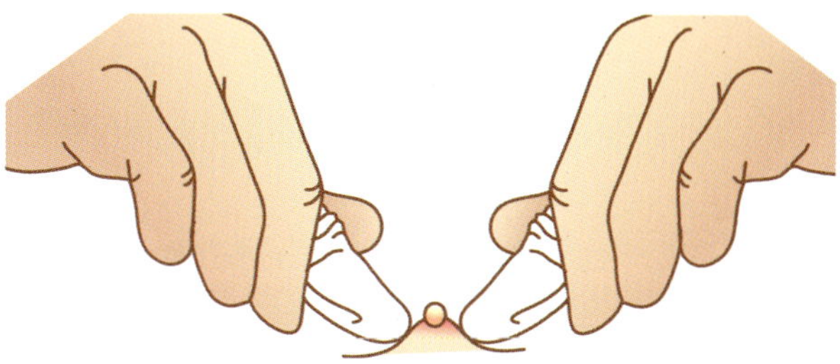

[그림10-26] 여드름 짜기

연 습 문 제

01. 자각증상으로서 피부를 긁거나 문지르고 싶은 충동에 의한 가려움증은?

① 소양감　② 작열감　③ 촉감　④ 의주감

02. 다음 중 원발진에 해당하는 피부질환은?

① 면포　② 미란　③ 가피　④ 반흔

03. 멜라닌 색소결핍의 선천적 질환으로 쉽게 일광화상을 입는 피부병변은?

① 주근깨　② 기미　③ 백색증　④ 노인성 반점

04. 피부발진 중 일시적인 증상으로 가려움증을 동반하여 불규칙적인 모양을 한 피부현상은?

① 농포　② 팽진　③ 구진　④ 결절

05. 피지, 각질세포, 박테리아가 서로 엉겨서 모공이 막힌 상태를 무엇이라 하는가?

① 구진　② 면포　③ 반점　④ 결절

06. 다음 중 태선화에 대한 설명으로 옳은 것은?

① 표피가 얇아지는 것으로 표피세포 수의 감소와 관련이 있으며 종종 진피의 변화와 동반된다.

② 둥글거나 불규칙한 모양의 굴착으로 점진적인 괴사에 의해서 표피와 함께 진피의 소실이 오는 것이다.

③ 질병이나 손상에 의해 진피와 심부에 생긴 결손을 메우는 새로운 결체조직의 생성으로 생기며 정상치유 과정의 하나이다.

④ 표피 전체와 진피의 일부가 가죽처럼 두꺼워지는 현상이다.

07. 다음 중 바이러스에 의한 피부질환은?

① 대상포진　② 식중독　③ 발무좀　④ 농가진

08. 단순포진이 나타나는 증상으로 가장 거리가 먼 것은?

① 통증이 심하여 다른 부위로 통증이 퍼진다.

---

01. 작열감: 타는 듯한 느낌의 통증 내지는 화끈거림, 의주감: 피부가 근질근질한 느낌. 벌레 등이 기어다니는 듯한 느낌

02. 원발진: 구진, 결절, 농포, 낭포, 종양, 면포, 소수포, 팽진, 비립종, 헤르페스(포진), 반점, 속발진: 인설, 찰상, 균열, 가피, 미란, 궤양, 반흔, 태선화, 위축 ① 면포: 모공을 막고 있는 분비물 및 각질의 덩어리로 코 주위의 검은 여드름 형태 ② 미란: 피부에서는 찰과상, 수포, 농포 등 기계적 자극이 원인이 되어 발생한다. ③ 가피: 표피가 소실되거나 손상된 부위에 세균과 표피 부스러기가 섞여 딱지형태를 띠고 있다. ④ 반흔: 흉터 또는 상처로 인하여 진피가 손상된 후 새로운 결체 조직이 생긴 상태이다.

03. 과색소 침착으로는 기미, 주근깨, 노인성 흑자 등이 있고, 저색소 침착증으로는 백반증과 백색증이 있다. 백색증은 피부, 모발, 눈 등에서 멜라닌 색소가 결핍되어 나타나는 질환으로 자외선에 대한 방어능력이 약화되어 쉽게 일광화상을 입는 등 자외선에 의한 상해를 받는다.

04. 팽진은 부종성의 평평한 융기이며 대부분 타원형 또는 불규칙한 모양으로 가려움증을 동반하지만 수분 내에 생겨서 서서히 사라지는 특징이 있다.

05. 구진: 피부의 단단한 융기물로 피부주위가 붉다. 면포: 블랙헤드라 불리며 모낭 속에 피지가 고여서 딱딱해져 공기와 접촉하여 산화한 상태. 반점: 피부표면에 원형이나 타원형으로 색깔 변화만 있는 것을 가리킨다. 결절: 1~2cm 정도의 크기, 통증이 동반, 여드름 피부의 4단계에 나타난다.

06. ① 표피의 위축은 표피가 얇아지는 것으로 표피세포 수의 감소와 관련이 있으며 종종 진피의 변화와 동반된다. ② 궤양은 둥글거나 불규칙한 모양의 굴착으로 점진적인 괴사에 의해서 표피와 함께 진피의 소실이 오는 것이다. ③ 반흔은 질

② 홍반이 나타나고 곧이어 수포가 생긴다.

③ 상체에 나타나는 경우 얼굴과 손가락에 잘 나타난다.

④ 하체에 나타나는 경우 성기와 둔부에 잘 나타난다.

09. 화상의 구분 중 홍반, 부종, 통증뿐만 아니라 수포를 형성하는 것은?

① 제1도 화상 ② 제2도 화상

③ 제3도 화상 ④ 중급 화상

10. 직경1~2mm의 둥근 백색 구진으로 안면(특히 눈 하부)에 호발하는 것은?

① 비립종(Milium) ② 피지선 모반(Nevus sebaceous)

③ 한관종(Syringoma) ④ 표피낭종(Epidermal cyst)

11. 주로 40~50대에 보이며 혈액흐름이 나빠져 모세혈관이 파손되어 코를 중심으로 양 뺨에 나비형태로 붉어진 증상은?

① 비립종 ② 섬유종 ③ 주사 ④ 켈로이드

12. 피부질환의 증상에 대한 설명 중 맞는 것은?

① 수족구염: 홍반성 결절이 하지부 부분에 여러 개 나타나며 손으로 누르면 통증을 느낀다.

② 지루피부염: 기름기가 있는 인설(비듬)이 특징이며 호전과 악화를 되풀이 하고 약간의 가려움증이 동반한다.

③ 무좀: 홍반에서부터 시작되며 수 시간 후에는 구진이 발생된다.

④ 여드름: 구강 내 병변으로 동그란 홍반에 둘러싸여 작은 수포가 나타난다.

13. 비듬이 생기는 원인과 관계 없는 것은?

① 신진대사가 계속적으로 나쁠 때

② 탈지력이 강한 샴푸를 계속 사용할 때

③ 염색 후 두피가 손상되었을 때

④ 샴푸 후 린스를 하였을 때

병이나 손상에 의해 진피와 심부에 생긴 결손을 메우는 새로운 결체조직의 생성으로 생기며 정상치유 과정의 하나이다. ④ 태선화는 표피 전체와 진피의 일부가 가죽처럼 두꺼워지는 현상이다.

07. 바이러스성 피부질환에는 단순포진, 대상포진, 수두, 물사마귀, 편평 사마귀가 있다.

08. 단순포진은 무증상인 경우도 있다. 보통 감염된 후 2~10일이 경과한 후 나타나기 시작하는데, 피부가 붉게 변하고 물집이 나타나며, 이후 피부가 짓무르고 헐게 된다.

09. 화상은 심한 정도에 따라 1도에서 3도까지 분류된다. ① 제1도 화상: 표피에만 화상을 입는 것으로 홍반, 부종, 통증이 동반된다. ② 제2도 화상: 수포형성이 특징이며 통증이 있다. 표재성과 심부성으로 나뉜다. ③ 제3도 화상: 표피와 진피의 파괴로 피부가 무감각해지며 반흔을 남기고, 세균감염이 일어날 수도 있다.

10. 비립종은 직경1~2mm의 둥근 백색 구진으로 눈 아래 모공과 땀구멍에 주로 발생한다.

11. 주사는 그 증상이 아주 뚜렷한데, 처음엔 얼굴이 붉어지는 패턴의 특성으로 식별할 수 있으며, 보통 코와 광대뼈에 걸쳐 나비모양으로 홍조현상이 나타난다.

12. ① 수족구염: 목구멍 점막과 입 안, 손과 발바닥 등에 동시에 붉은 발진이 생긴다.

정답

01. ① 02. ① 03. ③ 04. ② 05. ②
06. ④ 07. ① 08. ① 09. ② 10. ①
11. ③ 12. ② 13. ②

CHAPTER 11

스킨케어

1. 피부세안
2. 피부보습
3. 스킨케어 원료
4. 입욕과 미용
5. 계절별 스킨케어
6. 아로마테라피

CHAPTER 11 스킨케어 SKIN CARE

피부관리는 외부 자극으로부터 거칠어지는 피부를 예방하고, 건강하고 아름다운 피부를 유지하는 데 있다. 피부관리를 잘못하거나 피부유형에 맞지 않는 화장품을 사용하였을 경우에 피부는 거칠어지고 노화된다. 얼굴 피부에 문제를 일으키는 요인으로 생리적 요인, 영양학적 요인, 환경적 요인, 생활 요인, 피부관리 요인, 내과적 요인 등이 피부에 영향을 미치게 된다. 건강한 피부를 유지하는 방법으로는 피부청결, 피부의 혈액순환, 충분한 수면, 균형 잡힌 영양섭취, 적당한 운동과 피부 건강관리가 중요하며 피부관리는 스스로의 피부를 알고 피부유형과 계절에 따라 올바른 관리를 해야 된다.

1. 피부세안

세안은 피부관리의 첫 단계이며 가장 중요한 과정으로 피부 위생에 있어 가장 중요한 부분이다. 생리적으로 인체에서 분비되는 피지와 땀 등의 수용성 노폐물과 유성의 메이크업 잔여물, 먼지 등을 제거하는 단계이다. 수용성 요소들은 세안으로 쉽게 제거되지만 유용성 요소는 전문적인 클렌징제를 사용하여 깨끗하게 제거해야 된다.

세안 시 모공을 넓혀 주고 클렌징 효과가 크며 안정감이 있는 따뜻한 물로 가능한 빨리 깨끗하게 씻어내는 것이 중요하다. 세안 전에는 먼저 손을 깨끗이 씻고 세안 후에는 스킨로션으로 피부를 피부결 대로 정돈한다.

세안제 종류와 특징은 다음과 같다.

(1) 물(Water)

세안에 있어 물의 선택은 매우 중요한데 비누는 칼슘이온, 마그네슘이온이 적게 들어있는 연수(단물)로 사용하는 게 좋다. 경수는 거품이 잘 일지 않고 세정력을 충분히 발휘할 수 없다. 경수에 함유된 칼슘, 마그네슘염과 불용성 염류(금속비누)를 만들어 피부자극을 유발할 수 있으므로 경수를 연수로 바꾸어 사용하도록 한다.

〈표11-1〉 물의 종류와 효과

물의 온도	효 과
찬 물	가벼운 세정효과, 혈관수축, 수렴효과, 피부 긴장감
미지근한 물	가벼운 세정 및 각질제거 효과, 피부 안정감
따뜻한 물	세정효과 크며 각질제거 용이, 혈관 가볍게 확장
뜨거운 물	세정효과 매우 크며 각질제거 용이, 혈관 확장, 혈액순환 촉진
수증기	각질제거 매우 용이, 혈액순환 촉진, 모공확장, 땀이나 피지분비 촉진, 여드름 등 노폐물 배출용이, 탄력저하 및 모세혈관 확장증 발생

(2) 비누(Soap)

동 · 식물 유지와 수산화나트륨으로 만든 알칼리성 제품으로 조직을 유연하게 하고 각질을 부풀리며 약한 살균력이 있다. pH10.3~10.5 이상으로 세정력은 우수하나 피지막을 손상시켜 피부가 건조해지기가 쉽다. 비누성분을 피부 표면에 남겨두게 되면 흘러나온 땀에 비누가 녹아 알칼리가 유리되고 그 자극으로 피부가 거칠어지거나 트러블이 생긴다. 잔여물이 남지 않도록 깨끗이 세안하도록 한다.

비누의 올바른 사용법

- 연수를 사용한다.
- 미온수를 사용한다.(차가운 물일수록 피부 표면을 거칠게 한다.)
- 비누 사용 후에는 잔어물이 남지 않도록 깨끗한 물로 충분히 씻어내도록 한다.
- 건성피부는 향이 강한 비누는 피하고 피부에 세게 문지르지 않도록 한다.
- 비누 사용 후에 피부보습을 위해 로션이나 크림을 발라 피부를 정돈 한다.

〈표11-2〉 피부 세안제의 종류와 기능

메이크업 리무버 make-up remover	눈과 입술화장을 지울 때 사용되는 전용 제품으로 눈물과 비슷한 pH를 띠고 있는 상태로 수성과 유성타입이 있다. 수성 타입: 정상피부, 지성피부, 예민피부에 사용하면 효과 유성 타입: 비해 색조화장이 잘 제거
클렌징 로션 cleansing lotion	수중유형인 O/W(oil in water) 친수성 타입으로 물에 쉽게 제거되며 피부건조를 방지하고 피부에 자극을 주지 않으며 모든 피부에 사용가능하다. 크림타입에 비해 세정력은 약하나 산뜻하고 가벼운 느낌 때문에 일반적으로 많이 사용되고 있다.
클렌징 크림 cleansing cream	유중수형인 W/O(water in oil) 친유성 타입으로 세정력이 우수하고 광물성 유성원료를 함유하고 있어 잔여물이 모공을 막을 수도 있다. 유화된 유분과 수분의 용해작용에 의해 유성성분 제거 시 효과적이나 예민한 피부는 주의하도록 한다.
클렌징 오일 cleansing oil	오일성분에 약간의 계면활성제와 에탄올이 함유된 상태로 짙은 화장 제거 시 용이하며 물에 쉽게 용해된다. 피부에 자극이 적어 건성, 노화, 수분부족 지성피부에 효과적으로 사용되고 있다.
클렌징 젤 cleansing gel	오일성분이 없는 점액질 수성원료로 세정력이 우수하며 흡착력이 좋아 잔여물 제거가 용이하고 산뜻함과 청량감을 부여한다. 물에 쉽게 제거되나 클렌징 효과는 다소 약한 편으로 지성, 민감성, 여드름, 모공확장 피부에 효과적으로 사용되고 있다.
클렌징 워터 cleansing water	수성원료와 계면활성제, 에탄올 등을 배합한 액체형태로 화장솜에 적당량을 묻혀 피부결 따라 깨끗이 닦아 준다. 끈적거림이 없고 가벼우면서 산뜻하고 시원한 사용감으로 부분화장(눈, 입술)이나 가벼운 화장 제거 시 효과적으로 사용되고 있다.
폼 클렌징 foam cleansing	비누성분과 저 자극 계면활성제에 보습과 유성성분을 첨가한 부드러운 크림형태로 물과 함께 거품을 내어 사용한다. 글리세린, 솔비톨의 보습성분을 함유하여 피부 당김을 예방하며 가벼운 화장시, 물로 제거되는 잔여물은 단독으로 세정이 가능하다. 유성으로 제거되는 잔여물은 세안제 사용 후 이중 세안용으로 사용되고 있다.

2. 피부보습

피지막은 피부 표면을 매끄럽고 윤기 있게 하고.외부 자극으로부터 피부를 보호해 준다. 그러므로 피부에는 일정한 유분을 계속해서 부여해 주는 것이 중요하며 피부 잔여물을 제거함과 동시에 그 후 유 · 수분, 보습제를 공급하여 피부의 보습과 유분을 공급하도록 한다.

〈표11-3〉 피부보습제의 종류와 기능

스킨로션 skin lotion	스킨로션은 세안 후 사용을 하며 정제수, 에탄올, 보습제 등을 배합한 투명한 액상형태로 피부 pH균형을 되찾아주며 각질층에 수분을 공급 하고 피부정돈을 도와준다. 세안 후 적당량을 화장솜에 적셔 얼굴과 목 등에 피부결 대로 발라준다.
에센스 essence	에센스는 보습효과가 우수하고 영양물질을 공급하여 피부를 가볍고 매끄러운 상태로 유지시키는 효과가 있다. 에센스 형태는 스킨타입, 로션타입, 크림타입, 젤타입 등이 있으며 이중 보습제를 함유할 수 있는 스킨타입이 가장 많이 사용되고 있다.
크림 cream	피부에 유 · 수분, 보습을 공급하여 피부의 보습, 유연기능을 갖게 한다. 낮에 사용하는 데이크림은 낮 동안의 외부자극으로부터 피부를 보호하기 위해 사용된다. 영양크림은 대체로 유분이 많이 함유되어 있어 건조, 노화피부에 많이 사용되며 영양크림은 나이트크림으로 사용되기도 한다.

● 수분섭취

수분은 체내의 생명유지에 필수적인 인체성분으로 65~70%정도가 필요하며 피부표면의 수분량은 10~20% 정도 유지되어야 한다. 수분상태가 적절한 균형을 이루지 못할 경우 피부가 건조해지며 탄력이 저하되고, 주름이 생기게 된다. 수분의 체내 작용으로는 체온조절 작용, 영양소 운반, 보호작용, 체내의 pH농도 조절, 피부노화 예방 등이 있으며 체내의 수분 부족으로 나타날 수 있는 현상으로는 피부건조화, 탈수현상, 부종현상 등이 나타날 수 있다. 아침 공복시와 입욕전에 1~2잔의 물을 섭취하여 땀과 노폐물의 원활한 배출을 통해 몸과 마음을 상쾌하게 조절하고 피부를 아름답게 한다.

3. 스킨케어 원료

피부를 청결하게 유지하는 것은 피부 위생에 있어 가장 중요한 부분이다. 피부 표면이 오염되면 모공이 막히게 되어 신진대사에 필요한 산소와 영양분의 공급이 제대로 이루어지지 않는다. 피부의 피지나 땀, 먼지등의 일상생활에서 생기는 수성의 더러움과 유분이 많은 화장품이나 메이크업으로 생기는 유성의 더러움으로 구분할 수 있다.

스킨케어제의 목적은 피부가 본래 가지고 있는, 건강하고 아름다운 상태를 유지하는 역할을 도와주는 것이다. 구체적으로는, 각층을 매끄럽고 부드럽게, 그리고 수분을 적당히 가진 건강한 상태로 유지하기 위해서이다. 깨끗하고 건강한 피부를 위해서는 화장품에 대한 이해와 피부와의 작용를 학습하는게 중요하다.

(1) 물(Water)

화장품에서 가장 기본적으로 사용되는 성분으로 화장수, 로션, 크림 등에 많이 사용된다. 세균에 오염된 물은 화장품의 변질을 유발할 수 있기 때문에 칼슘이온, 마그네슘이온이 제거된 깨끗한 정제수를 사용하는 게 좋다.

(2) 에탄올(Ethanol)

에탄올은 휘발성이 있으며 피부에 시원한 청량감과 가벼운 탈지효과와 수렴효과를 나타낸다. 에탄올은 글리세린이 대표적이며, 현재 가장 널리 사용되는 보습제로 피부를 매끄럽고 촉촉하게 만든다. 에탄올은 배합량이 높아지면 수렴효과 외에 살균, 소독 작용도 나타낸다.

(3) 오일(Oil)

화장품에 사용되는 오일의 종류로는 식물성오일, 동물성오일, 광물성오일, 합성오일 등이 있다.

〈표11-4〉 오일의 분류

식물성 오일	식물의 잎이나 열매에서 추출(올리브유, 아몬드유, 아보카도유)
동물성 오일	동물의 피하조직이나 장기에서 추출(스쿠알렌, 밍크오일)
광물성 오일	광물질에서 추출(바셀린, 유동파라핀)
합성 오일	화학적으로 합성된 오일(실리콘오일, 미리스틴산, 이소프로필)

오일의 종류

〈표11-5〉 오일의 종류 및 작용

종 류	특징 및 작용
올리브유(olive oil)	피부흡수가 좋으며, 윤활성이 뛰어나다.
피마자유(castor oil)	유연작용이 좋고, 피부에 윤기 및 광택을 부여한다.
호호바 오일(jojoba oil)	친화성이 좋고, 보습 및 유연효과가 뛰어나다.
윗점 오일(wheat germ oil)	밀배아에서 추출하며 피부 재생효과가 탁월하다.
아보카도유(avocado oil)	피부친화력이 높고 퍼짐성이 좋다.
포도씨유(grape seed oil)	피부 진정 및 항박테리아 효과가 있다.
살구씨유(apricot kernel oil)	살구씨에서 추출하며 감촉이 뛰어나다.

(4) 왁스(Wax)

화장품에 널리 사용되는 고형의 유성성분으로, 화장품의 굳기를 증가시켜 준다. 왁스는 크게 식물성 왁스와 동물성 왁스로 구분할 수 있다.

〈표11-6〉 왁스의 종류와 특징

구 분	종 류	특 징
식물성 왁스	카르나우바왁스, 칸데릴라왁스	열대식물의 잎이나 열매에서 추출
동물성 왁스	밀납, 라놀린	벌집과 양모등에서 추출

① 칸데릴라 왁스(Candelilla wax)

칸데릴라 식물의 줄기에서 얻어지며 오일 및 왁스를 결합하여 인체에 사용한다. 립스틱이나 크림등에 주로 사용된다.

② 카르나우바 왁스(Carnauba wax)

카르나우바 야자나무의 잎에서 얻어지며 광택성이 뛰어나 립스틱이나, 크림등에 사용된다.

③ 밀납(Bees wax)

벌집에서 추출되며 유연한 감촉을 부여한다. 크림, 로션 및 마스카라 등 화장품에 전반적으로 사용된다. 그러나 피부에 알레르기를 유발할 수 있다.

④ 라놀린(Lanolin)

양모에서 추출되며 피부에 대한 친화성, 윤택성, 부착성이 뛰어나다. 기초화장품, 메이크업 화장품 등에 사용되고 있으나 피부 알레르기를 유발할 수 있다.

(5) 보습제

보습제는 피부를 유연하고 촉촉하게 하는 역할을 한다. 화장품에 널리 사용되는 보습제로는 글리세린과 프로필렌글리콜이 있다.

〈표11-7〉보습제의 종류와 특징

구 분	특 징
폴리올	글리세린, 프로필렌글리콜, 부틸렌글리콜, 솔비톨
천연보습인자	요소, 젖산염, 피롤리돈칼본산 소다, 젖산, 각종 아미노산이 사용
고분자보습제	히아루론산염, 콘트로이친 황산염, 가수분해 콜라겐

(6) 계면활성제

서로 섞이지 않는 다른 물질의 경계면에 활성을 주어 섞어주는 물질로서 한 분자 내에 물을 좋아하는 친수기와 기름을 좋아하는 친유기로 나누어진다.

계면활성제는 물과 기름의 경계면에 작용하여 계면의 장력을 약화시켜 계면의 성질을 변화시킬 수 있는 특성을 가지고 있다.

〈표11-8〉 계면활성제의 종류와 특징

구 분	특 징
양이온성 계면활성제	살균, 소독작용이 크며 정전기 발생을 억제, 헤어린스 등에 사용된다. 피부자극이 강해 두피에 닿지 않게 하도록 한다.
음이온성 계면활성제	세정작용과 기포형성 작용이 우수하다. 비누, 클렌징제품, 면도용 거품, 치약에 사용된다.
비이온성 계면활성제	피부자극이 적어 화장품 유화제, 분산제, 가용화제등의 용도로 사용된다.
양쪽성 계면활성제	세정작용이 있으며 피부자극이 적어 저자극 샴푸, 베이비 샴푸 등 사용된다.

(7) 색소

색소는 크게 염료와 안료로 구분된다. 염료는 물 또는 오일에 녹는 색소로 화장품 자체에 시각적인 색상효과를 부여하기 위해 사용된다. 안료는 물과 오일에 모두 녹지 않는 것으로 무기물질로 된 무기안료, 유기물질로 된 유기안료, 물과 오일에 녹지 않게 만든 불용성 색소인 레이크가 있다.

11 스킨케어

(8) 첨가원료

콜라겐 collagen	진피섬유 성분의 90%를 차지하는 진피의 주성분으로 사용감과 보습성이 뛰어나다.
엘라스틴 elastin	피부의 탄성과 회복기능을 부여한다. 화장품으로 사용시는 표면보호제로서 수분 증발 억제의 보습효과를 지닌다.

히아루론산 hyaluronic acid	포유동물의 진피층에 존재하는 무코-다당류로 염의 형태로 존재하며 보습효과가 뛰어나다. 자신 질량의 최소 수백 배의 수분을 흡수할 수 있는 능력이 촉촉한 느낌이 부여된다.
아미노산 amino acid	천연보습인자(NMF)의 주요 성분으로 보습력이 강하고 피부에 자극이 없다.
레시틴 lecithin	보습제, 유연제로 주로 사용되며 리포좀의 원료 및 천연유화제로 사용된다. 콩, 난황에서 많이 추출된다.
세라마이드 ceramide	각질층 지질의 주성분으로 수분증발 억제, 유해물질 침투억제, 각질 사이의 접착제 역할을 담당하며 피부에 자극이 없다.

4. 입욕과 미용

몸 전체 피부의 더러움을 제거하며 인체의 유분과 수분 조절에 목욕이 크게 영향이있다. 목욕 후 피부가 약알칼리성이 되며 모공이 열리게 된다. 목욕이 인체에 미치는 효과는 피부청결, 피부기능 개선과 혈액순환을 높여 신진대사를 증진시키는 효과와 유 · 수분 밸런스를 유지시키는 다양한 효과 등이있다.

(1) 목욕의 효과

피부 청정효과	따뜻한 물(약 40℃)로 목욕을 하게 되면 한선에서 분비되는 땀과 모공에서 분비되는 피지가 연화되어 각질 등이 제거 된다.
신진대사 촉진	노폐물과 독소의 배출속도가 증가되며 조직으로 영양물질이나 산소의 공급이 원활해져 신진대사가 촉진된다.
온열효과	혈액량이 약 2배 정도 증가하며 혈관도 확장되어 혈액순환이 촉진된다.
자율신경의 균형	목욕 시 발한이 촉진되어 체온조절 기능을 촉진시키는 것으로 자율신경의 저하는 목욕을 통해서 찾을 수 있다.
혈압과 혈류조절	입욕을 한 후부터 맥박수가 증가하게 되고 심장에서 송출하는 혈류량도 증가하면서 동시에 혈압도 상승하고, 모세혈관이 확장되어 혈류도 원활해지기 때문에 혈압을 떨어진다.

목욕에 의해 각질층이 팽윤하는 과정으로 세포간지질 유사성분 등의 모이스처 성분이 각질층에 침투하여 목욕 후의 피부에 윤기를 지켜준다.

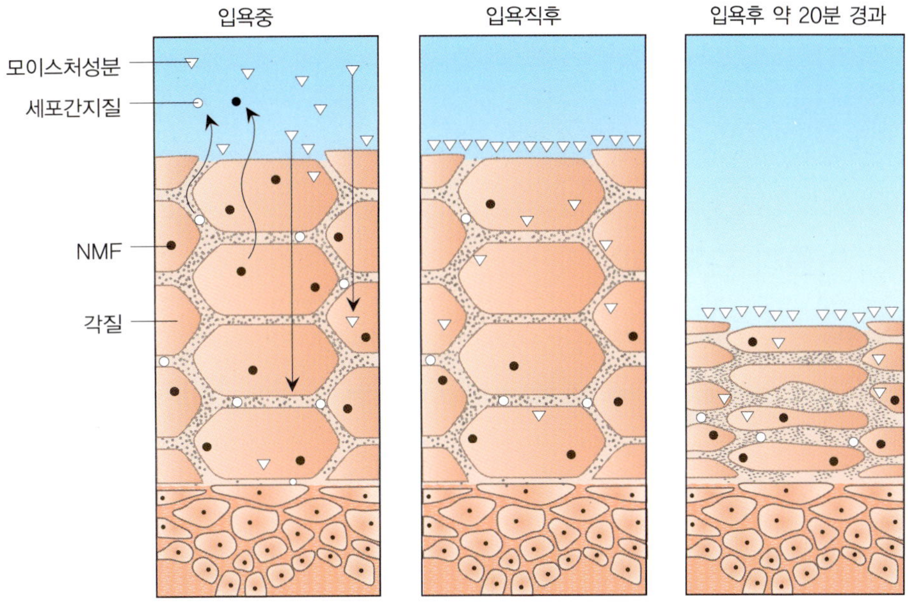

[그림11-1] 입욕제의 의한 스킨케어

5. 계절별 스킨케어

(1) 봄의 피부관리

황사나 꽃가루 등 봄에는 피부에 달갑지 않은 손님들이 찾아온다. 따라서 봄에는 피지 분비량이 점차 늘어나고 피부염증에 시달리거나 건조하고 예민해지기 쉽다. 특히, 겨울에 실내에서 생활한 피부는 면역기능이 저하되어 곧 잘 트러블이 일어난다. 자외선의 양이 증가하는 봄에는 기미, 주근깨 등에 주의해야 한다.

■ 클렌징

색조화장과 관계없이 클렌징 전용 로션이나 크림으로 닦아내는 것은 필수다. 그리고 색조화장을 했을 경우 이중세안을 해야 하는데 이중세안인 만큼 저자극 리무버와 저자극 훼이셜 폼(저자극성 비누)을 이용해 세안하는 것이 중요하다.

■ 기초 스킨케어

봄은 피부에 수분공급이 필요하다. 깨끗하게 세안을 마쳤다면 화장수를 이용해 피부를 진정시키고 로션은 충분히 바르며 에센스나 크림은 수분과 영양공급을 할 수 있는 제품을 선택해서 소량 바른다. 봄철 피부는 각질제거와 팩, 또는 마사지를 수시로 해주며 기초 스킨케어를 꾸준히 한다.

(2) 여름의 피부관리

땀과 피지 분비량이 현저히 증가하는 여름철에는 모공은 넓어지고 피부는 더러워질 수밖에 없다. 특히, 강한 자외선에 무방비 상태로 노출되었을 때 피부는 염증을 일으키거나 거칠어지며 멜라닌 색소가 늘어나 검은 잡티가 생긴다.

■ 이중세안

땀과 피지로 더러워진 여름 피부는 세균번식이 용이하므로 철저한 이중 세안이 필요하다. 특히, 오후가 되면 메이크업이 지워지거나 얼룩이 생기는 피부는 주 1~2회 정도 팩(마스크)이나 마사지를 이용하여 번들거림을 잡아준다.

■ 여드름과 뾰루지 관리

노폐물의 분비가 많은 여름에는 피부관리를 잘 하더라도 뾰루지 등이 생긴다. 이는 온도가 올라가면서 모공이 넓어지고 그 속으로 메이크업의 잔여물이나 기타 오염물질들이 쌓이기 쉽기 때문이다. 외출에서 돌아오면 피부를 쉬게 해주고 시원한 화장솜이나 팩을 만들어 진정시켜 준다.

■ 강한 자외선

여름에는 얼굴, 팔, 다리, 목 등 노출되는 부분에는 3~4시간 간격으로 자외선차단제를 바른다. 자외선에 장시간 노출되면 피부염증이나 두드러기, 가려움증, 심하면 피부암을 유발시킨다. 휴가철 해변에서의 노출은 철저하게 관리해야 한다.

(3) 가을의 피부관리

가을은 혈액순환을 저하시키고 피부의 신진대사를 둔화시켜 정상적인 세포활동을 방해하므로 피부가 거칠어지고 칙칙해지기 쉽다. 특히 가을철은 피부의 보습기능이 떨어지므로 건성피부가 아니라도 피부가 당기는 증상이 일어날 수 있고 각질이 일어나 피부가 지저분해 보인다.

■ 충분한 보습과 영양공급

차가워진 공기에 각질층은 수분을 빼앗겨 푸석거리는 느낌을 늘 갖게 된다. 보습전용 제품을 사용하여 피부가 느끼는 갈증을 해소시켜 준다. 또한 주 1~2회 보습전용 팩을 사용하여 피부가 충분한 보습을 유지할 수 있도록 해준다. 피부의 탄력과 윤기를 잃어가는 가을엔 수분공급과 함께 영양공급도 충분해야 한다.

■ 각질 제거

클렌징을 마친 후 스팀타월을 이용해 각질을 부풀리고 피부의 혈액순환을 촉진시켜 준다. 피부가 촉촉히 물기를 머금은 상태에서 얼굴전용 각질 제거제를 사용하여 마사지 하듯 부드럽게 각질을 제거한다.

(4) 겨울의 피부관리

쌀쌀한 날씨와 건조한 실내공기로 피부 속 수분이 가장 부족해지는 시기이다. 차가운 겨울 기온으로 피부는 경직되고 신진대사와 혈액순환이 급격히 떨어져 피부가 탄력을 잃기 쉽다.

■ 세심한 피부관리

겨울에는 노화예방에 신경을 써야 한다. 기초 케어의 한 과정도 생략하지 말고 꼼꼼히 신경쓰고 특히, 저녁에는 나이트용 제품을 사용하여 피부가 낮동안의 피로를 풀고 수분과 영양을 충분히 공급받을 수 있도록 한다. 눈 주위의 아이전용 제품을 사용하고 입술의 건조가 심해져 갈라질 경우에는 입술에 에센스를 바른 후 랩을 약 5~10정도 덮어둔다. 손도 이런 방법을 사용하면 거칠어짐을 예방할 수 있다.

■ 마사지

겨울 피부엔 손을 이용한 마찰효과를 통해 피부 온도를 높여주고 혈액과 림프의 순환을 도와주는 마사지가 효과적이다. 마사지는 몇번으로 큰 효과를 볼 수는 없지만 적당한 운동이 아름답고 건강한 신체를 유지할 수 있게 해주는 것처럼 마사지로 건강하고 아름다운 피부를 만들 수 있다. 외출시에는 철저한 기초화장 후에 반드시 메이크업을 하여 차가운 공기가 맨 얼굴에 직접 닿지 않도록 한다.

6. 아로마테라피 Aromatherapy

아로마테라피는 향(aroma)과 치료(therapy)의 합성어로 약리효과가 있는 식물의 특정부위에서 추출해 낸 순수식물 오일인 에센셜 오일을 후각, 피부를 통해 인체에 적용하여 정신과 육체의 질병을 예방하고 치료하며 건강을 유지 · 증진시키는 자연 대체의학의 한 방법이다. 좋은 향기는 단순히 기분만 좋게 하는 게 아니라, 정신의 평안을 주고, 반대로 고양시키거나 자연치유력을 높이거나 스트레스에 의한 긴장을 풀어주는 등 마음과 몸을 이완시켜주는 작용이 있다. 아로마테라피는 고대부터 현재까지 피부미용분야에 널리 이용되고 있으며 유럽에서는 오래전부터 행해져온 민간요법이다.

(1) 아로마테라피의 유용성

아로마테라피의 기본은 천연향료인 정유(에센셜 오일)를 사용한 마사지법, 방향욕, 습포, 증기 흡입법이다. 전통적인 식물요법에서는 이것에 의해 병이나 상처의 치료 효과를 높이려고 한다. 아로마 오일은 독특한 향을 발산하는 성분을 함유하고 있어 흡입, 목욕, 마사지 등의 용도로 사용되며, 질병을 예방하는 자연 치유적인 방법으로 이용된다. 아로마 에센셜 오일을 적용하여 마사지를 할 경우 일반 오일보다 훨씬 빠르게 피부에 흡수되며 호흡을 통해 흡수된 아로마 에센셜 오일은 폐포를 거쳐 혈류에 전달되고 전신으로 퍼져 호르몬, 효소들과 화학반응을 일으켜 심신이완 효과를 상승 시킨다.

피부미용 분야에서 마사지시 향기요법을 병행하면 쾌적감이 높아지고 면역기능의 기준이 되는 혈액중의 IgA가 증가 했을 뿐만 아니라 긴장완화, 스트레스 해소, 불면증 개선, 피로회복 등으로 피부상태를 정돈하는데 매우 효과적이다. 특히 향기는 각각에 다른 심리적 · 생리적 작용을 갖는데 쟈스민 향기는 흥분 유도, 라벤더는 진정작용이 있어 편안한 잠을 유도한다.

■ 아로마테라피의 주의점

향기는 오랜 세월동안 방부제나 원료 냄새 제거등의 목적으로 화장품에 배합되었고 안전성 연구도 거듭되었지만, 아로마테라피는 천연향료를 이용하는 일이 많은 만큼 알려지성 트러블을 일으킬 가능성은 화장품보다 높을 것이다. 그러므로 안전성, 독성, 그 외 피부 트러블에 대해서 충분한 주의가 필요하다. 장기간 오일 사용시 염증반응 등의 피부트러블을 유발할 수 있으므로 오일 사용시 희석하여 사용하고 오일에 따른 적용방법에 유의하도록 한다.

(2) 오일 적용방법

〈표11-9〉 오일의 종류별 적용 및 주의

종 류	특징 및 주의
라벤더	스트레스 해소, 이완효과, 구토, 근육통, 월경통, 여드름, 습진, 탈모증, 벌레 물린데, 불면증 등 [주의] 임신 중 사용금지, 아로마오일 중 가장 많이 사용되고 있음
조조바	여드름의 살균, 모발의 영양 공급, 피지의 노폐물 제거 [주의] 피부 타입에 상관없이 사용
스윗트아몬드	피부 보습, 가려움, 건성피부, 염증 [주의] 단백질이 풍부하며, 흡수력이 좋아 마사지에 많이 이용 여드름 피부에는 사용금지
아보카도	피부 재생 효과, 노화, 탈수, 습진, 피부보습 유지 [주의] 야채의 아보카도로부터 나온 오일로 영양가가 높음
카모마일	진통 작용, 여드름, 피부염 등 [주의] 임신초기에는 사용 금지
유칼립투스	집중력 증가, 살균, 탈취, 호흡기의 염증 완화, 편두통, 근육통, 신경통, 화상 등 [주의] 민감한 피부는 사용주의, 고혈압, 간질에는 사용금지
티트리	벌레 물린데, 여드름, 무좀, 초기 감기, 피로 회복, 향균, 면역력 증진 등 [주의] 라벤더처럼 원액을 그대로 사용가능
페퍼민	살균, 탈취 효과, 신경통, 근육통, 소화 촉진, 호흡기 증상 치료, 가려움증 등 [주의] 원액사용 절대 금지 흡입 시에는 눈이 따가울 수 있으므로 눈을 감고 사용
일랑일랑	신체이완효과, 최음 효과, 성욕 불감증, 발기불능, 방부, 여드름 등 [주의] 향기가 강하며, 향수로 사용가능
마 조	월경 불순, 이완효과, 근육통, 관절염, 투통 등 [주의] 민감한 피부는 사용주의, 임산부는 사용 금지

01. 화장품의 피부흡수에 관한 설명으로 옳은 것은?

① 분자량이 적을수록 피부흡수율이 높다.

② 수분이 많을수록 피부흡수율이 높다.

③ 동물성 오일〈식물성 오일〈광물성 오일순으로 피부흡수력이 높다.

④ 크림류〈로션류〈화장수류 순으로 피부흡수력이 높다.

02. 계면활성제에 대한 설명으로 옳은 것은?

① 계면활성제는 일반적으로 둥근 머리모양의 소수성기와 막대꼬리모양의 친수성기를 가진다.

② 계면활성제는 피부에 대한 자극은 양쪽성>양이온성>음이온성>비이온성의 순으로 감소한다.

③ 비이온성 계면활성제는 피부에 대한 안전성이 높고 유화력이 우수하여 에멀전의 유화제로 사용된다.

④ 양이온성 계면활성제는 세정작용이 우수하여 비누, 샴푸 등에 사용된다.

03. 아로마테라피(aromatherapy)에 사용되는 에센셜 오일에 대한 설명 중 가장 거리가 먼 것은?

① 아로마테라피에 사용되는 에센셜 오일은 주로 수증기 증류법에 의해 추출된 것이다.

② 에센셜 오일은 공기 중의 산소, 빛 등에 의해 변질될 수 있으므로 갈색 병에 보관하여 사용하는 것이 좋다.

③ 에센셜 오일은 원액을 그대로 피부에 사용해야 한다.

④ 에센셜 오일은 사용할 때에는 안정성 확보를 위하여 사전에 패치 테스트(patch test)를 실시하여야 한다.

04. 계절에 따른 피부 특성 분석으로 옳지 않은 것은?

① 봄: 자외선이 점차 강해지며 기미와 주근깨 등 색소침착이 피부 표면에 두드러지게 나타난다.

② 여름: 기온의 상승으로 혈액순환이 촉진되어 표피와 진피의 탄력이 증가한다.

③ 가을: 기온의 변화가 심해 피지막의 상태가 불안성해신다.

④ 겨울: 기온이 낮아져 피부의 혈액순환과 신진대사 기능이 둔해진다.

연 습 문 제

01. 화장품의 피부흡수는 표피 흡수와 피부 부속기관을 통한 경피 흡수로 구분된다.
(1)분자량이 적을수록 피부흡수율이 높다.
(2)수분이 적을수록 피부흡수율이 높다.
(3)동물성 오일>식물성 오일>광물성 오일 순으로 피부흡수력이 높다.
(4)크림류>로션류>화장수류 순으로 피부흡수력이 높다.

02. ① 계면활성제는 둥근 머리모양의 친수성기와 막대꼬리모양의 소수성기를 가진다. ② 피부에 대한 자극은 양이온성>음이온성>양쪽성>비이온성의 순으로 감소한다. ④ 음이온성 계면활성제는 세정작용이 우수하여 비누 샴푸 등에 사용된다.

03. 에센셜 오일은 원액을 그대로 피부에 적용하지 않고 캐리어 오일과 블렌딩해서 사용한다.

04. 여름은 기온이 상승하여 표피와 진피의 탄력이 감소된다.

정답

01. ① 02. ④ 03. ③ 04. ②

INDEX

영문 INDEX

■ 참고문헌

모발 및 두피관리 – 김민정외 5인 도서출판 예림(2005)

모발과학 – 박은준외 3인 도서출판 예림(2019)

메이크업 메이크오버 – 최민령옮김 도서출판 예림 (2008)

메이크업 & 코디 – 김광숙외 4인 도서출판 예림(2003)

헤어칼라디자인 – 김미선외 5인 도서출판 예림(2003)

발반사요법과 마사지 – 허맹자외 6인 도서출판 예림(2008)

미용사 메이크업 – 안미려외 5인 도서출판 예림(2016)

피부질환 Atlas – 강원형 한미의학(2002)

피부과학 – 이혜영외 4인 군자출판사(2007)

피부과학 – 김광옥외 7인 청구문화사(2006)

미용과학(피부과학편) – 김한식외 17인 청구문화사(2007)

고운피부 젊은피부 – 국홍일 아침나라(1999)

피부관리학 – 김기연 수문사 (1993)

피부과학 – 하병조외 수문사(2000)

신 피부관리학 – 윤여성 도서출판 가림(1996)

피부관리학 – 황정원 현문사(1998)

여름철 피부관리학 – 황규왕 의약정보(2001)

메디컬스킨케어 – 김영미외 2인 도서출판 임송(2003)

표준피부관리학 – 다수 정담(2003)

아토피성 피부염 다스리기 – 김영호 서림문화사(2002)

피부과학(Dermatology 5th Edition) – 대한피부학회 교과서 편찬 위원회(2002)

화장품과학 – 이성옥 외 5인 광문각(2011)

코스메틱 피부과학– 화장품을 연구하는 의사모임 정담미디어(2004)

피부장벽 – 이승현외 2인 광문각(2004)

피부학 – 한영숙외 5인 정담미디어(2011)

소아피부 아틀라스 – Mosby(2008)

자외선 차단제 – 식품의약품안전안전평가원(2014년 5월)

Beauty Therapy – THOMSON(2007)

美容のヒフ科學 – 南山堂(2005)

Hannuksela A, Kinnunen T. Moisturizers prevent irritant dermatitis.
Acta Derm Venereol 1992; 72(1):42~44

schlagel CA, Sanborn EC. The weights of topical preparation required
for total and partial body inunction. J Invest Dermatol 1964; 42:253~256

피부과학 DERMATOLOGY

2020년 3월 25일 초판 인쇄
2020년 3월 30일 초판 발행

저 자 이지안 · 이화정 · 김현주 · 최윤정
발행인 석종환
발행처 도서출판 예림
디자인 예림 편집부

서울특별시 광진구 광장동 아차산로 78길 한강빌딩 207호
Tel: 02) 921-6045~6 Fax: 02) 921-4524
E-mail: yaelim21c@hanmail.net
http: //www.yelimbook.com
등록번호 제 1-2685호
ISBN 978-89-6475-171-8

정가 23,000원